金永堂论文选集

● 本书编辑组 选编

内 容 提 要

本书汇集了作者不同时期有关坝工技术、灌区及渠系建筑物、渠道防渗、低压管道输水灌溉技术领域的论文43篇，反映了作者在上述领域的研究成果。

本书可供水利技术人员，尤其是农田水利工程技术人员参考使用。

图书在版编目（ＣＩＰ）数据

金永堂论文选集 / 《金永堂论文选集》编辑组编
. -- 北京 ：中国水利水电出版社，2012.11
ISBN 978-7-5170-0325-0

Ⅰ．①金… Ⅱ．①金… Ⅲ．①水利工程－文集 Ⅳ.
①TV-53

中国版本图书馆CIP数据核字(2012)第260592号

书　　　名	**金永堂论文选集**
作　　　者	本书编辑组　选编
出 版 发 行	中国水利水电出版社 （北京市海淀区玉渊潭南路１号Ｄ座　100038） 网址：www. waterpub. com. cn E - mail：sales@waterpub. com. cn 电话：(010) 68367658（发行部）
经　　　售	北京科水图书销售中心（零售） 电话：(010) 88383994、63202643、68545874 全国各地新华书店和相关出版物销售网点
排　　　版	中国水利水电出版社微机排版中心
印　　　刷	北京瑞斯通印务发展有限公司
规　　　格	184mm×260mm　16开本　19.25印张　462千字　4插页
版　　　次	2012 年 11 月第 1 版　2012 年 11 月第 1 次印刷
印　　　数	001—600 册
定　　　价	**50.00 元**

凡购买我社图书，如有缺页、倒页、脱页的，本社发行部负责调换

作者在前苏联师从查马林院士

作者在前苏联学习时的毕业照

（1959年）

作者设计和施工的第一个治淮工程——城东湖闸（1953年）

作者设计和施工的继光水库（位于英雄黄继光家乡四川省中江县）（1978年）

作者参加设计和施工的梅山水库连拱坝（1981年回访时摄）

为写《都江堰》等两书，作者与李君柱查勘都江堰鱼嘴
（1980年）

作者参加在斯里兰卡举行的国际学术会议（1984年）

作者参加在菲律宾举行的国际学术会议
（1986年）

作者参加在保加利亚举行的国际学术会议
（1987年）

作者在李锐家中接受记者戴晴采访
（2010年）

自序：力求创新——60年水利水电工作回顾

1950年10月，我在浙江大学土木系最后一个学期，响应毛主席"一定要把淮河修好"的号召，来到安徽蚌埠治淮委员会工程部报到，参加了治淮工作。先在六安地区带领十余万民工修复淮河堤坝。早出晚归，工作异常艰苦，奋斗一冬春，终于修复了淮堤，我因吃苦耐劳，工作出色，荣获了二等治淮功臣。

1951年秋，我调到设计科工作，负责城东湖闸设计和施工，这是一个过流量1000多 m³/s 的五孔 40m 净宽的进水闸，用来滞淮河洪水于霍邱县城东的一个大湖。城西还有一个大湖也用来滞洪，其进水闸由钱正英（后升任水利部部长）指挥施工。后来规划改变，城西湖闸被废弃，而城东湖闸却运行至今，成为淠史杭大灌区内最耀眼的建筑物之一。

在东湖闸设计中，我采用部分装配式结构，就是 20多 m 高的启闭机桥采用在地面浇筑的混凝土预制构件，用独脚巴杆吊上去的，而不是按传统方法立很高的木脚手架，在高空浇筑混凝土。那样施工困难而且浪费木料，当时木料需从东北采购运来，很贵不用说，而且是统购物资，需审批。其次，设计中还采用了苏联少筋混凝土先进经验，使闸墩、消力池节省了大量钢筋。其三，巧妙地把反滤器布置在闸底板与消水池中间，以减少消水池下的浮托力，使得消水池厚度大大减薄，从而节省大量混凝土与钢筋。由于以上措施，该闸投资与同期施工的另一相同大小的东肥河闸相比，节省1/3资金并缩短工期一半。其经验刊登在1953年4月的《治淮周报》上，引起水利部的关注，曾派人前来"取经"。

1954年冬，领导派我带一组人参加梅山水库的设计工作，负责工地最繁重的施工组织，包括附属工程的设计与施工。其中有：30多 m 高的大坝施工围堰，20多 m 高的电站围堰，运送混凝土的缆车，十余座横跨史河的临时运输木桥和一座混凝土公路桥，导流隧洞等。在上游围堰设计中，我采用木板心墙砂壳坝。其防渗心墙使用1英寸厚的木板，中间夹两层油毛毡。突破过去书本上采用 20多 cm 厚方木做的心墙厚度。我的观点是：薄一些的心墙更能适应砂壳的变形。坝壳是利用河滩上厚厚的中粗砂，用皮带输送器上坝，浇水沉实，施工简便快捷，仅一个月就完成了 30多 m 高的上下游围堰，省工省料省钱。记得当时清华大学水利系张光斗教授带领毕业班的同学来工地实习，听了我的围堰设计介绍后，张光斗教授私下对同学们说：这个围堰一定会垮，你们见过书本上哪有这么薄的木板心墙？1:2的砂坡如何经得起风浪的拍打？1954年正值史河丰水年，洪水来时，清华大学还有一部分同学受雨所阻，未及回校，在工地亲眼看到围堰经受住洪水考验，保证了88m高的连拱大坝一年浇筑到顶的奇迹。这一经验刊登于《中国水利》1956年第5期。

梅山水库坝后的电站和围堰，原归上海设计院设计和施工。上海院设计的木笼围堰请水库指挥部代为施工，因为所用木料太多，工地无法及时供应。总工程师请我帮忙改变设计，于是我利用当地盛产竹子，设计了一座竹笼围堰（详见《工程建设》1956年第5期），于是电站围堰由木笼和竹笼两种围堰组成。上海设计院不放心竹笼围堰的安全，提议进行放水考验。考验结果是木笼围堰垮掉了，竹笼围堰安然无恙。最难能可贵的是竹笼围堰的造价只有木笼围堰的1/10，而且竹子是就地取材，木料是统购物资。这项经验上《工程建设》介绍后，被其他工地所广泛应用。

十余座横跨史河的临时木桥经过漫水考验，没有一座被冲垮的。其成功经验是：每个桥墩前有斜木桩（与水平成30°角）起分挑漂浮物的作用。当洪水漫桥时，漂流物撞上此斜木桩，或穿过桥孔或漂过桥面，不会停留在桥前阻塞桥孔过水。另外，我在桥面板块与块间留有宽缝，以减小浮托力的冲击。因此十余座木桥，经洪水漫过桥面的考验，没一座被冲垮或损坏。更值得介绍的是那座允许漫顶的混凝土公路桥，安徽省公路局派工程师来审查验收时，称赞说：此桥设计用桥桩代替我们过去设计的笨重桥墩；桥面由连接梁与简支梁组合，使桥面板最薄（不用一般板梁设计），设计新型，投资省，其造价仅相当于我局以前设计的半永久性公路桥，值得借鉴。

由于我在梅山水库工地的许多创新设计，保证该大型水库短期内完工，受到淮河水利委员会领导的赞赏，我被选送去苏联留学深造。经过严格政治审查和业务考试，我被录取。1956年进北京外语学院留苏预备部学习俄文。1957年就去苏联莫斯科水利工程学院，师从查马林院士，从事灌区建筑物装配式结构的研究。我刻苦学习，结合国内实际经验，仅花了两年时间，就完成了博士论文，并在教研室答辩通过。学校研究生部主任惊奇地称赞说："就是没有语言困难的我们苏联研究生也没有这么快就拿出论文的。"她亲切地吻了我的前额。在全校正式论文答辩时，以全部赞成票通过，连弃权票也没有。

1960年我回到北京参加政治学习后，三个单位向水电部指名要调我，最后却被分到北京，在水利水电科学研究院工作，从事渠系建筑物和渠道防渗两项课题的研究。我国灌区面积广大，建筑物众多，灌区渠道渗漏严重，此两项研究课题对国民经济意义重大。

在全国灌区的调查中，发现几个重要问题：①灌区建筑物型式众多，不同型式的工程量出入很大；②普遍存在下游消能不充分，下游渠道被冲刷严重，不但护砌长度大，有的危及建筑物本身安全；③有的进水口型式不好，水流收束影响过水能力。因此，必须通过水工模型试验寻求解决以上问题。选择过水顺畅、型式简单（便于采用少量装配式构件，可以组装众多建筑物），寻求消能效果好的消能工等作为水工模型试验的目的。因此，1961年开始做水工模型试验，对灌区分水闸、节制闸众多型式进行了对比试验，开展新旧消能工的效能试验，在此基础上，选择最合理的型式，组装成各类渠系建筑物（分水闸、节制闸、陡坡、跌水等），参加北京市大兴县灌区建筑物选赛。当时参加选赛的设计单位有北京市政设计院、清华大学水利系、北京水利水电学院水工教研室和水利水电科学研究院水利所。四家设计的图纸先送去设在卢沟桥旁的预制构件厂生产，就地组装成建筑物，由北京市水利局组织有关单位参观评比。经过现场参观与评比，大家一致认为我们设计的装配式建筑物型式最好，结构简单，构件少，组装易。而且每种建筑物都有正确的水位、流量关系曲线，所以不必另建量水设备，方便灌区配水。我们试验成功的闸下新消能工，消能效果好，闸下渠道护砌长度最短只有传统消力池型式的1/10，被推荐在北京全市灌区推广。可惜后来北京市大部分渠道灌区改为井灌区了，此成果没有继续发挥作用，后在其他灌区推广。例如："文革"后，重新把我们的这项经验研究成果介绍到安徽六安地区的二峰电站灌区去试点，同样取得成功，在淠史杭大灌区得到推广应用。据安徽水利杂志上报道，我们设计的装配式建筑物，其工程量与过去他们自己采用的型式相比，约为1：2.6，也就是说，投资可节省2/3。

20世纪80年代，水利部农水司与科技司联合在江苏扬州主办建筑物设计培训班，曾两次邀请我去讲课，所介绍的试验研究成果，获学员们一致赞赏，水利电力出版社社长也去参加了，他约我将此经验写成书，并列入出书计划。后因我忙于国家攻关项目与全国水利顾问工作，未能出书，但写了不少论文在杂志上发表，有的被教科书中采用。详见本书中的有关论文。

在渠道防渗技术课题研究中，我们也做出一些令人瞩目的新颖实用成果，例如在北京市东北旺农场于20世纪60年代已采用塑料薄膜防渗，比应用其他防渗材料大大节省投资，而且防渗效果好，耐久。

北方地区的混凝土衬砌渠道，往往经过一冬就被冻裂，大大降低了防渗效果。我们在山西潇河灌区，首次采用泡沫塑料垫层防冻获得了成功，消除了冻害。经过全国防渗专家的鉴定，认为这属国内外首创，于当年（1993年）获山西省科技进步二等奖（详见本书中的有关论文）。

"文革"后期，因战备需要，我被下放到四川三线建设工地，参加了渔子溪水电站建设。1976年应四川省绵阳地区邀请到中江县领导继光水库（英雄黄继光家乡）的设计，奋战一严冬，3个月完成初设任务，当年立项批准。第二年初春又去帮助他们搞技术设计与施工，很快在"五一节"就举行大坝奠基典礼。我一个人一面搞技术设计一面安排施工，当年年底水库就开始蓄水，这是一座库容为8900万 m^3、坝高为45m的RC面板砌石坝。在这个工程的设计施工过程中，创造许多奇迹。第一，工程设计时间仅短短3个月。第二，施工快，从开工到蓄水仅花三个季度时间。第三，投资省，仅花国家投资8000多万元（与其后该县的黄鹿水库相比，后者库容仅为前者的1/4，而投资1.3亿元，为前者的10余倍）。第四，技术经验多，介绍工程设计、施工、运行中许多先进技术经验，在全国主要刊物（如《水利学报》、《水利水电技术》、《水力发电》等）上发表论文7篇，创造了一个中型工程发表论文的记录（详见有关论文）。第五，参加设计和施工的技术人员是最少的。大坝的技术设计和施工过程中，技术人员基本上只有我一人。以后才派来了一位大学尚未毕业的技术员做助手。形成这种不可想象的局面，原因是我的设计思想不被绵阳地区设计队（原负责设计单位）领导所接受，但受到县和地区领导的支持，所以地区的设计人员担心大坝安全有问题，怕负责任，全撤走了，于是工地就剩下我孤家寡人。但是实践证明我的设计是成功的，是先进不是冒进。至今已安全运行30余年，而且经受住了汶川大地震（中江属重灾区）的考验。

我在成都勘测设计院期间，又接到主编《都江堰》一书的任务。据前水利电力出版社孟庆沫编辑说："过去都江堰管理局不论向外国元首或专家介绍都江堰经验时，都只有几页纸，外宾认为这样宝贵的经验应该写成书，于是水利部责成四川省要好好总结都江堰的治水治沙经验，把它写成书。可是十年过去了，不见踪影。"对这次都江堰管理局陈学忠局长请我主编此书感到很满意。我不负所望，与全体编辑人员一起从全灌区调查起，阅读古书，收集资料，终于写出《都江堰》和《都江堰灌区工程》两本书。经全国知名专家审定，由水利电力出版社于1986年出版了《都江堰》，于1988年出版了《都江堰灌区工程》。我还陆续写出有关都江堰论文十余篇，在国内外报刊杂志上发表，并参加了国际灌排会议，向全世界宣传了中国这2000多年前的古老水利工程的经验。

1980 年有一天，四川省水利厅派来一辆车，时任水利厅苗厅长请我去水利厅党委书记的办公室。他说："水利厅胡总工程师逝世后，其职务一直空着，本省有 4 个单位来信推荐你来担当此任。根据你对四川的贡献，我们也觉得合适，但要先征求你本人的意见。"我说："本人没有意见，怕部里不同意。不过，如果能去，我想带几个技术干部过去。"他说："只要你本人同意就好。至于带人过去，我们很欢迎。"可是后来成都勘测设计院党委书记对我说："省厅要你当总工，我们请示了电力部领导，部长不同意，要你回水科院。"他还说："清华大学也曾来函调过你，我们没同意。"我当时很奇怪，自己没想过去清华。后来才知道是水科院张子林院长向张光斗（清华大学副校长）推荐钱宁和我。使我回想起文革中我被造反派陷害关牛棚时，与张院长关在同一间房，他曾亲口对我说："院里留美的我看重钱宁［因为钱宁是小爱因斯坦（美国泥沙专家）的高足］，留苏的看重你。听说你在苏联两年就完成博士论文，而且郝所长说，张含英部长听了你的渠道防渗技术报告，十分赞赏，要院领导培养重用。"难怪文革中，造反派说我是"头号走资派"的大红人。

说起我要带几位同志一道去省水电厅，这里谈一段缘由。我在渔子溪电站工作时，那里的技术人员全是原北京水电勘测设计院下放来的。水科院下放的只有我一个被调去搞设计，而且当水工组组长。大概领导查过我的档案，知道我在淮河搞过工程设计。组员中不少来自清华大学，河海大学和武汉水电学院等名校，开始他们对我这个组长有点不服气，有位清华来的王老三（绰号）快人快语对我说："金工啊！你工资比我们多了一倍多，工作也应该比我们多做才相称啊！"我说："可以。现在正在搞新电站的比较方案，这样好吗：你们七人一起搞一个方案，我一人搞一个方案，限一周完成。"他们异口同声说："一言为定"。我去了另一个房间。关门奋战了五天，周六把设计书和描好的图纸交给他们，问他们完成没有。他们傻了眼，齐说："一个星期搞一个方案，我们以为是开玩笑，还没动手呢！"他们一齐看了我描的图，惊叹说："我们在北京设计院还从来没见过这么漂亮的图！你的图如画一样漂亮！"从此他们格外敬佩和尊重我。后来听说我要去省厅当总工，他们中有六人（三对夫妻）都想跟我一起去省厅。

1985 年，四川江油市请我去解决青莲水电站遇到的难题。这是一个中型河川式水电站，原来是四川省设计院设计的，问题是开挖闸基时遇到坚硬的岩石，开挖难度很大，请我去咨询。我审看了设计图纸，觉得如此坚硬的岩石没有必要开挖下去，回填混凝土的强度还不如原有岩石坚硬，何必如此劳民伤财？这岂不既延长了工期又浪费了投资。因此我建议闸底板就建在此岩基上，不必再挖下去了。如此一改，既节省了大量投资，又使水电站提前一年竣工发电，按当时卖给国家6分钱一度电计算，一年就可多收电费2000多万元。据江油市周副书记兼副市长说，后建的与此相仿的香水水电站投资多出4倍，质量还没有青莲水电站好，效益也差得多。

在八九十年代，我兼任许多省十余个顾问，经常应邀去主持鉴定会或解决工程难题。例如有一次，四川一位高级工程师写了一本《拱坝设计》，请我去主持审稿会，我问他：我们不认识，为什么请我？他说："经常阅读您发表的文章，佩服得五体投地。"（原话。）又一次，河北省一大型火电厂输送冷却水的压力管道爆破裂了，电厂停止发电，与管道的设计和施工单位打官司，设计与施工单位相互推卸责任，各请专家为自己辩护。设计单位请我去当顾问，答应给我3万元顾问费。到现场经检查管道与审看设计，我发现是设计错误，没有设逆止阀，导致发生水锤现象，使管道爆裂。我发言两个小时，解决了争端，我也没要那3万元顾问费。随行的我院结构所的管道高级工程师（清华研究生毕业）对我说"金工程师，您的发言，真使我佩服得五体投地！"（又是一个五体投地。）还有一位美国原子能专家和法国一位教授，他们也都是看了我的文章后，主动通过杂志主编与我联系学术交流的。我与清华大学黄万里教授由不认识到成朋友，相互赠送照片和文集，也是从交换文章开始的。澳洲的SBS电台，更是看了报上我的文章后邀请我去作广播讲演的。一位资深编辑当着朋友面称赞我的文章简练如鲁迅，流畅似沈从文，令我消受不起。不过，我从投稿以来，尚未遇到过一次被退稿的。

20世纪70年代在四川期间，我到岷江上游查看，看到两座地震形成的堰塞湖，当地人叫大小海子。堰高分别为80m、40m，堰顶安全过水已数十年。我又看到苏联测试的爆破堆积体密实度很大，大过一般碾压坝体。因此产生一个大胆设想：采用定向爆破方法筑坝是否可以做到不清基、不筑围堰和不做防渗体。因为地震形成的堰坝没清过基，未筑过围堰，更没有防渗体。爆破坝体密实度大，只要坝面加以防护，应该更安全。如果需要溢流（如大小海子那样），只要溢流部分的坝面，做好溢流防护，下游有一稳定的坡度（约$1:8\sim1:10$）就可以了；如果不溢流，则下游稳定坡可陡许多。我撰写的第一篇用此"三不"爆破筑坝新方法的文章《透水堆石坝》，得到了国内权威水利专家（如张含英、张光斗等院士）的热情赞赏与鼓励（张含英副部长来信说："透水堆石坝在我国很有前途。应深入研究，准备实施。特将来稿转送科技局研究处理……。您从事各项研究工作，甚为钦佩。"张光斗教授说："我国西南蕴藏大量水力资源，但地处偏僻，交通运输困难，而且河流流量大，用常规筑坝方法，很难实现。如能攻破此关，对开发我国水电有很大意义。")
此建议更得到当时党中央领导同志的大力支持，认为"这是一个节约财力、
物力加快建设周期的大问题"。"这个建议要予以落实。反对保守方法，采取
先进方法，要作为一个建设四化的重要问题提出来讨论"。并拨专门科研经费
500 万元，把该课题立为"七五"攻关项目。我为实现"三不"爆破筑坝新方
法，与新疆乌鲁木齐有色冶金设计研究院合作，选择甘肃白银公司的厂坝铅
锌矿尾矿坝做实验工程。该坝原设计为 40m 高的碾压土坝，改用新筑坝方法
获得了节省投资和提前竣工的双重显著效益。该坝安全运行 5 年后，1991 年
经全国有关单位来的 14 位专家（其中包括我院张泽祯院长）的鉴定，一致认
为"此新筑坝方法与常规方法相比能提前工期 1～3 年，节省投资 1/3～2/3，
工程设计已达到国际先进水平。"该工程设计 1988 年获中国有色金属工业总公
司第四届优秀设计一等奖，1989 年获国家第四届优秀设计铜质奖（详阅有关
文献）。

　　1989～2003 年期间，笔者还对三峡工程进行了深入研究，提出了一些独
到看法，撰写成十余篇论文，在国内与国外有关报刊上发表。曾在美国夏威
夷大学向中国留学生作学术报告，也曾受澳大利亚 SBS 电台邀请对听众作过
广播讲演，更数次与国内百余名专家一起上书中央领导陈述意见与建议，引
起了中央的关注。这些意见留待实践检验。

　　在兴水利、除水害、合理利用水资源方面，我在评 50 年来我国水利工作
的得失之后，把全面整治河道提高到治水害的首要任务；把节约用水作为充
分利用水资源的重要环节来抓；更在 20 世纪末，就提出应收集雨水，开发水
资源，提供灌溉与城镇生活用水；并超前提出利用效益高的加工水，即天然
水经过某种处理，使这种加工水更有效地为人类应用。如磁化水能使作物增
产 30%，供人饮用可以健身，用来灌溉可提高作物抗病能力……；加速水与
除气水能使作物增产，喂家畜家禽能增加重量，自来水加活化装置后，对人
类益处更大；激发水能消毒等。

　　最近撰写了《引西藏水，彻底改变我国西北、华北、内蒙古和京津地区
面貌》的文章，希望国人关注、研究、实现。

　　我虽年逾 8 旬，但仍关心我国水利水电事业，勤于思考，笔耕不止，至今
已用中、英、俄三国文字撰写论文百余篇，共计 300 余万字，在国内外报刊或
出版社发表或出版。

　　笔者先后获国家与省部级科技进步一、二等奖共五次；优秀设计一、三
等奖，优秀论文奖数次；并获治淮二等功臣、工作积极分子等称号。1992 年

享受国务院颁发的政府特殊津贴。

以上所获奖项，都是国家、部和各省授予的；治淮功臣、工作积极分子和政府特殊津贴等荣誉，也是工作单位和政府评选的，并非本人申请的。回顾60年来水利水电技术工作经历，我有些许遗憾：未能及时完成与出版技术专著，系统总结和梳理相关技术研究成果。本论文选集也迟迟拖到暮年才在单位领导的关怀与支持下，筛选部分论文付印，以弥补遗憾之万一；未能主动要求单位协助申报一些创新成果的专利与奖项，与我已获奖项目水平相比较，其他创新成果更应得奖；对自己的工作成果重视程度不够，却为别人所看重，我获奖项目大都不是我主动申报即为明证；未能合理安排好工作与学习，不爱惜自己的身体，以致老来一身疾病，既影响生活，其实也影响事业，许多想做的事已无精力和时间去做了。因此，我希望：①要更加重视人才和成果，善于识别和爱惜成果，千万不要埋没人才和成果，发现和发挥他们的作用；②水利所积极创造条件，恢复开展渠系建筑物和渠道防渗技术等一些过去有过很好基础的课题，使农田水利科研形成一个完整的系统，更好的为我国农业生产服务；③把"三不"（不清基，不筑围堰，不做防渗体）爆破筑坝方法研究继续搞下去，通过实践进一步完善。建议下一步先选一处搞一座100m以上的坝，总结经验后再向200～300m以上的坝进军，并可在我国西北、西南山区全面开花；同时向世界各地的适宜地区推广，让此具革命性的筑坝技术为世界水利水电事业做出更大贡献。

金永堂

2012 年 5 月 10 日

前 言

金永堂先生1950年毕业于浙江大学，在安徽治淮委员会工作。1956年被水利部选派去苏联读研究生，师从查马林院士。1960年底自苏联留学回国，到中国水利水电科学研究院水利研究所工作（"文化大革命"期间曾下放四川，到水利部成都勘测设计院工作10年）。

在治淮委员会工作期间，金永堂先生先后主持和参加过东湖闸、佛子岭、梅山等大型水库的设计和施工，成绩显著；在水利部成都勘测设计院工作期间，为英雄黄继光家乡中江县修建继光水库，在李白故乡江油市修改青莲电站设计，此外受都江堰管理局委托，主编《都江堰》和《都江堰灌区工程》两书，发至世界一百多个国家；在中国水利水电科学研究院工作期间，主要从事渠系建筑物、渠道防渗技术、低压管道灌溉技术、"三不"（不清基、不筑围堰、不做防渗体）爆破筑坝技术等专业的研究工作，取得出色的业绩。先后获治淮二等功臣、先进工作者、积极分子等荣誉称号，并获国家科技进步二等奖、国家优秀工程设计铜质奖、中国有色金属工业总公司优秀工程设计一等奖、水利部科技进步二等奖，山西、浙江、内蒙自治区等省（区）科技进步二等奖，中国水利学会优秀论文奖等奖励，享受国务院颁发给有特殊贡献者的政府特殊津贴。在国内外用中、俄、英三种文字公开发表论文百余篇，共300余万字。培养研究生多名。

《金永堂论文选集》选编自金永堂先生在国内外刊物上发表的水利水电技术论文和相关研究报告，是作者60年水利水电研究成果和许多工程实践成功经验的总结。根据论文内容，在编排上分为坝工技术篇、灌区及渠系建筑物篇、渠道防渗篇、低压管道输水灌溉技术篇等四部分。金永堂先生治学严谨，成果丰硕，《金永堂论文选集》的出版，可供年轻一辈水利水电科技人员借鉴与学习，也可供水利水电工程设计和施工人员参考与应用。

《金永堂论文选集》编辑组

2012年5月

目　录

渠 道 防 渗 篇

低压管道输水灌溉技术篇

坝 工 技 术 篇

竹 笼 围 堰 介 绍 *

一、前言

利用松散颗粒材料堆筑围堰时，颗粒材料本身的稳定需要一定的坡度，断面往往很大。但在某些地位受到限制时，必须设法把坡度加以约束，改小断面。一般多采用木笼和铅丝笼的办法。其实利用竹笼也是其中办法之一，但是过去在较高的围堰中，尚未被人采用过。这次我们在 405 水电厂围堰工程中，探用了高达 12.5m 的竹笼围堰，经过考验，围堰工作情况正常。兹将其经验介绍出来，供大家研讨和参考。

二、围堰断面

围堰断面是由前面的阻水面板和后面的竹笼堰体组合而成（见图1）。

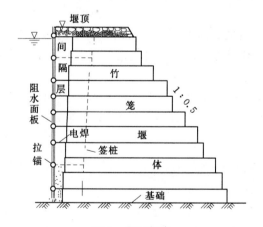

图 1　围堰断面

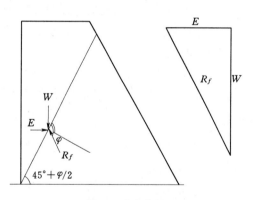

图 2　受力分析

阻水面板放在前面的目的，在于使围堰断面最小和检查修理方便。在决定断面的型式和大小时，应考虑滑动的可能性和施工方便。例如，考虑抵抗滑动方面：迎水面最好成一斜坡，可利用斜坡上的水重来增加抗滑农全系数；但从施工方便来考虑，则迎水面最好是垂直的。

竹笼堰体与阻水面板之间，应设置一礁石（或砂）间隔层，其作用如下：

（1）使阻水面板上所受到的压力，均匀地传到竹笼堰体上。

---

* 本文原载《工程建设》1956 年第 5 期。

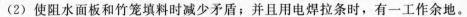

（2）使阻水面板和竹笼填料时减少矛盾；并且用电焊拉条时，有一工作余地。

（3）使竹笼堆筑略有一斜坡，避免垂直掌握困难。

阻水面板在施工期间，受着间隔层内填料的压力，因此需要设置拉条，锚定到竹笼堰体内（见图1）。

三、稳定计算

（一）滑动计算

（1）基本假定。竹笼与竹笼间与竹笼岩石间的摩擦系数为填料内摩擦角的正切值（如发生滑动时，竹笼一旦破坏，抵抗滑动就全靠填料的内摩擦力），最好不采用超过0.6的数值。

（2）计算公式：

$$k = \frac{\sum W \tan\varphi}{\sum H}$$

式中　k——滑动安全系数；

　　$\sum W$——堰体有效重量的总和；

　　φ——填料内摩擦角；

　　$\sum H$——水、浪、淤沙等水平压力的总和。

（二）坡度稳定计算

（1）基本假定：①滑动时不受竹笼影响，当填料为卵石与碟石时，滑动面为一平面；②滑动部分填料的水平压力，全部由竹笼的竹筋承受（即把竹筋联系竹笼头上的盖子看成有很多拉锚的挡土墙）。

（2）计算方法：①按图2求出压在竹笼盖上的总水平滑动力E。②然后求得底部最大单位面积水平滑动力p；假定压力为直线变化，即$p = 2E/h$，式中h为堰高。③计算公式：

$$k = \frac{\delta a}{pA}$$

式中　k——安全系数；

　　δ——竹笼极限抗拉强度；

　　a——竹筋有效截面积；

　　A——竹笼截面积；

　　p——最大单位水平滑动力。

这里须注意，当竹笼编制不好时，安全不为竹筋的拉应力所控制，而应该考虑竹筋是否会被拉出来。因此，在编制竹笼时，应该将竹筋头编到竹笼盖子对面竹篾内一相当距离（约半公尺），然后扭转把头插入篾内（见图5）。

四、阻水面板结构

阻水面板用两层木板，中间夹两层柏油、一层油毛毡而成。木板横钉在竖立定木上，交错相接，使接缝不在同一竖图木上。竖图木用螺栓对消拴牢（见图3）。

拉条的布置，围图木的间距和木板的厚度，可按照间隔增填料的压力计算决定。不过一般均非应力控制，而是根据工地现有木料尺寸和秸秆具有一定的坚固性来决定。例如3cm厚2m长的板子，围图木的间距可采用1m；2.5cm厚2.4m长的板子，圆图木的间距则采用0.8m。围图木一般采用$\phi10\sim12$cm圆木或$\phi15\sim18$cm的半圆木均可。

阻水面板与基础或山坡，应避免硬性接头，防止堰体有较大偏移时，接头处秸秆破坏。图3的接头处理，可供参考。

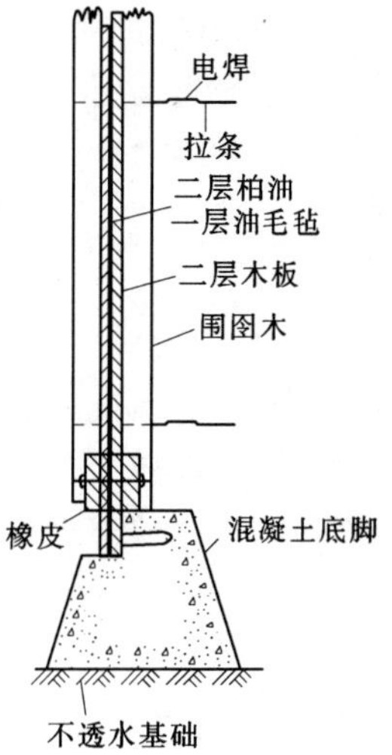

电焊
拉条
二层柏油
一层油毛毡
二层木板
围图木
橡皮
混凝土底脚
不透水基础

图3 阻水面板

五、竹笼的编制方法和耐久程度

(一) 竹笼的编制方法

用12根竹青做的竹筋（宽约20mm、厚约4mm）做骨架，然后用竹青或竹簧做的竹篾，（宽约20～30mm、厚约4mm）围绕竹筋编桶成一圆柱空心体，即通称"竹镶"（见图5）。

竹笼的直径大小和长度，根据需要决定。一般直径采用50～80cm，长度采用2～5m。

为了把填料装入竹笼，竹笼要预留口门，口门宽30cm，长50～80cm，口门个数视竹笼长度而定。同时为使竹笼具有一定的刚度，应酌量做几道加劲箍，加劲箍用6～8根断面8mm×10mm的竹青编成，一般编在竹笼的两边（见图4）。

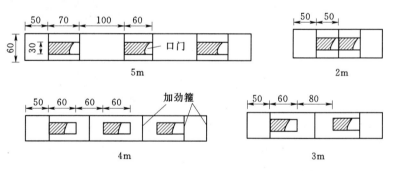

图4 竹笼口门尺寸

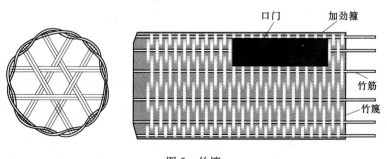

图5 竹镶

（二）竹笼的耐久程度

竹笼的寿命由下列几个因素决定：

（1）竹材的质量。生长在阳山上的竹材，皮呈黄色，质地坚实；生长在阴山上的竹材色青，质量较差，易遭虫蛀。竹龄愈长，质地愈坚实，一般在三四年以上，方得采用。鉴别竹材年龄，大致可从皮色辨别。第一年嫩绿色，第二年深绿色，第三年渐变白色，第四年全部白色，第五年以后渐变淡黄色，第七年以后则变老黄色。

（2）竹材采伐季节。霜后采伐的称冬竹，无虫蛀现象，春季采伐的称春竹，易遭虫蛀。平常多采用冬竹。

（3）竹笼编制质量。竹笼编制时，应编得结实牢固。竹筋转弯处应小心避免折断。在重要部位应用竹青做的竹篾编制。

（4）竹笼的保养。在搬运竹笼或把填料装入竹笼过程中，应避免碰断竹筋；施工完成后，露在表面的竹笼，应妥为保护，最好用土料盖住。如果能使竹笼经常浸在水中或干燥的状态下，而不受外界风雨的侵入，则竹笼的寿命延续很长，能维持十余年，甚至于数十年。如果处在一干一湿或经常为风雨侵入的情况下，仅能维持两三年。

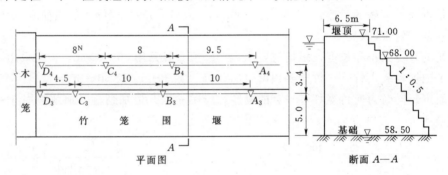

图 6　样点布置

六、所需工料

根据 405 工地情况，得出下列统计数字，供参考（见表1～表3）。

表 1　　　　　　　　　阻水面板每平方公尺所需工料

名称	围图木和签桩	木板	柏油	油毛毡	橡皮	螺栓	拉条	钉子	木工	柏油工	普通工
规格	$\phi 12$	2.5cm	2号	2号	2.5～3mm	$\phi 1.6$	$\phi 1.6$	2～4 英寸			
数量	0.057m³	0.055m³	4kg	1.16m²	0.4kg	2.0kg	5.2kg	0.38kg	0.5工	0.2工	0.3工

表 2　　　　　　　　　　编制每只竹笼所需工料

竹笼规格	$\phi 60$cm	5m 长	4m 长	3m 长	2.5m 长	2m 长
竹　　材	周长26～33cm	5～6根	4～5	3～4	2.8～3.5	2.3～3
人　　工	工　日	0.8～1.1	0.6～0.8	0.5～0.6	0.45～0.5	0.32～0.45

注　最近工地有位竹工同志，创造了破竹机，已试验成功。因此编制竹笼效率可提高很多。

表3　　　　　　　　　　堰体每立方米所需工料（不包括阻水面板）

名称	规　　格	单位	数量	附　　注
工人	民　工	工日	1.0	所需人工指填料运距为60m，平均爬高5m，包括运、填、捣实；每工实际工作时间为6.5h
竹材	周长26～33cm	根	4～5	
填料	1～20cm卵石；块石	m³	1.05	

七、偏移与沉陷

为了检验围堰的稳定性和渗水情况，曾做了一次堰内抽水试验，最大水位差达10.61m（较设计最大水位差仅差1m）。在抽水过程中，堰体上设立不少标点，多次观测偏移和沉陷。根据实测数字，偏移较大，沉陷很小（参看表4和图7）。

因竹笼内填料，全部用人工装填和捣实，很难达到理想的密实程度，故此沉陷和偏移在所难免。可是沉陷主要是由于填料受到垂直荷重而压缩所产生，所以大部分在施工期间已逐步完成。而水平偏移，则一面由于填料的压缩；同时还因竹笼的变形（上面竹笼内填料所受水平压力，在竹笼产生一定变形后，才能传到下面竹笼内的填料上）。水平偏移往往发生在第一次受水压力的时候。当填料为卵石和碟石时，偏移在数天内就可完成。图7为偏移与时间关系曲线（当水位差维持在9.25～10.6m之间）。

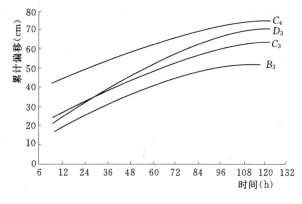

图7　偏移曲线

为了减少偏移值，可采取下列措施：

（1）采用有一定级配的卵石和块石作填料，尽可能使填料填得密实。

（2）上下竹笼用签桩签牢。

（3）适当增大滑动安全系数，建议采用1.3～1.5。

表4　　　　　　　　　　竹笼围堰偏移测定记录表

时间、水位 ＼ 偏移累计标点	日	18	19	20		21		22		23		24		
	时	16	9	16	9	16	9	16	9	16	9	16	10	14
	外	68.4	68.6	68.65	68.8	68.8	69.0	69.0	69.05	69.05	69.05	69.2	69.25	69.25
	内	60.0	60.2	60.0	59.45	59.55	59.0	59.0	58.9	58.85	58.8	58.8	58.65	58.65
A_3			1	6	9	10	13	14	15	15		16		18
B_3			6	16	20	30	33	40	42	46	46	51		52
C_3			9	25	29		38	46	50	54	57	62		63
D_3			5	22	25	36	43	50	54	60	62	68		69
A_4			3	3		8	9	10	14		15		15	16
B_4			17		29		33	34	42		46	49		50
C_4		10	26		42	47	53	54	60	62	87	70	72	74
D_4		13	30	32	44	51	55	57	59	67	71	72	75	77

八、与木笼比较

405 水电厂围堰原设计全部采用木笼，后因工地缺乏木料，部分改为竹笼。实践证明，竹笼围堰具有下列优点：

（1）利用竹材节约了木材和铁件，符合当前国家整体利益。

（2）竹笼围堰每立方米体积需毛竹 4.5 根，每根 1.5 元，计 6.75 元；木笼围堰每立方米体积需木料 0.0715m³（未计入面板），每立方米 150 元，计 10.7 元，需铁件 1.9kg，每 kg1.0 元，计 1.9 元，合计为 12.6 元，两者价格相差约 1 倍。

（3）木笼需要大批木工，一般招聘木工比较困难，但在产竹地区招聘竹工比较容易。根据 405 工地实际统计，制做木笼所需工作日要比编制竹笼所需工作日约多 1 倍。

（4）无论在设计和施工方面，竹笼围堰都比木笼围堰工作简单，质量标准也容易掌握。

在耐久程度方面，不能否认在某种条件下，木笼是比竹笼耐久。但是在临时性的围堰工程中，使用时间不至于过久，或在产竹地区围堰工程中，选择堰型时，可考虑采用竹笼。目前看来，竹笼唯一的缺点是在深水（超过 2m）中施工就很困难。

梅山水库围坝工程中的木板心墙[*]

梅山水库在建造围坝工程中，根据坝的总造价最低，进度最快，施工简单，标准容易掌握，尽可能利用当地材料，满足基础稳定要求和地形限制等条件，曾进行了下列几种坝型的比较。

（1）砂坝：用木板或黏土做心墙，坝壳全部用砂。这种坝型除不能满足地形位置限制以外，其他条件均能符合，因此在上游围坝西段采用这种断面。

（2）土坝：梅山地区，采取土料比砂料困难，同时压实标准也不易掌握，所以未被采用。

（3）对拉木笼黏土坝：佛子岭水库曾经采用过。这种坝型必须做在可靠的基础上，不宜在砂河床上；同时黏土夯实困难，抗剪强度不可靠，所以容易出安全事故，梅山未曾用。

（4）木笼坝：这种坝型需要大量木料，梅山工地缺乏木料，同时做在砂基础上也有问题，因此未被采用。

（5）木撑坝：这种坝型是木笼坝的改进，木料较木笼坝省，但仍需不少木料，为节省木料，同时因设计这种坝型缺乏经验，所以放弃未用。

（6）堆石坝：这种坝型施工较方便，并可结合合笼工程，但因当时缺乏石料，无法采用。

（7）复合坝：为了满足地形要求和利用就地材料采用了这种坝型。在上游部分用砂（坡度 1:2），下游部分用竹笼填石（坡度 1:1），中间采用木板心墙。这种坝型有：进度快就地取材，施工技术不高，造价较低等优点，决定在东岸采取这种坝型，长达 150m 左右。

现在介绍在围坝中木板心墙的情况。

梅山水库上游围坝自河床面算起高达 16 余 m，坝体大部利用河滩上砂料堆筑，心墙除西岸一段因靠山坡地势较高用黏土心墙外，其余全部采用木板心墙。

一、木板心墙的结构

考虑木板心墙结构时，可参考下列几个原则。

（1）木板心墙结构刚度小，容易适应两侧压力不均匀时的变形，结构强度可不予计

---

　*　原载于《中国水利》1956 年第 5 期。

　本文是根据梅山水库上游围坝工程技术总结及金永堂同志来稿合并整理的。

算，但需具有一定的坚固性，不使因变形过大而损坏防止渗水的作用。

（2）木板心墙结构应避免硬性接头。

（3）木板心墙结构在纵向相隔一定的距离（约10～20m），应做一垂直活动缝，避免施工期间遇到两侧填土不均匀时，结构产生过大的扭曲现象。

（4）木板心墙结构应做到充分的不透水性。

（5）木板心墙最好采用垂直或同一倾度，否则，在两个不同倾度相接处，应做一水平活动缝。

木板心墙采用两层木板中间夹两层柏油和一层油毛毡而成。木板横钉在竖围图木上；围图木用对梢螺栓牢固连接；木板接缝不得在同一围图木上；同时前后两层木板的水平接缝应错开，围图木的接头也要避免接在同一水平面上。木板心墙结构参看图1。

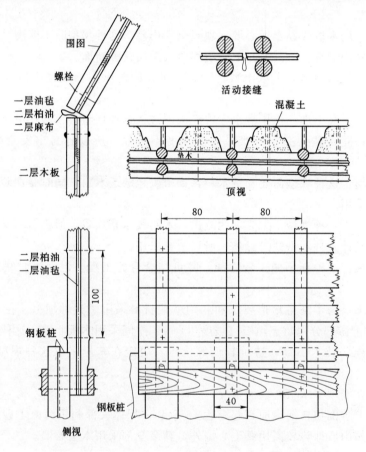

图1　木板心墙结构及其与钢板桩接头处理（单位：cm）

二、接头处理

1. 与东岸岩石山坡接头

先在岩石面上开一石槽，深约0.6～1.0m左右，其次沿石槽浇筑一道混凝土截水墙，使其成阶梯形。然后在木板心墙与截水墙接头处利用柏油麻布或橡皮做成一可以活动的接缝。参看图 2。

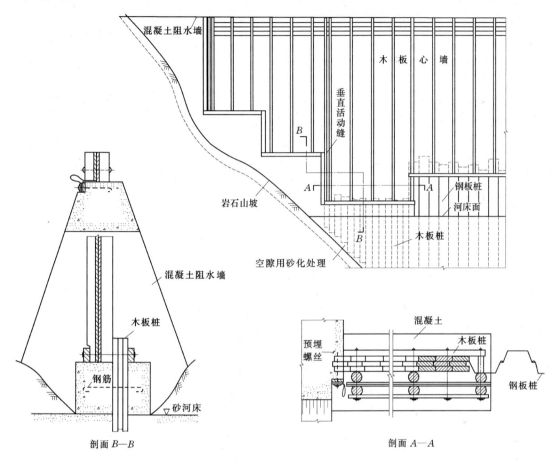

图 2　木板心墙与山坡接头

2. 与西岸黏土心墙的接头

木板心墙与黏土心墙的接头就是把木板心墙插入黏土心墙内。插入长度应和水头成正比，粗糙的决定，可根据下式：

$$L = CH$$

式中　H——水头；

L——在水头为 H 高程时，木板心墙插入黏土心墙长度约 2 倍（即渗径长度）；

C——系数，其值与黏土心墙的渗透系数及心墙上下游填料的透水性、密实程度和原度等有关。

L 值最好不低于 1.5m；C 值是当黏土心墙渗透系数为 $3 \times 10^{-5} - 2 \times 10^{-6}$ m/s 左右，心墙两侧填粗砂的情况下采用 0.6 系数，经过考验后没有发现问题，参看图 3。

3. 与钢板桩接头

因钢板桩打得高低不一；如木板心墙接在上游一面，当心墙受水压而向下游倾斜靠在钢板桩上时，会产生受力不均现象。因此把木板心墙接在下游一面较为妥当。为防止渗水自钢板桩顶渗到下游，钢板桩内填以混凝土，厚约 30 余 cm；木板心墙与钢板桩用螺栓接牢（参看图1）。

三、木板心墙的优点

（1）在进度方面：由于工作面摆得开，雨天又能照常施工，因此进度远比黏土心墙为迅速。这对梅山水库的围坝工程，能在短期内拦住河道水流，起了很大作用。

（2）在施工方面：由于结构简单，工作量不大，因此不像堆筑黏土心墙，需要动员大量劳动力，工作时也能减少与其他工种配合的矛盾；同时为了板钢板桩或其他原因需要拆除围坝时，也不像挖除黏土心墙那样困难。

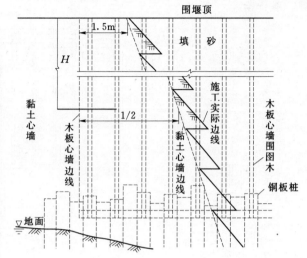

图3　木板心墙与黏土心墙接头

（3）在经济方面：根据梅山水库的情况，木板心墙比黏土心墙所花的经费要少。当心墙高为10m时，$1m^2$的木板心墙相当于$7m^3$的黏土心墙，木板心墙造价约 $20\sim25$ 元$/m^2$（未计入行政管理费等杂项费用），而$7m^3$黏土心墙需要40工以上，每工以1元计，造价约40余元，超过木板心墙造价近一倍。而且木板心墙在拆除时，可收回大部木料，螺栓和部分柏油，供其他工程应用。例如从上游围坝（木板心墙）拆下来的木料，后来立即用到水电厂竹笼围堰的阻水面板上。同时能加速工程进度，经济价值更大。

（4）在质量方面：黏土心墙由于含水量的不易掌握，在质量上很难做到密实不渗水。东北某水库就因此原因，会停工很久，而木板心墙则可以做到几乎不漏水的程度，在梅山水库已经过考验证实。

（5）在利用材料方面：利用黏土节约木料这是符合当前国家利益的；但是并不等于不能应用木料。在经济上有很大价值或在进度上能提前很多，而所需木料数量又不很大时，利用木材还是符合国家整体利益的。梅山水库就是在这种情况下，采用木板心墙的。

四、结语

（1）根据这次采用的木板心墙，证明其应用在临时围坝工程中是很值得考虑应用的。

在某些小型的半永久坝体中，也值得考虑采用木板心墙，不过结构应做得更牢固一些，材料应采取防腐处理或使经常处在润湿状态中。

（3）木板心墙在国内目前被采用还不多，因此这方面可供参考的资料几乎没有，加之在这方面的知识和经验都很缺乏，因此难免有不够与欠妥之处，尚待进一步研究改进，希望大家提供意见。

有软弱夹层的红色砂岩地区的坝基处理措施[*]

——介绍继光水库坝基处理的经验

一、基本情况

继光水库位于四川中江县英雄黄继光烈士的家乡，是都江堰灌区人民渠七期工程的一座骨干囤蓄水库。库容 8900 万 m³，灌溉面积 35.8 万亩。于 1977 年 5 月开工，1978 年 12 月中旬大坝安砌到顶，当年 9 月 9 日正式蓄水，大坝为钢筋混凝土斜墙干砌条、块石坝，坝顶高程为 478.00m，河底高程为 435.00m，最大坝高 45m。大坝河床段面见图 1。

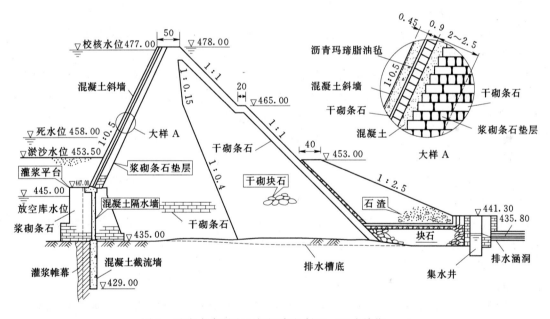

图 1　继光水库干砌石坝河床段断面（尺寸单位：m）

大坝的基岩岩性、岩相变化很大，主要成分为长石、方解石，水云母等，易风化、水解，结构松散。特别是坝下不同部位、不同高程土有软弱夹层，使坝基沿深层滑动的可能性很大。两坝肩山岩的卸荷裂隙亦很发育，裂隙宽者二三十厘米，有的尚无充填物，故绕坝渗漏问题也很突出。

为了确保坝的安全，根据坝址地质特点，基础处理采取了截流防漏、提高承载力，增

---

* 原载于《四川水利》1980 年第二期。

加抗滑力防止风化和软化，以及防止不均匀沉陷引起坝体横向裂隙和两坝肩卸荷裂隙扩张等一系列措施。水库运行情况说明：这些措施是很有成效的。大坝变形与基础渗漏都很小，也未发现裂缝或其他不良情况。

红层地区在我国四川、湖南、湖北等不少省份分布很广，过去在这类地区建坝，由于基础处理不善，常发生抗渗稳定不够和坝基渗漏严重等问题，影响蓄水受益。事后不得不采取补救措施，造成投资上的浪费。已经过实践检验的继光水库坝基处理的经验，可供参考。

四川盆地中生代侏罗系、白垩系岩层分布很广，属内陆湖沼相碎屑岩系，以红色岩系为主，常称红层地区。这类岩层的岩性、岩相变化较大，工程地质条件复杂，给水利水电工程基本建设带来许多困难。尤其在这类地区建坝，基础处理不妥当、往往发生工程事故，给人民群众生命财产带来不应有的损失：国外的例子不少，例如法国的布泽坝，基础为红色砂岩，有薄黏土层，由于沿黏土层滑动失事，死 156 人；又如美国奥斯汀坝，基础为泥质砂岩与页岩互层，由于渗漏水导致页岩软化，使大坝滑动，蓄水第二天，溢流段向下游滑动 45cm 而失事，也死了 100 多人。国内在类似的地质条件下修建水库，由于基础处理不好，建成后坝基稳定不够，或漏水严重成为病害工程的也有一些例子。因此，红层地区坝基处理问题应该特别重视。

继光水库的坝址就位于这种红层地区，基岩为白垩系城墙岩群剑门关组观音桥段（地方命名）第一亚段。岩性、岩相变化甚大，泥岩和钙质砂岩呈透镜体产出。岩石中含长石、方解石和水云母等，不稳定成分含量多，易风化水解，结构松散。粉砂岩具微波交错层理，中细粒砂岩有水平层理，这些都对坝的抗滑稳定不利。尤其是下面所列坝下不同高程上的泥岩透镜体，成片分布，是坝基深层的可能滑动面。

（1）位于河床坝基下 7～8m、底面标高 424.00～429.00m、厚 0.78～5.1m 的紫红色泥岩与砂质泥岩。根据现场抗剪试验，抗剪指标建议值 $f=0.18$，$c=0.1kgf/cm^2$。

（2）底面标高 430.80～431.40m、厚 0.21～2.93m 的紫红色粉砂质泥岩。抗剪指标建议值台地下：$f=0.3$，$c=0.12kgf/cm^2$；河床下：$f=0.2$，$c=0.1kgf/cm^2$。

（3）底面标高 435.86～438.90m、厚 0.15～2.73m 的紫红色泥岩、抗剪指标建议值台地下：$f=0.3$，$c=0.2kgf/cm^2$；河床下；$f=0.2$，$c=0.1kgf/cm^2$。

（4）底面标高 460.00～462.00m、厚 0.3～3.6m 的紫红色泥岩、建议采用 $f=0.25$，$c=0.1kgf/cm^2$。

其中顶面标高为 427.00～430.00m（河床以下 5～8m）的泥岩夹层是坝最高断面的滑动控制面。

坝址地质条件差还因为受地形与岩性的影响，强风化带厚度大，河床部分为 0.2～2.8m，河床两侧为 3～9m，两岸谷坡强风化层厚 5～8m，两岸台地部分厚 4～7m，台地以上厚 10～20m，两坝肩山包处最厚达 22m 多。强风化的砂岩结构很松散，强度极低，用手指都可捏碎。

两岸山包坝肩部位的卸荷裂隙亦较发育。裂隙宽数厘米至十余厘米或更大。这些裂隙有的为黏土所充填，有的还没有充填物，所以是绕坝渗漏的可能通道。

综上所述，坝址地质条件有如下特点：岩性、岩相变化大，软弱夹层多，风化层深，

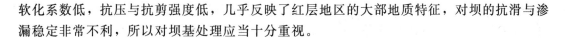

软化系数低，抗压与抗剪强度低，几乎反映了红层地区的大部地质特征，对坝的抗滑与渗漏稳定非常不利，所以对坝基处理应当十分重视。

二、坝基的处理措施

为了确保坝的安全，针对上述地质条件，坝基处理我们采取了如下措施。

1. 截流防渗措施

坝基内紫红色泥岩和砂质泥岩，成分主要为水云母（占 70％～90％）。次为方解石、石英和铁质，遇水膨胀，失水崩解，易风化水解；作为主要受力层的长石石英砂岩也是结构松散，强度低，泡水后容易软化。因此蓄水后，在压力渗透水的作用下，岩基处于饱和状态，使软弱夹层发生变异，岩基产生溶滤现象（组成物质被水部分溶解带走）和软化泥化现象（物理力学性质恶化，如降低抗剪和抗压强度等），为了避免这种危及大坝安全的不利因素发生发展，截流防渗，消除软化泥化的外因是十分必要的。我们采用帷幕灌浆混凝土和截流墙双重防渗措施。因为考虑到有些较大的层间裂隙和两岸的卸荷裂隙，灌浆不能完全把它们堵塞，而且从灌浆试验观察到，泥化夹层与水泥结石之间的胶接不好，仍有可能是渗水的通道。因此采用混凝土截流墙加以保证是必要的。但截流墙用人工开挖齿槽，不论从施工难度还是工期方面考虑，都不宜太深，所以要用较深的帷幕灌浆加以补救。两者相辅相成，互为补充，既要达到防渗目的，又不致费工太多和工期拖长。

在实践中，左右岸截流墙都切断了数条较宽的卸荷裂隙。右岸山脊有一条未被切断的卸荷裂隙，采用灌浆的办法，灌了 30 余个昼夜，耗费水泥 160t。这说明，如果不做混凝土截流墙，只用灌浆的办法，不但截流效果不能保证，而且还不一定经济。

2. 提高岩基强度措施

为了提高基础的强度采取了以下措施；

（1）开挖时清除泥岩夹层和砂岩的强风化层。由于泥岩遇水膨胀泥化，迅速改变物理力学性质，危及坝基稳定，不能作为坝的直接持力层，所以开挖时应当清除埋藏浅的泥岩透镜体，已被强风化的砂岩，结构松散，软化系数低，亦应全部清除。砂岩的弱风化带则根据坝的部位和高度不同，采取部分清除或其他加固措施加以处理。最低要求是开挖到"可灌浆岩层"。

（2）固结灌浆。坝基有的部位，砂岩风化带很厚，如果全部清除，不仅增加开挖量和砌石工程量，而且拖长工期，所以采取固结灌浆的办法增加基岩强度是合适的。这一措施还能增加坝体与基岩的抗剪强度和防渗作用。

（3）用浆砌条块石堵塞勘探竖井与平洞。凡是在坝基下面和有影响的范围内的竖井和洞，全部用浆砌条块石或混凝土埋块石填塞，以增加基础的强度和抗滑能力。

3. 增加基础抗滑能力的措施

红层地区建坝，应特别注意坝的滑动安全问题，为了防止坝基滑动，我们采取了如下措施：

（1）把建基面开挖成略向上游倾斜的平面或台阶，这样坝体和水重就有一个增加坝的抗滑安全度。

（2）为了使坝基与基岩接触面胶接好，结合基础"找平"，以便安砌条石在岩基面上浇一层混凝土垫层（最薄不少于10cm），这样能增加坝体与岩基触面的抗剪强度。

（3）设混凝土防滑齿墙和混凝土桩在河床部位，令截流墙深度超越427.00m高程的软弱夹层，伸入砂岩内，使它除达到防渗目的外，同时还起防滑的作用。在左坝肩高程460.00m左右坝基砂岩水平层理发育，为了防止坝基沿水平层理滑动，在坝基坝中部平行轴线设一混凝土齿墙，齿墙端伸入岩基1.5m，上端伸入砌石坝体1m，齿墙厚度、顶面与底面均1m，中间下部位1.5m。见图2。

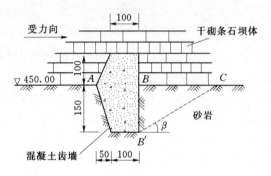

图2 左岸台地断面抗滑齿墙（单位：cm）

齿墙厚度与埋深的根据是：沿 AB 剪断混凝土的剪切力应该与沿 B'C 剪断砂岩的剪切力相等，同时验算 BB' 面上的压应力是否超过砂岩的抗压强度。图中 β 角为最危险之破裂面倾角，应通过计算确定初选可取30°。

在右岸基础开挖过程中，发现449.00m高程有一近水平略向上游倾斜（$\theta = 2°30'$）的泥化夹层面，由于地下水的浸透，抗剪能力极差，当挖开截流槽以后，岩体两面临空（另一面为基础面），泥化夹层发生滑移错动。根据现场抗剪试验，其摩擦系数很小（$f = 0.14$），验算坝体该断面的抗滑稳定不能满足规范要求，必须采取抗滑措施。我们一方面把截流墙厚度加大2倍，同时在坝断面中部基础内加做抗滑混凝土桩，见图3。

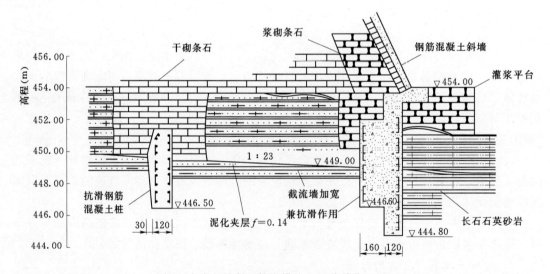

图3 右岸谷坡断面抗滑措施（尺寸单位：cm）

随后在左岸448.00m高程发现同样的泥化夹层面；看起来在河谷切割开以前，左右岸这一层原来是连通的。因此在左岸我们同样加宽了混凝土截流墙的厚度，增大其起抗滑作用。

（4）增加坝体重量。为了满足坝基深层抗滑（沿 427.00m 高程的软弱夹层滑动）稳定需要，在砌石坝体后面，加筑石渣部分，以增加坝的抗滑能力。石渣是利用清基的废土填筑的。

4．防止风化和软化的措施

为了防止雨水、地表水和渗透水对坝基岩石和坝体条块石的冲蚀、淋融而引起风化和软化，我们采取了如下措施：

（1）混凝土封闭。基坑侧面露头的泥岩透镜体，暴露在空气中不到几天就风化龟裂，如果浸水则很快泥化，因此必须采取保护措施。对于较薄的泥岩层露头，超挖 1～1.5 倍夹层厚度，用混凝土封闭，较厚的泥岩层，当暴露面积较大时，可不超挖就用浆砌条石灌混凝土封闭。由于某种原因，不能及时封闭时，则应采用喷或涂水泥砂浆的临时封闭措施。

（2）做好排水设施。由于坝体是用条块石干砌而成的，雨水容易进入坝体，沿基础面流淌，积在基坑内，被浸泡的基岩与条块石都容易产生风化与软化现象。因此，这种地表水应尽快排到下游坝基以外去。为此我们在基坑中心，沿原河床低处开挖一条排水沟，收集两岸基础面的水，通过下游集水中排到下游河道中去。

混凝土斜墙的渗透水，结合量测渗漏量，设置了纵横排水涵管，将渗水沿两岸坝肩的涵管排出坝体，不让它留在坝体内软化条块石，降低坝的寿命。摊水涵管的平面布置见图 4。

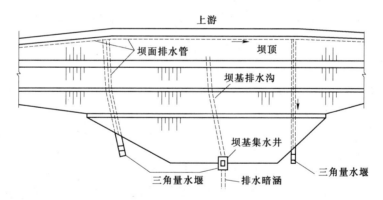

图 4　坝基和坝面排水管平面布置图

（3）混凝土截流墙和帷幕灌浆。可以减少对坝基岩石起融蚀和软化作用的渗漏水。

5．避免不均匀沉陷引起坝体横向裂缝的措施

砌石坝，由于基础未处理好引起坝体不均匀沉陷而产生横向裂缝（垂直于坝轴线）的例子是不少的，特别是两岸坝肩基础高程变化较大的部位，如果不恰当地再把横向交通廊道布置在这一坝段，那么发生裂缝的可能性就更大了。四川省某水库的砌石坝横向裂缝（贯穿横向廊道）就是这种情况下产生的。为了避免坝体发生横向裂缝，我们采取了如下措施：

（1）整平基础。开挖基础时，尽量做到平整，不允许有较大的个别岩体凸出，坑槽的其他低洼处用混凝土或浆砌石填平。

（2）减小基础的台阶高差。由于砂岩水平层理发育，两岸山坡基础开挖成台阶形，根据地址要求开挖，有的相邻台阶高差很大，如不加适当处理，将来坝体就有可能在这附近产生横向裂缝。如果用开挖的方法来消除台阶的高差，则不仅增加开挖方量，而且增加坝体工程量。我们采取浆砌条石台阶的办法来减小基岩台阶的高差（见图5），这样就只是把部分干砌条石坝体改为浆砌条石而已，因此比较经济合理。

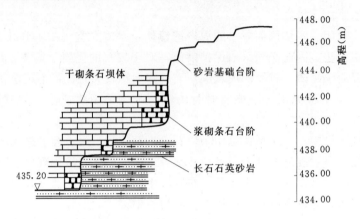

图 5　右岸边坡减小基础台阶高差的措施

（3）做沉陷缝。坝前灌浆平台的浆砌石体，在河床部位沉陷缝间距 25m；在两岸凡基础高差变化的部位都设有沉陷缝，间距 6～24m 不等。

两坝端与山体接头的部位，受边界条件的约束，一般最易发生横向裂缝，所以也有必要设置沉陷缝。图 6 为坝右肩的沉陷缝位置。

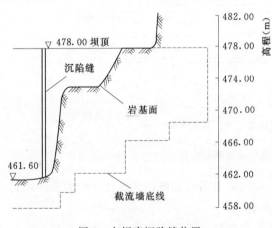

图 6　右坝肩沉陷缝位置

（1）注意合理开挖程序。在基础开挖过程中，一定要避免出现过高的陡坎，使基础边坡处于新的卸荷状态。例如图 7 中，不合理的开挖程序是先开挖 CJE 的山体，次开挖 IHB，这样就出现 CJ 和 BH 向陡坎，使右边山体处于更吃重的卸荷状态，有可能扩宽原有的卸荷裂隙或出现新再卸荷裂隙，这对坝肩防止绕坝渗漏不利，同时还有施工不安全的问题。所以正确内开挖程序应该先开挖 FC′，次开挖 GHD，最后开挖 IJE 的山体。

（2）将坝体纵剖面上砌成拱形。如图9所示在纵剖面上将条石砌成拱形，这样在坝体因自重和水压力作用而沉陷时，其横推力对两岸山体起支撑作用，从而避免原有卸荷裂隙的扩展和消除产生新的卸荷裂隙可能性。如果坝面平的砌上来，则当坝体沉陷时，不但没有横推力去支撑山体，反而坝的上部处于受拉状态，既有可能使坝体产生横向裂缝，又有可能使卸荷裂隙扩展。而且考虑坝的中间沉陷量大、两端小，为了抵消沉陷量，坝体也要求中间高于两端。

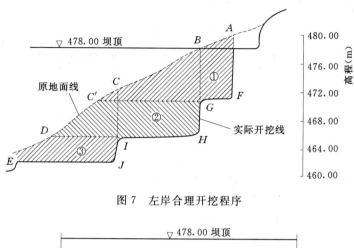

图 7　左岸合理开挖程序

图 8　坝体干砌条石层砌成拱形

三、结语

继光水库的坝址显然在地质条件复杂的红层地区，但由于我们对坝基处理比较慎重过细，采取了截流、防滑、增强承载力、抗风化和软化、防止裂缝发生等一系列措施，大坝在施工过程中，以及在蓄水运行之后，沉陷和水平位移都只有几厘米，渗漏量亦很小，仅数升每秒，尚未发现有任何裂缝或其他不良现象。实践检验了上述措施是合适的、有成效的，可供类似地区建坝借鉴。

红色砂岩地区的坝基处理[*]

摘要：以黄继光烈士命名的继光水库坝基位于红色砂岩地区，岩层岩相十分复杂，有多层水平软弱夹层，两坝肩有很宽的卸荷裂隙，存在滑动和严重渗漏问题。经采取帷幕灌浆、齿墙、增加坝重、设立伸缩缝、增设排水设施和改进施工工艺等措施，解决了坝基抗滑、防渗、防止岩体风化软化和避免过大不均匀沉陷等问题，大坝至今已安全运行近 20 年。实践证明，采取的一系列措施是成功的，其宝贵经验可供类似地区建坝借鉴。

关键词：红色砂岩；坝基；处理措施

一、概况

继光水库位于四川省中江县，是以英雄黄继光命名的都江堰灌区一座中型水库，属人民渠七期工程，库容 8900 万 m^3，灌溉面积 2.39 万 hm^2，于 1977 年 5 月动工兴建，1978 年 9 月蓄水，坝型为混凝土斜墙干砌条、块石坝，最大坝高 45m。

继光水库坝址位于红色砂岩地区，基岩为白垩系城墙岩群剑门关组观音桥段（地方命名）第一亚段，岩性岩相变化很大，泥岩和钙质砂岩呈透镜体产出，岩石中含长石、方解石和水云母等，不稳定成分含量多，易风化水解，结构松散，粉砂岩具微波交错层理，中细粒砂岩有极状水平层理，这些都对坝的滑动稳定不利。尤其是下面几层不同高程上的泥岩透镜体，成片分布，是坝基深层可能的滑动面。

坝址地质条件差还因为受地形与岩性的影响，强风化厚度大，河床部分厚 0.2～2.8m，河床两侧厚 3～9m，两岩谷坡与台地厚 5～8m，台地以上厚达 10～20m。强风化的砂岩结构很松散，强度极低，用手指都能捏碎。

两岸坝肩部位的卸荷裂隙亦很发育，裂隙宽几厘米到几十厘米，这些裂隙还有的无充填物，是绕坝渗漏的可怕通道。

综上所述，坝址地质条件有如下特点：岩性岩相变化大，软弱夹层多，风化层深，软化系数低，抗压与抗剪强度差，几乎反映了红层地区的大部地质特征，对坝的抗滑与渗漏稳定非常不利，所以对坝基处理应慎重对待。

二、坝基的处理措施

针对上述地质不利条件，采取了如下的坝基处理措施。

---

[*] 原载于《水利水电技术》1997 年第 2 期。

（一）截流防渗措施

坝基内紫红色泥岩和砂质泥岩成分主要为水云母（占 70%～90%），其次为方解石、石英和铁质，遇水膨胀，失水崩解，易风化水解；作为主要受力层的长石石英砂岩也结构构散，强度低，泡水后就软化。因此蓄水后，在压力渗透水的作用下，岩基处于饱和状态，使软弱夹层发生变异，岩基产生溶滤现象（组成物质被水部分溶解带走）和软化泥化现象（物理力学性质恶化，降低抗剪抗压强度等），为了避免这种危及大坝安全的不利因素发生，通过截流防渗消除软化泥化的外因是十分必要的。我们采取的措施是帷幕灌浆和混凝土截流墙双层防渗措施，主要考虑到有些较大的层间裂隙和两岸的卸荷裂隙，只靠灌浆是不能全部被封闭的。另外，从灌浆试验观察到，泥化夹层与水泥的结石之间胶结不好，仍有可能渗水，需要用混凝土截流墙防渗处理，截流墙是用人工开挖齿槽，浇入混凝土而成。

实践中，左右岸截流墙都切断了数条较宽的卸荷裂隙，右岸山脊有一条未被切断的裂隙（截流墙未伸到），结果灌了 20 个昼夜的水泥浆，耗水泥 160t，说明当初主要靠混凝土截流墙防渗是正确的。

（二）提高岩基强度措施

由于泥岩遇水膨胀和泥化，迅速改变物理力学性质，危及坝基稳定，不能作为坝的直接持力层，所以开挖时应当清除埋藏浅的泥岩透镜体。已强风化的砂岩结构松散，软化系数低，亦应全部清除。砂岩的弱风化带则根据坝的部位和高度不同，采取部分清除或采取加固措施加以处理，最低要求是开挖到可灌浆岩层。

台地坝基有的部位砂岩强风化带很厚，全部清除不仅增加开挖量和延长工期，而且增加砌石工程量，所以采取固结灌浆的办法提高岩基的强度。

另外用浆砌条块石堵塞对坝基稳定有影响的探洞与竖井。

（三）增加基础抗滑能力的措施

在红层地区建坝，应特别注意坝的滑动安全问题，为了防止沿坝基滑动，采取了如下措施：

（1）把建基面开挖成略向上游倾斜的平面或台阶，这样坝体和水重就有一个抗滑分力增加坝的抗滑安全度。

（2）为了使坝体与基岩接触面胶接良好，结合基础"找平"，便于安砌条石，在岩基上浇一层混凝土垫层（最薄处不少于 10cm），这样能增加坝体与岩基接触面的抗剪强度。

（3）设混凝土防滑齿墙和混凝土桩，河床部位令截流墙深度超越 427.00m 高程的软弱夹层，伸入砂岩内，使它除达到防渗目的外，同时还起防滑齿墙的作用，在左坝肩高程 460.00m 坝基砂岩水平层理发育，为了防止坝基沿水平层理滑动，在坝基中部平行坝轴线设一混凝土齿墙，齿墙深入岩基 1.5m，上端伸入砌石体 1m，齿墙厚度，顶面与底面均 1m，中间下部 1.5m（图 1），齿墙厚度与埋深的确定是根据以下方法计算，沿 AB 剪断混凝土的剪切力应该与沿 $B'C$ 剪断砂岩的剪切力相等，同时验算 BB' 面上的压应力是否超过砂岩的抗压强度，图 1 中 θ 角是最危险破裂面倾角，通过试算取得，初算可取 30°，在右岸基础开挖过程中，发现 449.00m 高程有一近水平（略向上游倾斜 2°30′）的泥化夹

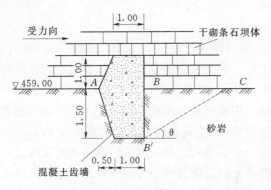

图 1　左岸台地断面抗滑齿墙（单位：m）

层，当挖开截流槽时，发现沿泥化夹层有滑移现象，引起了我们的注意，当即进行了现场大剪试验，测得其摩擦因数仅 $f=0.14$，为了防滑，我们一方面把截流墙加厚 2 倍，并加钢筋，同时在坝体中部基础内加做抗滑钢筋混凝土桩（图 2）。

（4）为了满足坝基沿 427.00m 高程的抵抗深层滑动的需要，增加坝体重量，办法是把清基的弃土与石渣堆在坝体后面，从而增加抗滑能力。

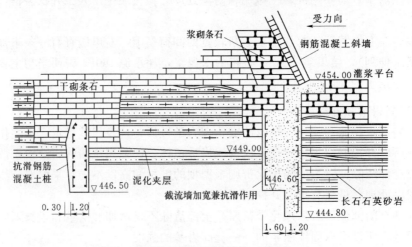

图 2　右岸谷坡断面抗滑措施（单位：m）

（四）防止风化和软化的措施

为了防止雨水、地表水和渗透水对坝基岩石和坝体条块石的冲蚀、淋融而引起风化和软化，采取以下措施。

1. 混凝土封闭

基坑侧面露头的泥岩透镜体，暴露在空气中不到几天就风化龟裂，如果浸水则很快泥化，因此必须采取保护措施。对于较薄的泥岩层露头，超挖 1～1.5 倍夹层厚度，用混凝土封闭；较厚的泥岩层，当暴露面积较大时，可不超挖就用浆砌条石灌混凝土封闭。由于某种原因不能及时封闭时，则应该采取喷或涂水泥砂浆临时封闭措施。

2. 做好排水设施

由于坝体是用条块石干砌而成，雨水容易进入坝体，沿基础面流淌，积在基坑内，被浸泡的基岩与条块石都容易产生风化与软化现象，因此，这种地表水应尽快排到下游坝基以外去。为此我们在基坑中心，沿原河床低处开挖一条排水沟，收集两岸基础面的水，通过下游集水井排到下游河道中去。

混凝土斜墙的渗透水（可能通过裂缝与分块缝），结合量测渗漏量，设置了纵横排水管，将渗水沿两岸坝肩的涵管排出坝体，不让它留在坝体内软化条块石，降低坝的寿命。

排水管的平面布置与坝基排水沟及集水井的布置见图3。

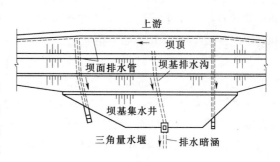

图3　坝基和坝面排水管平面布置

（五）坝体防裂和避免不均匀沉陷措施

砌石坝由于基础未处理好引起坝体不均匀沉陷而产生横向裂缝（垂直于坝轴线）的例子是不少的，特别是两岸坝肩基础高程变化较大的部位，如果不恰当地再把横向交通廊道布置在这一坝段，那么发生裂缝的可能性就更大了。四川省的黑龙滩水库浆砌条石坝的横向裂缝（贯穿横向廊道）就是在这种情况下产生的，为了避免类似裂缝的产生，我们采取如下措施。

（1）整平基础，开挖基础时，尽量做到岩基面的平整，不允许有较大的个别岩体凸出，坑槽的其他低洼处用混凝土或浆砌条石填平。

（2）减小基础的台阶高差，由于砂岩水平层理发育，两岸山坡基础开挖成台阶形，根据地质要求开挖，有的相邻台阶高差很大，如不适当处理，将来坝体就有可能在这附近产生横向裂缝，如果用多开挖的方法减小台阶的高差，不仅增加开挖量，也增加坝体工程量，采取浆砌条石台阶的办法来减小岩基台阶的高差（图4），这样就只是把部分干砌条石坝体改成浆砌条石而已，比较经济合理。

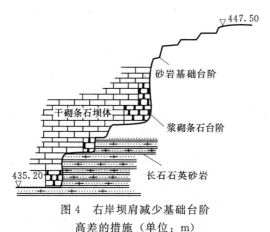

图4　右岸坝肩减少基础台阶高差的措施（单位：m）

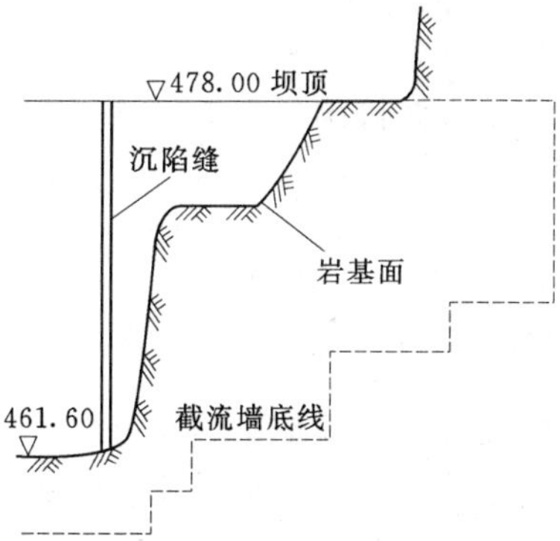

图5　右坝肩沉陷缝位置（单位：m）

（3）做沉陷缝，坝前灌浆平台的浆砌条石体沉陷缝间距25m，两岸部位沉陷缝设在基础面高差变化大的部位，间距6～24m不等，两坝端与山体接头的部位，受边界条件的约束，一般最易发生横向裂缝，所以也有必要布置沉陷缝（图5），所有沉陷缝都设有止水带，止水带放在浆砌体中的混凝土隔墙内，下与截流墙连接，上下钢筋混凝土斜墙连接，形成整体的止水系统。

（六）防止两坝肩山岩中卸荷裂隙扩展的措施

根据地质勘探和截流墙开挖，发现两岸坝肩山岩中卸荷裂隙较宽较多，而且因风化层深在基础开挖过程中，边坡处于新的卸荷状态，卸荷裂隙有新发展的趋势。为了防止这种不利情况的发生，采取了如下措施。

（1）注意开挖的合理程序，在基础开挖过程中，一定要避免过高的陡坎，使基础边坡处于新的卸荷状态（图6），不合理的开挖程序是先开挖 CJE 的山体，次开挖 $BHTC$ 山体，这样就先后出现 CJ 和 BH 的新高坎，使山体处于更严重的卸荷状态，可能令原有卸荷裂隙扩展或产生新的卸荷裂隙，施工时还有可能发生塌坡的安全事故，正确的开挖程序应该是先开挖 AFC'，次开挖 GHD，最后开挖 IJE 的山体。

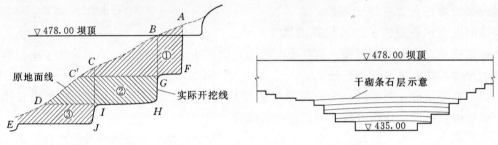

图 6　左岸合理开挖程序（单位：m）　　　　图 7　坝体干砌条石砌成拱形（单位：m）

（2）将坝体纵剖面上砌成拱形（图7），在纵剖面上将条石砌成拱形，这样在坝体因自重和水压力作用而沉陷时，产生横推力对两岸山体起支撑作用，从而避免原有卸荷裂隙的扩展和产生新卸荷裂隙的可能，如果坝面水平砌上来，则当坝体沉陷时（中间大，两端小），两坝肩处于受拉状态，坝肩就很可能产生横向裂缝，也可能使卸荷裂隙扩展，而且为了抵消坝体中间沉陷量大，也要求坝体中间高于两坝肩。

为了使防渗的混凝土斜墙（面板）受压力不受拉力，我们还在平面上将坝体砌成向上游凸出的拱形（微拱）面，结果非常令人满意。这座我国第一次采用的薄混凝土面板坝，运行至今近 20 年，未发现裂缝，这经验十分可贵。

三、结语

继光水库坝基地质条件虽然十分复杂，但由于采取慎重过细的截流、防滑、抗风化软化、增强承载力、防止裂缝发生等一系列措施，使大坝在施工过程中，以及 19 年的运行之后，坝体沉陷与水平位移只有几厘米，防渗斜墙未出现裂缝，渗漏量在允许范围之内。通过长期运行检验，上述坝基处理措施是合适的、有效的，这一成功经验很值得供类似地区建坝借鉴。

继光水库干砌石坝钢筋混凝土斜墙的设计和施工[*]

"继光水库"位于四川省中江县英雄黄继光烈士的家乡附近，故以英雄的名字命名。它是都江堰灌区人民渠七期工程的一座骨干囤蓄水库，总库容8900万 m^3，灌溉面积38.9万亩，坝高45m，为干砌条、块石坝，采用钢筋混凝土斜墙防渗，见图1。在斜墙设计中，考虑了具体条件提出设计方案；在斜墙施工中，采用了栈桥施工方法，比国内过去同类斜墙施工方法有所前进。这种方法除具有质量好、速度快的优点外，还有能边施工、边蓄水的特点，对水库提前蒿水、灌区提前受益起了重要的作用。

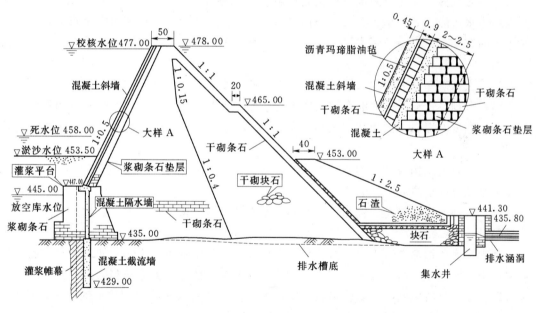

图1　继光水库干砌石坝最大断面（尺寸单位：m）

一、钢筋混凝土斜墙设计

钢筋混凝土斜墙作为堆石坝的防渗措施在国外用的较早，1917美国的斯惠夫脱堆石坝（高50m）就是用的这种斜墙。到目前为止，世界上至少有30余座高50m以上的堆石坝采用了这种防渗措施，其中最高的是哥伦比亚安契凯叶（Anchicaye）堆石坝（高

＊　原载于《水利水电技术》1980年第5期。

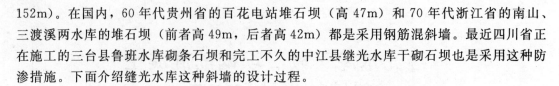

152m）。在国内，60 年代贵州省的百花电站堆石坝（高 47m）和 70 年代浙江省的南山、三渡溪两水库的堆石坝（前者高 49m，后者高 42m）都是采用钢筋混斜墙。最近四川省正在施工的三台县鲁班水库砌条石坝和完工不久的中江县继光水库干砌石坝也是采用这种防渗措施。下面介绍继光水库这种斜墙的设计过程。

（一）斜墙厚度的确定

确定斜墙厚度的因素有：①承压水头的大小；②坝体变形的程度；③温度变化的幅度；④伸缩箍的安排；⑤选用混凝土的标号；⑥配筋的多寡等。由于因素很多，而且有的因素（如坝体的变形）事先是很难估计精确的，所以理论计算至今尚未解决。国外主要根据经验确定，即使计算，也只是按由经验总结而来的经验公式进行。例如较常用的经验公式如下：

$$t = 0.3 + \xi H \tag{1}$$

式中　t——在水头 H 下斜墙需要的厚度；

　　　ξ——经验系数，最初美国人采用 $\xi = 0.02$；后来西欧人采用 $\xi = 0.005 \sim 0.0075$，最近澳大利亚人建议 $\xi = 0.002$。

我们对世界上已建成的堆石坝钢筋混凝土斜墙厚度的统计结果：50 年代修建的斜墙厚度约为水头的 1%，当坝高 100m 时，代入上式得 $\xi = 0.007$；60 年代修建的斜墙厚度约为水头的 0.85%，代入上式得 $\xi = 0.0055$；70 年代修建的斜墙厚度约为水头的 0.5%，相当于 $\xi = 0.002$。

为什么斜墙厚度采用越来越薄呢？分析其原因主要有：

（1）合理设计混凝土的混合比和掺入合适的减水剂，使混凝土的抗渗标号和强度标号都有较大幅度的提高。例如我们工地混凝土内掺木素磺酸钙（掺量 0.25%）抗渗标号高达 B30。

（2）合理的结构设计。例如，斜墙的合理分块，以及把斜墙与坝体用沥青油毡隔开，就使斜墙能更好地适应坝体的变形。

（3）筑坝技术的提高。例如采用振动碾使堆石坝体的密度大为增加，大大减少了坝体的变形量。

继光水库的钢筋混凝土斜墙从灌浆平台算起最大承压水头为 30m。如果考虑我们采用的混凝土抗渗标号较高，分块较仔细，砌筑坝的变形量估计不大等有利因素，斜墙厚度本来可以较薄。但考虑到施工经验不足，质量不易控制，所以实际采用较大的厚度，即按 $\xi = 0.007$ 计算斜墙底部厚度采用 0.5m，顶部采用 0.3m。

通过蓄水考验，尚未发现斜墙有裂缝，坝后观测的渗漏量也极微，说明上述设计是合理的。国内过去有些工程，设计斜墙的厚度采用 1/30 水头，看来是偏保守的。

（二）斜墙的分块设计

斜墙由伸缩缝分成若干块，主要目的有：①减小因坝体变形引起的挠曲应力；②减小因温度变化和混凝土本身干缩引起的应力；③便于施工。

为了达到第一个目的，伸缩缝最好布置在坝的变形最大处，根据国内外已建成堆石坝沉陷变形的观测，其最大变形是在离基础 1/3～1/2 坝高范围内。因此一般斜墙的水平缝

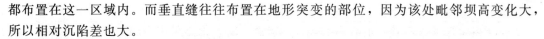

都布置在这一区域内。而垂直缝往往布置在地形突变的部位,因为该处毗邻坝高变化大,所以相对沉陷差也大。

从第二个目的考虑,根据斜墙厚度与混凝土以及斜墙与坝体接触面的摩擦系数来计算缝的间距,使斜墙不因温度度变化和混凝土干缩而产生裂缝。计算垂直伸缩缝间距可根据斜墙收缩时斜墙能自由伸缩导出如下公式:

$$L = \frac{2R}{k\gamma f \cos\alpha} \approx \frac{2R}{(3.6-6)f\cos\alpha} \tag{2}$$

式中　L——伸缩缝间距,m;

　　　R——混凝土轴向抗拉强度,tf/m^2;

　　　γ——混凝土容重,t/m^3;

　　　f——斜墙与坝体接触面的摩擦系数;

　　　α——斜墙倾角;

　　　k——安全系数,可取 3～5。

上式没有计入水压力,是因为水下温度变化小,而且一般蓄水后,混凝土本身干缩现象早已停止。

计算水平伸缩缝间距应考虑在斜坡上斜墙本身重量沿斜坡向分力的影响,得公式如下:

$$L = \frac{2R}{-k\gamma(\sin\alpha - f\cos\alpha)} \tag{3}$$

式中　符号意义同前。

括号内是负值。当混凝土受拉时公式才有意义。

实际上采用的伸缩缝间距应该比按上述公式算出来的小,。因为公式只考虑温度下降和混凝土本身干重而引起的拉应力,而未考虑坝体不均匀沉陷和位移所引起的挠曲应力。后者由于不均匀沉陷和位移量难于估计,所以计算无从着手。

近年来,国外浇筑斜墙混凝土大都采用滑动模板。浇筑时,混凝土从坝底随着模板的向上拖动连续浇筑到坝顶。因此为了便于施工,最好没有水平伸缩缝,所以国外有些工程就取消了水平缝。垂直缝的间距,即混凝土斜墙分块的宽度,既要考虑不让发生裂缝,又要照顾模板桁架的跨度不至于太大,一般采用 10～15m。

综合考虑以上三方面要求,目前实践中较合理的分块是:垂直缝间距以 10～15m 为宜。超过此值,既易出现裂缝(如湖南浆水库大坝混凝面垂直缝间距 28m,出现了垂直裂缝),又使滑模桁架跨度太大。在基础周边地形变化较大的地区,垂直伸缩缝应适当加密,水平缝最好在 1/3～1/2 坝高处布置一条。此外,沿基础周边,斜墙与基础应做成铰接。根据以上原则,继光水库砌石坝混凝土斜墙的伸缩缝前布置如图 2 所示。

(三) 斜墙的配筋与混凝土标号

由于坝体变形无法预先估算精确,斜墙受力情况很难进行理论计算,所以国外斜墙配筋也是凭经验设计的。有的资料介绍布置双向钢筋,各向含钢率 0.5%。当斜墙厚 50cm 时,放置直径 18mm、隔距 10cm 的钢筋。也有的资料建议含钢率采用水平向 0.3%、垂直向 0.35%。

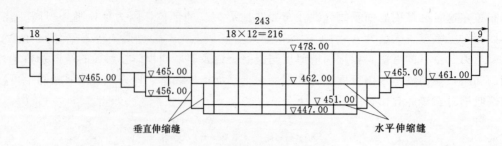

图 2　斜墙伸缩缝布置（单位：m）

国内有的工程只设置温度筋，采用直径 18mm、间距 20～30cm，也有的未布置钢筋而很少裂缝的经验。

我们认为，只要分块尺寸合理，斜墙与坝体间的滑动面处理好（平整，摩擦系数小），并使整个坝的上游面略呈球面向上游鼓起，这样坝体变形时，斜墙处于受压状态，就是不放钢筋也是可以的，特别是中小型水库的坝，即使出现个别裂缝，修补的机会较多，而且目前用环氧树脂修补混凝土裂缝是比较可靠的。

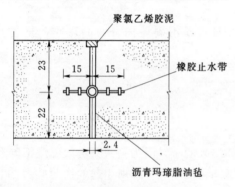

图 3　伸缩缝结构（单位：cm）

继光水库砌石坝的混凝土斜墙，原设计是不放钢筋的，后来考虑到施工缺乏经验，为安全起见还是设置了一层双向钢筋，采用直径 16mm 间距 20cm，各向含钢率为 0.22%。

关于斜墙混凝土的标号选择，根据斜墙厚度 0.5m、水头 29m、水力梯度 $i>30$、混凝土背面可自由渗水，按新规范要求混凝土抗渗标号 $>$ S8，相应要求强度标号 $R>200$。

（四）伸缩缝结构设计

为了施工方便，缝的结构型式采用平缝（见图 3）。缝内填沥青玛琋脂和油毡，缝的中心处放置一条橡胶止水带（南京橡胶厂的产品），缝口灌聚氯乙烯胶泥。

缝的宽度主要决定于斜墙分块的尺寸、温度的变幅、缝内填料的性能等因素，按下面方法计算：

（1）当填料接缝时的气温上升到当地最高气温，斜墙混凝土线膨胀度应等于接缝填料的可压缩量（滑动面的约束影响可略而不计）。

$$k\alpha_T l(t_{max}-t_0)=b\varepsilon_c$$

$$b=\frac{k_1}{\varepsilon_c}(t_{max}-t_0)\alpha_T l \tag{4}$$

式中　b——缝宽；

　　　l——斜墙分块长度；

　　　t_0——填料接缝时的气温；

　　　t_{max}——当地最高气温；

α_T——混凝土线膨胀系数（＝0.00001）；

ε——填料当气温为 t_{max} 时的压缩系数（注意填料本身的温度不等于气温），由试验确定；

k_1——安全系数，取 $1\sim1.5$。

（2）当填料接缝时的气温下降到当地最低气温时，混凝土斜墙的收缩量应小于缝内填料的延伸度，使填料与混凝土面不至于脱开。

$$k_2(t_0-t_{min})\alpha_T l = b\varepsilon_P$$

$$b=\frac{k}{\varepsilon_P}(t_0-t_{max})\alpha_T l \tag{5}$$

式中　k_2——安全系数，考虑坝体变形，取值稍大，为2；

t_{min}——当地可能最低气温；

ε_P——气温 t_{min} 时的延伸系数，由试验确定。

（3）当混凝土干缩时，要求缝宽按下式计算：

$$b=\frac{k_3}{\varepsilon_P}\varepsilon_{yc} l \tag{6}$$

式中　ε_{yc}——混凝土收缩系数（素混凝土约为 0.0004，钢筋混凝土约为 0.0002）；

k_3——安全系数，因混凝土干缩过程不长，可不考虑坝体变形的影响，故可取 1.5；

其他符号意义同前。

继光水库的具体条件：$l=12m$，$t_0=15\sim25℃$，$t_{max}=38℃$，$t_{min}=-5℃$，$\varepsilon=0.2$，$\varepsilon_P=0.3$ 代入上式公式算得：

气温升到最高时要求缝宽：

$$b=(1.5/0.2)(38-15)\times0.00001\times1200=2.1cm$$

气温降到最低时要求缝宽：

$$b=(2/0.3)[25-(-5)]\times0.00001\times1200=2.4cm$$

混凝土本身干缩时要求缝宽：

$$b=(1.5/3)\times0.0003\times1200=1.8cm$$

缝宽应取上述计算最大值，因此我们选用 2.4cm。

以上计算还说明，浇筑时混凝土入仓温度不宜定高或低，否则会使缝宽过大。

（五）斜墙的周边接缝

（1）斜墙与灌浆平台水平接缝。斜墙底部与灌浆平台连接，由于灌浆平台是用条石浆砌成，不好安放橡胶止水带，所以斜墙应与平台中的混凝土隔水墙连接，使从坝顶到基础形成完整的防渗体系。斜墙与灌浆平台的水平接缝型式设计了 2 种，见图 4（a）、（b）。两种型式都是铰接，允许斜墙自由伸缩与转动，所以作用相同。从施工角度考虑，实践中采用了型式图 4（b）。

（2）斜墙与灌浆平台垂直接缝因为灌浆平台在两岸成台阶形上升，所以斜墙与灌浆平台的垂直面也有接缝，接缝型式定为铰接。其结构见图5。

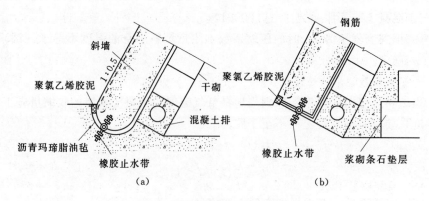

图 4 斜墙与灌浆平台水平接缝

（六）伸缩缝填料

（1）沥青玛琋脂。根据设计对伸缩缝内填料有下列要求：①要有一定的弹性，使斜墙有伸缩的自由；②要有一定的黏着力，当缝张开时，填料不至于和混凝土面脱开，导致漏水；③要有一定的耐热性，当气温高时填料不从缝内流出。根据以上要求通过试验采用沥青玛琋脂与油毡作为填缝材料。玛琋脂的配合比与性能见表1。

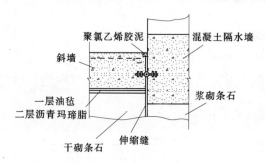

图 5 斜墙与灌浆平台垂直接缝

（2）聚氯乙烯胶泥。为了增强伸缩缝防渗的可靠性，用聚氯乙烯胶泥灌塞缝口。胶泥的性能要求在高温下不流淌，低温时仍有一定的抗拉强度、黏着力和延伸度，使得缝张开时，胶泥能适应变形，本身不断裂，与混凝土牢固胶结。通过试验，我们获得的聚氯乙烯胶泥的配合比和性能见表2。实践证明，用这种胶泥作接缝防渗材料很可靠，即使接缝拉开超过原来缝宽的3倍，或者相邻斜墙变形到相互成90°，胶泥本身既未断裂，胶给面亦未脱开。

二、钢筋混凝土斜墙施工

（一）基本情况

继光水库的干砌块石坝的混凝土防渗斜墙，总面积为6000m²，共分46块（见图2）。混凝土浇筑厚度在高程447.00～451.00m为65～45cm，在高程451.00～478.00m为45cm（对原设计略有改动）。斜墙内在迎水面一边放置单层钢筋网。钢筋采用直径18mm、间距20cm。伸缩缝中灌注沥青玛琋脂、油毡和聚氯乙烯胶泥，并安放一条橡胶止水带，在1:0.5坝坡上浇筑斜墙混凝土，高空作业，施工难度较大。

（二）施工方法的选择

国外堆石坝混凝土斜墙施工近来多采用滑动钢模板，例如澳大利亚的基桑那堆石坝（坝高110m），就是采用这种方法施工的。该坝采用的模板宽12.2m、长1.8m、重21t，用油压千斤顶升降。国内堆石坝混凝土斜墙尚未采用过这种先进的施工方法，但类似的工程（如混凝土坝的溢流面、溢洪道等）有的已经采用。继光水库原设计也是采用的滑动钢模，但由于下列原因而放弃了这一方法：①工地上缺乏加工两台跨度超过12m的钢模桁架的钢材和技术条件；②工地上缺乏牵引设备；③该法牵引设备放在坝顶，要求坝砌到顶以后才能开始浇筑斜墙，这样就不能边砌坝，边浇斜墙、边蓄水，达到1978年汛期蓄水的要求。为此，我们设计了栈桥施工方法。这个方法是采用三脚架在坝面上搭栈桥以运送混凝土到仓面，模板是由特制的背条木与一定规格的钢模组成。钢模可随着混凝土仓面的上升而轮换交替上移，有如滑模靠牵引上升的作用一样，速度快，质量好。背条木由一根方木和两个角铁拼装而成，见图6（a）；标准钢模由钢板四周焊上小角铁而成，见图6（b）。

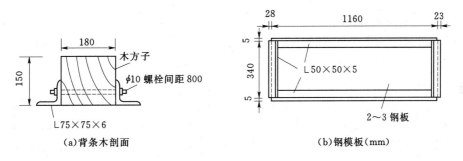

（a）背条木剖面　　　　　　　（b）钢模板（mm）

图6　标准钢模板结构（单位：mm）

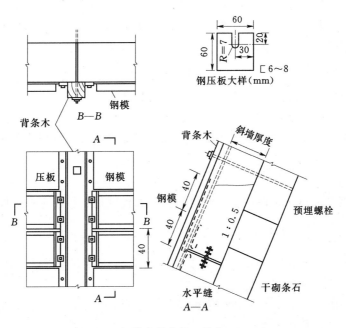

图7　钢模安装背视（单位：cm）

立模时，先将背条木固定在坝面的预埋螺栓上，令与坝面保持浇筑厚度的距离（见图7）然后在仓内绑扎钢筋。当斜墙厚度较薄、仓内绑扎钢筋有困难时，可把绑扎好的钢筋网放入。浇筑时，把钢筋固定在背条木上。当混凝土浇平第一块钢模上缘时，再安上第二块钢模。一般气温高于 25℃ 时，装上第五块钢模（浇筑高度约 2m）后，下面第一块钢模就可以拆换到上面去。这样随混凝土仓面的不断上升，钢模也轮换交替上升。五块钢模就可轮换浇筑到所需高度. 斜墙浇筑块的宽度 12m，背条木的间距为 1.5m，所以一套模板需要加工背条木 9～10 根；标准钢模 40～45 块。继光水库有两个团同时施工，各团各做一套，如果连续施工，连安模、浇混凝土、拆模等一起，平均一天能浇筑斜墙 120m² 左右。

（三）混凝土运输系统设计

在 1：0.5 坝坡上高空浇筑斜墙，混凝土如何运送到仓面是个难题，曾经考虑以下几种方案：一是将两岸已拌和好的混凝土通过坝顶水平运到仓面的上方，再将溜筒溜到仓内；二是在灌浆平台上搭竹排架，排架上铺跳板运送混凝土到仓面。这两个方案都有缺点，前者是在坝顶运送，混凝土与安砌条石施工有干扰而且溜筒太高，混凝土易产生分离现象；后者的致命缺点是灌浆无法进行，而且排架层层往上搭，需要大量毛竹（8000 多根）和数吨铅丝，每次浇筑高度也受限制。据此情况，后来我们设计了一种用三脚架搭栈桥的办法，将两岸搅拌好的混凝土由栈桥直接运送到浇筑仓面，克服了上述方法的缺点。这一方法具体是将制好的三脚形木架固定到坝面的预埋螺栓上，上面铺上跳板和装上栏杆就成栈桥，及两岸搭到仓面与背条木上的三脚木架连接。两岸拌和好的混凝土就可通过栈桥直接送进仓面。随着浇筑面的上升，栈桥可以往上拆装。实践证明，这一办法有如下优点：

（1）做到浇筑斜墙与继续砌筑坝体、帷幕灌浆、提前蓄水互不干扰。

（2）只用了 10 余 m³ 木料做三角形木架，节省了大量毛竹和铅丝。

（3）附带解决了坝面涂沥青玛琋脂和油毡的施工问题。

（四）斜墙施工程序

（1）搭好栈桥。接通拌和机与仓面的道路。

（2）立背条木。先用特制工作台车将坝面预埋螺栓接长，再把背条木运到坝顶，用铰车往下放列仓面上，进行安装。

（3）绑扎钢筋。

（4）立伸缩缝边模。先将预制的沥青油毡片和橡胶止水带固定在边模上，再把边模就位，并加斜撑使之固定。

（5）清洗仓面。

（6）技术调查。由设计和施工等有关人员组成的检查查组，检查主模、扎筋、冲洗等，认为合格后，签发混凝土浇筑许可证。

（7）浇筑混凝土。安上第一块标准钢模后，就可把混凝土从栈桥抬运到仓面平台上，从漏斗送入仓内，把平后用振动棒振实。

（8）拆模浇到第五块钢模时（约 3h），下面一块的钢模就可以拆除换到上面去。整块斜墙分块浇先后 4～5h，拆换全部钢模。拆换中如发现混凝土有蜂窝麻面，应立即用砂浆抹平。背条木一般要 12h 后拆除，边拆边立，准备斜墙下一分块的浇筑。

（9）养护。民工经过实践，在斜墙顶部外缘上用黏土筑一小埂，顶高在同一水平上。沟内冲满水，令其从埂顶溢流到斜墙面上。

（10）聚氯乙烯胶泥嵌缝斜墙养护 7 天后，伸缩缝的缝口就可用聚氯乙烯胶泥封塞。胶泥先按以下方法熬制：

1）将煤焦点在 120～140℃ 的温度下脱水，装锅容量不要超过 2/3，温度升高不宜太快，熬制时用木棒不断搅动，熬至油面清亮不再起泡时为止。配制时保持煤焦油温度 40～60℃。

2）按配合比先称取聚氯乙烯树脂及三盐基硫酸铅，搅拌均匀后均匀加入定量的二丁酯，搅拌成糊状。

3）将上面的混合物加入已脱水的煤焦油中，搅拌均匀再加入定量的滑石粉边加热、边搅拌，随温度上升，混合物由稀变稠，至 130℃ 左右由稠变稀。塑化温度保持 140℃ 以下，在 130～140℃ 保持 5～10min。超过 140℃ 时会出现黄烟，保持时间过长，会产生热老化，时间过短，不能充分塑化，都对质量不利。当胶泥面呈黑色明亮光泽，热状态下可拉成细丝，冷却后再粘手，塑化便已完成，就可立即浇灌。

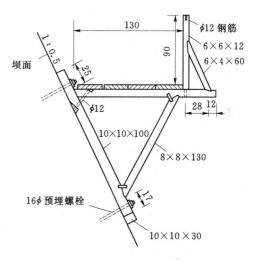

图 8　栈桥结构（单位：cm，
其中钢筋直径为 mm）

胶泥嵌缝的施工方法分两种：

1）热施工去，即先将缝凿毛，用钢丝刷把表面浮砂刷掉，再用喷灯把水分吹干，用毛刷刷去尘土，并用"皮老虎"吹净，就可开始灌缝。竖缝的灌法是：将熬制好的胶泥，使其温度不低于 110℃，往缝内一面浇灌，一面用竹片或刮刀把下淌的胶泥往上刮，不停地浇，不停地刮，直到缝内填满胶泥为止。横缝的灌法是：将一木板盖上纸，一侧紧靠缝的下沿，向缝内浇灌胶以后，用木板将胶泥压入缝内。初凝后除去木板。

2）冷施工法，缝的处理同前，把熬制好的胶泥浇灌成胶泥板，按缝的断面切成胶泥条备用。然后用喷灯将缝吹热，同时把胶泥条表面吹化。将胶泥条压入缝内，并用木条压紧，冷却后才能松开，否则不易黏结牢固。

工地上两种方法都施用过，热施工法质量较好；冷施工法较方便，是发展方向，但方法有待改进。

（五）分块施工工期与劳动定额

斜墙施工以每一浇筑分块为单元。一般浇筑 12m×13.2m（＝158m²）的分块，从搭栈桥起（见图 8），到浇筑完毕拆栈桥止，顺利情况下，为期两天半。一天为立模、扎筋等准备工作，一天混凝土浇筑，半天拆模整理。混凝土连续浇筑时间一般 20h 左右，平均每小时上升 66cm，上升 2m（5 块钢模的高度）约 3h，在气温高于 25℃ 时，刚好是底块钢

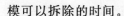

模可以拆除的时间。

浇筑 158m² 分块全部工序所需工日定额如下：

搭栈桥	40
立模	30
扎钢筋（未包括加工）	24
浇筑混凝土	297（119 人）
清理钢模与背条木	16
拆背条木	20
拆栈桥	7
合计	454

在浇筑混凝土 297 个工日中，上料 95 个，运输 150 个，平仓振捣 25 个，安装拆卸模板 20 个，修补麻面 7 个。

浇筑每平方米斜墙所需工日 2.75（434/158）个。

（六）小结

（1）采用栈桥浇筑混凝土斜墙的方法，其最大优点是可以边施工、边蓄水，对继光水库提前蓄水受益起了很大作用，而且施工速度快、质量有保证，技术简单、易为民工掌握。

（2）此方法也可试用于大型混凝土衬砌渠道的边坡浇筑，及其他类似的工程。

（3）为便于安装和拆卸，背条术的方术尺寸可以适当减少。

（4）聚氯乙烯胶泥防渗性能良好，能适应缝的软大变形，价格亦不昂贵，是较好的防止接缝漏水的材料。

继光水库干砌石坝科学试验成果

四川继光水库是都江堰灌区人民渠七期工程的一座骨干囤蓄水库。总库容 8900 万 m³，有效库容 7900 万 m³，灌溉面积 35.8 万亩。大坝为钢筋混凝土墙干砌石坝，坝高 45m，最大断面见图 1。

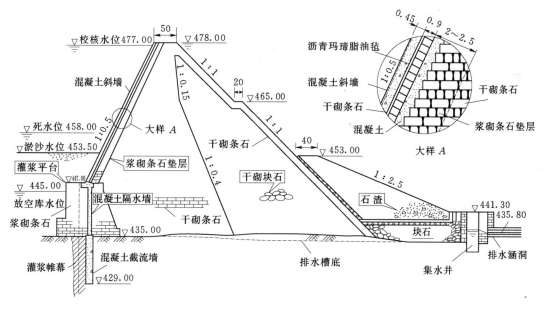

图 1　继光水库干砌石坝河床段断面（单位：m）

本工程于 1977 年 5 月动工，1978 年 9 月 9 日开始蓄水，12 月完工。工程 7 总投资 1168 万元，总投劳 950 万工日。

设计施工中取得的主要经验有：结合大坝抗滑稳定计算，对坝基深层滑动稳定计算中岩体抗剪强度指标的选取、力学分析方法、抗滑安全系数的采用、滑动面上扬压力的计算、下游抗力体和侧向切割面的抗滑作用等问题进行了研讨，提出了相应的建议和抗滑计算公式（参看《水利学报》1980 年 6 期）；在钢筋混凝土斜墙的设计中，总结了国内外设计经验，提出了斜墙厚度的确定、分块原则，伸缩缝结构设计和填料的性能要求等设计方法。在斜墙施工中，结合具体条件，首次采用"活动钢模栈桥法"。它具有国外采用"滑动钢模桁架法"的质量好、速度快的优点，而且还有斜墙浇筑与坝体继续施工和部分蓄水

* 原载于《砌石坝通讯》1981 年第 3 期。合作者：周述渠。

不矛盾的特点，这为水库提前发挥效益创造了有利条件（参看《水利水电技术》1980 年 5 期）。鉴于大坝位于岩性、岩相变化大的红色砂岩地基上，不仅岩体结构松散，易风化水解，而且坝下不同高程存在着多层软弱夹层，对大坝抗滑稳定极为不利，为了确保大坝安全，对坝基采取了截流防渗、提高承载力、增加抗滑力、防止风化和软化，以及防止不均匀沉陷引起坝体拱向裂缝和两坝肩卸荷裂隙扩展等一系列措施。经过三年多的运行，证明这些措施是适当的和有成效的（参看《四川水利》1980 年 2 期）；在大坝勘测设计和施工各阶段，进行了大量室内外科学试验，其中包括：坝基各类岩石的物理力学特性、坝基软弱夹层的抗剪强度指标、条石间摩擦系数、条石和块石干砌体的容重、防渗混凝土以及聚氯乙烯胶泥的配合比与性能等。取得的成果为设计施工提供了可靠依据，并对其他类似地区设计同类坝型有一定参考价值，现介绍如下（其他经验参看《继光水库钢筋混凝土斜墙干砌石坝设计、施工和科学试验》，水利水电科学研究院、都江堰人民渠七期工程中江县指挥部，1981 年）。

一、坝基各类岩石特性指标试验

在计算坝基稳定时，需要知道坝基各类岩石的物理、化学和力学性质。为了获得这些资料，一方面委托成都科技大学和绵阳地区水电勘测设计队做室内试验；一方面又在工地进行了现场试验。取得成果分述如下。

（一）室内试验成果

在成都科技大学农水专业建材试验室取得的坝基岩体的物理、化学和力学性质见表 1。由于试件存放过久，有的蜡封破坏，样品测得含水量低于天然含水量，抗压强度与软化系数都偏低，故在绵阳地区水电勘测设计队试验室进行了部分岩石的抗压强度和软化系数的补充试验，成果见表 2。

表 1　　　　　　　　　坝基基岩物理、化学、力学性质试验成果

组　数	单　位	12	3	5	4	9
岩石名称		长石石英砂岩	粉砂岩	泥质粉砂岩	含砂细砾岩	泥岩
密度	g/cm³	2.55	2.67	2.62	2.65	2.64
天然容重	g/cm³	2.1	2.49	2.35	2.56	2.49
干容重	g/cm³	2.07	2.46	2.31	2.54	2.41
湿容重	g/cm³	2.24	2.54	4.44	2.59	—
天然含水率	%	2.01	0.85	1.53	0.67	3.65
重量吸水率	%	8.76	3.17	5.57	1.67	—
孔隙率	%	20.39	7.71	11.7	5.58	8.99
溶解盐含量	%	0.12	0.06	—		
碳酸盐含量	%	4.58	10.94	—	15.96	
抗压强度 烘干	kgf/cm²（平行岩芯轴向）	149	366	226	346	124
抗压强度 吸水饱和	kgf/cm²（平行岩芯轴向）	42	123	68	185	
软化系数		0.28	0.34	0.30	0.54	

续表

组 数		单 位	12	3	5	4	9
湿抗剪断	$\tan\varphi$	（垂直岩芯轴向）	0.87			0.77	
	c		20.4			48	21
湿抗剪强度	f	（垂直岩芯轴向	0.58	0.52	0.66	0.62	—
	c	光面摩擦）	1.03	1.07	1.1	0.85	—
弹模		10^4 kgf/cm²	3.47	5.88			
泊桑比			0.25	0.18			

表 2　　　　　　　部分坝基岩石抗压强度与软化系数补充试验成果

岩石名称	抗压强度（kgf/cm²）		软化系数	备 注
	烘 干	吸水饱和		
细粒长石石英砂岩	247（212）	1.05（63）	0.43（0.29）	括号内数字为成都科技大试验成果，试件已气干
粉 砂 岩	574（323）	204（104）	0.35（0.32）	

（二）现场试验成果

为了计算坝基深层沿软弱夹层抗滑稳定，进行了野外对软弱夹层的大型抗剪试验。成果见表3、表4。

表 3　　　　　　　坝基软弱夹层野外抗剪试验成果汇总

层位	高程	软弱夹层面	项目编号	各级荷载下的 τ 值（kgf/cm²）					抗剪指标				简易剪切画图	简易指标		备注
				2	4	6	8	10	图解法		最小二乘法			f	c	
									f	c	t	c		0.18	0.1	
$K_{cj}{}^{g-1-2}$	425.44 m	泥质粉砂岩/泥岩夹层	τ_6 抗剪切	0.91	1.45	1.96	2.30	3.15	0.26	0.4	0.27	0.36				取值准则：(1)以摩剪校正法抗剪断极限值为准，抗剪强度和综合算术平均值验证；(2)建议值取 f 的 1/4，c 的 1/4
			τ_6 抗剪强度	0.76	1.30	1.76	2.20	2.55	0.22	0.4	0.22	0.37				
			综合算术平均	0.85	1.28	1.79	2.20	2.63	0.22	0.4	0.22	0.41				
			τ_{6-1}	0.75	1.25	1.62	2.00	2.37	0.20	0.4	0.20	0.40				
			τ_{6-2}	0.50	0.75	1.12	1.50	2.00	0.19	0.04	0.19	0.05				
			τ_{6-3}	0.80	1.00	1.60	2.00	2.40	0.20	0.40	0.21	0.3				
			τ_{6-4}	1.0	1.5	2.1	2.5	3.0	0.25	0.5	0.25	0.5				
			τ_{6-5}	1.2	1.9	2.5	3.0	3.4	0.26	0.8	0.28	0.8				
剪切面描述			τ_{6-1}	剪切面沿界面破坏，界面平整光滑，泥化严重，起伏差较小												
			τ_{6-2}	沿泥岩夹层破坏，界面平整光滑，全部已泥化，起伏差小，剪切擦痕明显												
			τ_{6-3}	岩性与6-1基本相同，剪切面起伏差5cm左右，岩层向下游倾斜												
			τ_{6-4}	剪切面起伏不平，成波浪状，起伏差较大，局部泥化												
			τ_{6-5}	剪切面沿泥岩软弱面破坏，剪面起伏不平，影响较深，局部泥化												

续表

层位	高程	软弱夹层层面	项目编号	各级荷载下的τ值(kgf/cm²)					抗剪指标				简易剪切画图	简易指标		备注
				2	4	6	8	10	图解法		最小二乘法			f	c	
									f	c	t	c		0.21	0.5	取值准则同前
K_{cj}^{g-1-2}	425.44 m	泥质粉砂岩/泥岩夹层	τ_5抗剪切	1.5	2.91	4.22	4.94	4.86	0.26	2.0	0.33	1.9				
			τ_5抗剪强度	1.5	2.41	3.02	3.34	3.86	0.22	1.4	0.23	1.5				
			综合算术平均	1.88	2.53	3.0	3.43	4.07	0.22	1.3	0.26	1.4				
			τ_{5-2}	1.6	2.1	2.8	3.1		0.20	1.1	0.24	1.1				
			τ_{5-3}	1.9	2.6	2.9	3.2	3.7	0.19	1.6	0.21	1.6				
			τ_{5-4}	2.1	2.6	3.1	3.5	4.1	0.20	1.6	0.25	1.6				
			τ_{5-5}	1.9	2.8	3.2	3.9	4.4	0.25	1.2	0.31	1.4				

剪切面描述		
τ_{5-1}	剪切面沿界面破坏,界面平整不平,局部泥化,中部被剪切,影响深度2~5cm,单点摩擦未做
τ_{5-2}	剪切面沿界面破坏,界面平整泥化,剪切与层面擦痕较明显,影响深度15cm左右
τ_{5-3}	基本沿界面破坏,界面泥化较重,擦痕明显,下游被剪松,影响深度5~10cm
τ_{5-4}	基本沿界面破坏,界面局部泥化,起伏不平,起伏差7~13cm,擦痕明显,影响深度4~7cm
τ_{5-5}	基本沿界面破坏,界面局部泥化,起伏不平,下游被剪切,影响深度5~7cm

层位	高程	软弱夹层层面	项目编号	2	4	6	8	10	f	c	t	c				
K_{cj}^{g-1-2}	425.44 m	泥质粉砂岩/泥岩夹层	τ_5抗剪切		2.11	2.04	4.22									
			τ_5抗剪强度		1.68	1.92	2.34		0.18	0.9	0.18	0.9				
			综合算术平均	1.17	1.54	1.94	2.41	2.75	0.20	0.8	0.20	0.8				
			τ_{7-2}	1.75	1.25	1.62	1.87	2.25	0.19	0.4	0.18	0.4				
			τ_{7-3}	1.50	2.00	2.50	3.23	3.49	0.25	1.0	0.26	1.0				
			τ_{7-4}	1.25	1.37	1.75	2.12	2.50	0.19	0.6	0.16	0.8				

剪切面描述		
τ_{5-1}	沿界面破坏,界面起伏不平,起伏差很大,上游左角比下游右角低22cm,试验未成功
τ_{5-2}	沿界面破坏,界面光滑平整,泥化严重,局部软化,剪切擦痕较明显
τ_{5-3}	沿界面破坏,界面起伏不平,呈馒头状,局部泥化,剪切擦痕和层面擦痕都很明显
τ_{5-4}	沿界面破坏,界面泥化,剪切擦痕明显

表 4　　　　　现场变形试验成果

岩层	岩石名称	试验编号	试点编号	试验应力(kgf/cm²)		加荷方向	总位移量(10^{-4}cm)	弹性位移(占总位移比例,%)	塑性位移(占总位移比例,%)	弹性模量(10^4kgf/cm²)	变形模量(10^4kgf/cm²)
				最高应力	取值应力						
K_{cj}^{g-1-3}	砂岩	2号平面	D_2-E_1-1	20	20	铅直	3.17	93.7	6.3	2.86	2.68
			D_2-E_1-2	20	20		4.20	81	19	1.88	1.53
			D_2-E_1-3	20	20		4.00	92	8	1.76	1.61

续表

| 岩层 | 岩石名称 | 试验编号 | 试点编号 | 试验应力（kgf/cm²） | | 加荷方向 | 总位移量（10^{-4}cm） | 弹性位移（占总位移比例，%） | 塑性位移（占总位移比例，%） | 弹性模量（10^4 kgf/cm²） | 变形模量（10^4 kgf/cm²） |
				最高应力	取值应力						
$K_{cj}g^{-1-3}$	泥质粉砂岩	4号平面	D_4-E_1-1	25	25	斜向	4.99	74	26	1.72	1.27
			D_4-E_1-2	25	25		6.37	67	33	1.40	0.99
			D_4-E_1-3	25	25		4.08	75	25	2.06	1.56
$K_{cj}g^{-1-3}$	砂岩；钙质砂岩	2号平面	D_2-E_3-1	25	25		6.86	77	29	1.29	0.93
			D_2-E_3-2	25	25		1.05	80	20	7.48	6.53
			D_2-E_3-3	25	25		1.79	79	21	4.47	2.55

二、条石力学指标试验

大坝主要建材是当地开采的条石。绵阳地区水电勘测设计队试验室所得条石物理力学指标见表5。

表5　　　　　　　　　　　条石力学试验成果

| 取样料场 | 岩样编号 | 试件个数 | 干抗压强度（<kgf/cm²） | | | 湿抗压强度（kgf/cm²） | | | 软化系数 |
			最大	最小	平均	最大	最小	平均	
高店农中	6	3	690	642	670	394	333	366	0.55
观音桥	15	3	768	714	747	358	272	327	0.44
坟山沟口	16	3	745	655	700	365	304	326	0.47
主家湾	21	3	634	440	558	339	272	299	0.54
灵观庙	27	3	725	500	621	289	264	279	0.45

三、条石间摩擦系数试验

在验算坝体条石砌面的抗滑稳定时，需要知道条石间的摩擦系数。该系数的精确度关系到坝体工程量和抗滑安全的大问题。因此有必要通过现场试验取得比较确切的数据。在工地进行了不同质量的条石之间的摩擦试验，并考虑到施工过程中条石表面可能沾上泥土，为了证明泥土对摩擦系数的影响，所以又进行了条石表面干净与有泥土两种情况的对比试验，成果见表6。

表6　　　　　　　　　　　摩擦系数试验成果

条石质量与表面情况	标号800以上坚硬钙质砂岩条石	500～800号中筹坚硬砂岩条石	500号左右一般强度砂岩条石	条石表面粘有一薄层泥土
摩擦试验值	0.72 0.69 0.73	0.61 0.64 0.63	0.57 0.58 0.54 0.58	0.33 0.34
试验平均值	0.72	0.63	0.53	0.33
建议值	0.60	0.54	0.45	0.28

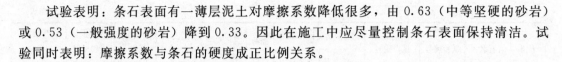

试验表明：条石表面有一薄层泥土对摩擦系数降低很多，由 0.63（中等坚硬的砂岩）或 0.53（一般强度的砂岩）降到 0.33。因此在施工中应尽量控制条石表面保持清洁。试验同时表明：摩擦系数与条石的硬度成正比例关系。

四、条石与块石的砌体容重试验

因为坝型是干砌条块石重力坝，坝的稳定主要靠坝体的重量。因此知道砌体较精确的容重很重要。在工地分别进行了干砌条石砌体和干砌块石砌体的容重试验。试验方法与结果介绍如下。

（一）干砌条石砌体容重试验

砌体是用两层"四〇石"（条石断面为 40cm×40cm，长 50～100cm）和一层"三三石"（断面为 33cm×33cm，长 40～80cm）砌成。砌体长宽各 5m，高 1.13m，安砌质量要求与施工时实际情况相近。具体做法是：夯实平整 6m 见方的场地块，其中量出 5m 见方的面积，用精密水准仪测出地面高程（测 36 点取平均值），在 5m 见方面积内砌一层"四〇石"，缝内嵌以片石。用钢卷尺量长宽各 6 处（相距 1m）取平均值；用水平仪测 36点砌石面的高程，算出平均高程，然后算出砌体体积。条石与片石分别用磅秤称其重量。这样就可算出该砌体的容重和空隙率如下：

砌体容重分两种情况：有片石嵌缝和无片石嵌缝。

有片石嵌缝的砌体容重 $\gamma_1 =$（条石总重＋片石总重）/砌体体积

有片石嵌缝砌体的空隙率 $n_1 =$（条石天然容重－γ_1/条石天然容重）×100

无片石嵌缝的砌体容重 $\gamma_1 =$ 条石总重/砌体体积

无片石嵌缝砌体的空隙率 $n_2 =$（条石天然容重－γ_1/条石天然容重）×100

第二层用"三三石"砌成，用同样方法量其体积，称其重量，算出砌体的容重和空隙率。第三层和第一层一样用"四〇石"砌成，同样算出容重和空隙率。最后算出整个砌体的容重和空隙率，见表 7。

设计中采用的容重为按无片石嵌缝砌体容重乘以 0.92 的折减系数，即 2.0t/m³，相应 $n＝17.5\%$。

（二）干砌块石砌体容重试验

试验方法：用过了磅的块石，按照施工能做到的要求砌成 5m 见方、高 1m 的砌体，量出其体积，然后将块石总重量除以总体积即得砌体容重。再测出块石天然容重，就可算出砌体的空隙率。试验结果得：

砌体平均边长 5.1m、宽 5.07m、高 1.01m，算得总体积 26.1m³。

块石规格：每块重 100kg 以上的占 24％，50～100kg 的占 36％，50kg 以下的占 40％，总重 45.465t。算得干砌块石砌体的容重为 1.74t/m³，空隙率为 28.6％。

考虑到实际采用的块石要比试验时的尺寸大一些，设计采用的容重对试验容重的折减系数不必取得太小，故采用 0.95，相应设计容重 1.65t/m³，空隙率为 32.5％。

五、防渗混凝土的配合比与性能试验

坝下基岩中的混凝土截流墙和坝面的钢筋混凝土斜墙是大坝防渗系统的重要组成部

分，其主要任务是防止水库中的水大量渗入坝基和坝体，恶化坝基基岩和坝体条石的物理力学性能。截流墙和斜墙的混凝土应按防渗混凝土设计，试验过程与成果如下。

（一）配合比设计

原材料：水泥采用江油县水泥厂生产的 400 号普通硅酸盐水泥，具有早强、收缩性小的特点。砂采用金堂县淮口镇的中砂，杂质少，平均粒径 0.86mm，比重 2.65，容重 1485kg/m³，空隙率 44%，细度模量 1.98。卵石采用中江县凯江的卵石，粒径 2～5cm，比重 2.62，容重 1760kg/m³，空隙率 33%，天然级配良好。

试验中采用吉林开山屯化学纤维厂生产的木质素磺酸钙和重庆染料厂产的 NNO 减水剂，提高了混凝土的密实度，增加了抗渗性能。

设计要求防渗混凝土抗压强度达至 200 号，抗渗标号大于 S20。每立米混凝土水泥用量不少于 300kg，水灰比不大于 0.6，砂率较普通混凝土大 3%～5%。

水泥用量是根据密实度要求，水泥胶结料应填满砂石骨料的空隙。所以视骨料空隙率而定。水灰比则根据强度和抗渗要求不宜太大。由于采用较小的水灰比，所以砂率相应取得较大，否则会引起施工操作上的困难。

根据以上原则设计每立米混凝土用水 170kg、水泥 362kg、砂 575kg、卵石 1143kg，水灰比 0.47，坍落度 3～5cm，砂率 30%。

（二）性能试验

抗压强度送绵阳地区水电勘测设计队试验室做，抗渗标号在工地试验室进行。

试样取得的抗渗标号为 S28，抗压强度（28 天）为 233kgf/cm²，截流墙和斜墙各抽样试验 3 组，每组 6 个试件。试验成果：截流墙混凝土抗压强度（28 天）最低 268kgf/cm²，最高 300kgf/cm²；斜墙混凝土抗压强度（28 天）最低 234kgf/cm²、最高 358kgf/cm²，都超过设计要求。抗渗标号：最低 S24，最高 S30，也都超过设计要求。

六、聚氯乙烯胶泥配合比与性能试验

大坝钢筋混凝土斜墙分成 46 块，总长 1030m 的变形缝是可能漏水的薄弱环节，设计上除放有一道橡胶止水带外，还在迎水面缝口要求嵌填聚氯乙烯胶泥作为防止渗漏的第一道"防线"。胶泥的性能要求在夏天温度很高时不会流淌；冬天温度最低时不会脆裂；而且要弹塑性好，黏结力强。当变形缝张开时，不致与混凝土面脱开而漏水。因此需要进行配合比与性能试验。试验实在成都冶金部五冶建筑公司中信试验室进行。获得的较合理的配比与性能见表 7。这种胶性不仅防渗性能良好，而且具有较好的弹塑性、延展性、黏结性和大气稳定性，完全能适应斜墙可能产生的各种变形（伸、缩和转角）。

表 7　聚氯乙烯胶泥配合比及性能试验成果

配合比（重量比）	煤焦油	100	100
	聚氯乙烯树脂	15	12
	磷苯二甲酸二丁酯	10	8
	三盐基硫酸铅	0.2	0.2
	滑石粉	47	40

续表

性 能	常温延伸率（%）	566	382
	0℃时延伸率（%）	111	—
	常温黏结力（kgf/cm²）	1.1	0.87
	常温抗拉强度（kgf/cm²）	1.0	1.1
	0℃时抗拉强度（kgf/cm²）	3.2	—
	耐热度（1∶0.4）	75℃保持5h不流淌	80℃保持5h不流淌

下面介绍试验过程和方法。

（一）原材料与配制方法

原材料主要如下：

聚氯乙烯树脂。白色粉状，作为胶泥构架，赋予胶泥有强度和弹性。

煤焦油。起增塑聚氯乙烯树脂及赋予胶泥具有黏结力的作用。

磷苯二甲酸二丁酯。透明油状，上海溶剂厂或北京化学试制厂生产，为胶泥增塑剂。

三盐基硫酸铅。白色粉状，重庆长匹化工厂生产。为胶泥稳定剂，主要稳定聚氯乙烯树脂，抑制其在热和光氧化作用下的老化。

滑石粉。白色粉状，为胶泥充填料。主要是调制稠度，增大胶泥体积，降低胶泥成本。但掺量过多会降低胶泥黏结力和强度，并影响施工稠度。

胶泥配制按试验规定配合比进行，原材料严格过磅下锅。熬制时，先将煤焦油在120～140℃温度下脱水。装锅不宜超过锅容量的2/3；温度不宜超过规定数值，避免熬焦和油沫外溢。熬制时应用木棒不停地搅拌，防止锅底焦油熬焦。见煤焦油表面清亮不再起泡为止。使温度保持在40～60℃时方可配制胶泥。按配合比将聚氯乙烯树脂、二丁酯和三盐硫酸铅混合物加入，搅拌均匀，再加入定量的滑石粉。边搅拌、边加热（不宜太急），随着温度升高，混合物由稀变稠，至130℃左右温度时由稠变稀。塑化温度应保持在130～140℃约5～10min。当胶泥表面呈黑色明亮光泽，热状态下能拉成细丝，冷却后不粘手，塑化便告完成。应立即浇灌施用。

（二）性能试验

1. 耐热度试验

（1）试件的制备。用水泥砂浆（1∶2）制成图2所示形状和尺寸的试件模具，养护7天烘干备用。槽内壁涂上冷底子油，槽两头用涂有隔离剂的玻璃板挡住，灌胶泥。向缝内浇灌胶泥。灌完时应使胶泥面略高出槽口。

（2）耐热度测定。试件在室温中放置24h后，再放入预热至规定温度（偏差±1℃）的烘箱中，将试件顺向放置实际可能出现最陡的坡度（如继光水库坝面坡度为1∶0.4），恒温5h；取出试件，量测胶泥的下垂度；不超过10mm为合格。

2. 延伸率和抗拉强度试验

（1）试件的备制。在水泥标准抗拉试件的"8"字模内浇制1∶2水泥砂浆的试块，成型后立即把试块从中间断开，养护7天烘干备用。在砂浆试块的断开处涂上冷底子油，待其干后，把砂浆试块放入图3所示模型中，灌入30mm长的热胶泥，待胶泥试件温度冷却至室温后就可拆模。

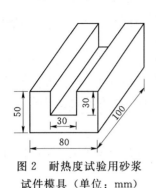

图2 耐热度试验用砂浆
试件模具（单位：mm）

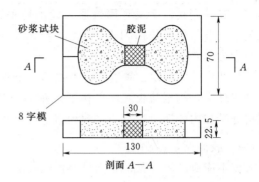

图3 延伸率和抗拉强度试件预制模具

（2）延伸率与抗拉强度的测定。制备好的胶泥试件在温度为 $20\pm3℃$ 的室内放置 24h 后就可进行测试。将水泥砂浆试块两头套入拉力机的夹具内，以 50mm/min 的速度进行拉伸试验。记下胶泥断裂时的最大拉力值和延伸值。取三个试件的平均值计算。

抗拉强度按下式计算：

$$R=\frac{P}{A} \tag{1}$$

式中　R——胶泥抗拉强度，kgf/cm^2；

　　　P——最大拉力值，kgf；

　　　A——胶泥断面积，cm^2。

延伸率按下式计算：

$$L=\frac{L_2-L_1}{L_1}\times100 \tag{2}$$

式中　L——胶泥延伸率，%；

　　　L_1——胶泥原始长度，mm；

　　　L_2——胶泥拉伸至极限时的长度，mm。

（3）低温延伸率试验。把上述制备好的胶泥试件放在比实际可能遇到的最低温度低 10℃左右的冰箱中冰冻 3h 后取出，立即在拉力机上进行测试，测试时的试件温度应略低于实际可能遇到的最低温度。试验方法和计算方法与常温下试验相同。

3. 黏结强度试验

试件的备制和试验方法与上述相同。只是试验时记录下黏结面破裂时的拉力值。同样取三个试件的平均值。

黏结强度按下式计算：

$$R=\frac{P}{A}$$

式中　R——胶泥黏结强度，kgf/cm^2；

　　　P——胶结面破裂时的拉力值，kgf；

　　　A——胶泥断面积，cm^2。

4. 迁移性试验

（1）试验用具。金属环用普通无缝不锈钢管制作。内径约 65mm，厚 2mm。上下口加工光平。下板用两块面积为 85mm×85mm 的玻璃板。预先量好滤纸，直径 11cm，每张含灰量为 0.00085mg。

（2）迁移性的测定。置五张重叠滤纸在玻璃板上，滤纸上放金属环。将塑化后的胶泥灌入金属环中，倒至与金属环口相平，在 20±3℃ 的室温下，存放 15 天。测定包括接触胶泥的滤纸在内的迁出油脂的张数和由金属环内向外迁移的油脂幅度最大值（mm）。

（三）胶泥质量要求

胶泥不应有结块现象；表面呈黑色明亮光泽；热状态下可拉成细丝，冷却后不粘手。性能应符合表 8 指标。

表 8   **胶 泥 性 能 要 求**

编 号	指 标 项 目	指 标
1	抗拉强度	>0.5
2	黏结强度	>1.0
3	耐热性	≥80
4	常温延伸	>200
5	低温延伸	≥10
6	迁移性（滤纸张数，张）	≤3
	幅度（毫米）	≤5

（四）胶泥施工方法

工地上曾采用热施工和冷施工两种方法，以前者为主。

1. 热施工

先将缝内凿毛，用钢丝刷把表面浮砂刷掉，使之干燥。竖缝浇灌方法是将熬制好的胶泥从上向下浇灌，胶泥湿度不宜低于 110℃，一面浇灌，一面用竹片或刮刀把向下流淌的胶泥往上刮，不停地浇，不停地刮，直至缝内填满胶泥为止。横缝浇灌方法是将一木板盖上纸，一侧紧靠缝的下沿，缝内胶泥灌入后，用木板压紧不让流淌，冷却后除去木板。

2. 冷施工

变形缝处理同前。把熬制好的胶泥制成板状，使用前根据缝大小切条，嵌缝时把缝连同胶泥用喷灯一起加热，待胶泥表面溶化时压入缝内，用木条压紧，冷却后松开木条。

施工时应注意安全防护。离原材料堆放处 10m 内不得有火源；动火地点应备有灭火器材；余火及时熄灭；配制、运输、浇灌时都应穿戴手套、口罩、鞋罩、工作服和防护眼镜等。

（五）工料定额

根据统计，每米变形缝用煤焦油 1~1.5kg，聚氯乙烯树脂 0.15~0.23kg，磷苯二甲酸二丁酯 0.1~0.15kg，三盐基硫酸铅 0.002~0.003kg，滑石粉 0.47~0.7kg。

包括凿毛、洗刷、熬制、灌缝等工序，劳动定额：每工日可浇灌 1.1m 长的变形缝。

继光水库原型观测成果分析[*]

摘要：继光水库在设计中应用了一些新理论和新措施，为了验证这些理论和措施的正确性，对原型坝进行了水库水位、坝体重要部位的沉陷量和水平位移、坝体和坝基的渗漏量的观测，给出了近 10 余年的观测资料，并对其进行了分析。观测方法和成果分析整理的过程对同类工程有参考价值。

关键词：砌石坝；原型观测；沉陷；位移；渗漏

一、概述

继光水库位于特级战斗英雄黄继光烈士的家乡四川省中江县。该水库是都江堰灌区人民渠七期工程的一座骨干水库，总库容 8900 万 m^3，灌溉面积 2.4 万 hm^2。大坝为混凝土防渗面板干砌条、块石坝。河床段坝高 45m，坝顶全长 277m。坝体砌石方量 22.3 万 m^3，压重石渣 1.6 万 m^3。混凝土面板 6000m^2，平均厚度 45cm，表面仅铺一层 ϕ16mm 的 20cm×20cm 温度筋，含钢率 0.22%。

枢纽工程 1977 年 5 月动工，1978 年 9 月开始蓄水，1979 年全部建成。总投资 2215 万元，其中国家拨款 1050 万元，群众投劳折合人民币 1165 万元。

大坝设计中运用了较先进的方法，施工中也突破了某些常规。经过安全运行 10 年后，于 1987 年 10 月举行工程正式验收，在中江县城隆重召开竣工大会，与会者一致作出了"工程设计先进，有所创新，费省效宏，安全可靠，运行正常，质量优良"的公正结论。专家们认为"许多科研成果与原型观测资料非常宝贵，有参考价值，应广泛交流"。

有关该坝的三维深层滑动计算方法，混凝土防渗面板的设计与施工，红层地区建坝的坝基处理经验及科学试验成果，分别介绍于《水利学报》、《水利水电技术》、《砌石坝通讯》等杂志上。本文介绍该坝的原型观测成果与分析。

二、原型观测成果与整理

鉴于继光水库在设计和施工中应用了一些新理论和新措施，为了监视其运行情况，验证这些理论和措施的正确性，工程在 1979 年建成后，就开始进行一系列原型观测。如：水库蓄水位、坝体重要部位的沉陷量和水平位移、坝体和坝基的渗漏量等。各项观测从标点设置之日起，观测工作十余年来从未间断。大坝至今已安全运行 19 年，蓄水位有 10 年

---

* 原载于《中国农村水利水电》1997 年第 3 期。

接近设计水位（相差不到1m）。观测资料每年及时进行整理与分析。根据长期观测成果分析：水库运行正常，大坝安全可靠，证明设计和施工中采用的新理论和特殊措施是正确的，合适的。

（一）库水位与渗漏量观测

大坝的渗漏量、沉陷和位移的观测布置见图1。大坝防渗体系由坝体混凝土面板与坝基的混凝土截渗墙及水泥灌浆帷幕组成。渗漏量分坝基和坝体两部分。坝基渗漏量包括面板下的浆砌条石灌浆平台及其下的混凝土截渗墙与灌浆帷幕的渗漏量，由坝下游集水井汇集，用三角堰量测；坝体渗漏量是指通过混凝土面板薄弱环节（如接缝处）的渗漏水量，在左右两坝肩的面板下后方设集水管，通向两坝肩的排水暗涵流出坝体，也利用三角堰进行量测。

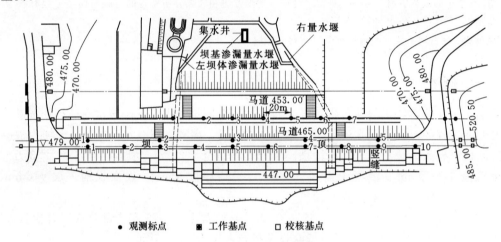

图 1　大坝原型观测平面布置

从1978年开始蓄水就进行了库水位和渗漏量的观测。库水位变化过程与坝基、左坝体渗漏量、右坝体渗漏量变化详见图2。

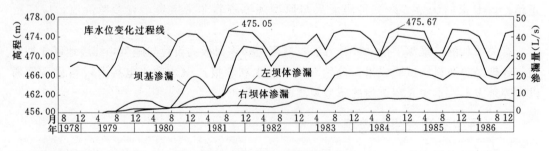

图 2　库水位与渗漏量变化

从图2可以看出以下几点。

（1）右坝体的渗漏量值很小，最大也只有 6～7L/s，而且与上游蓄水位的关系不明显。说明右坝体的防渗面板基本上没有渗漏，测到的渗漏量可能是从坝肩岩基中渗出的岩层裂隙水。

（2）左坝体渗漏量观测值与上游蓄水位有明显关系。水位升高，渗漏量增大。1984年蓄水位达 475.67m（离设计水位 476.00m 只差 0.33m），渗漏量增大到 22L/s。分析渗漏量来源：一是通过防渗面板的薄弱环节（如伸缩缝的橡胶止水带搭接部位）；二是坝肩岩基的浇渗，因为左坝肩基岩风化严重，软弱夹层多，水泥灌浆质量差。

（3）坝基渗漏量与上游蓄水位也有较明显的关系。渗漏量随上游蓄水位的升降而增加或减少，但时间上错后约 2 个月。这说明通过坝下基岩渗透需要有一时间过程。坝基渗漏量的来源包括 3 部分：一是通过防渗面板下的浆砌条石灌浆平台；二是透过坝基岩层与帷幕；三是降至坝面和两坝肩山坡上的雨水流入集水井。所以由集水井中三角堰量得的坝基渗漏量数字偏大，应该除去雨水部分，但很难分清，只好以晴日观测数字为准。

（二）沉陷与水平位移观测

沉陷和水平位移的观测标点布置在坝顶沿坝轴线、下游坝坡沿 465.00m 高程和沿453.00m 高程的马道上（图 1）。上游坝坡因受蓄水影响未设观测标点。

沉陷和水平位移观测工作已进行了 19 年。1978～1993 年大坝沉陷值见图 3。

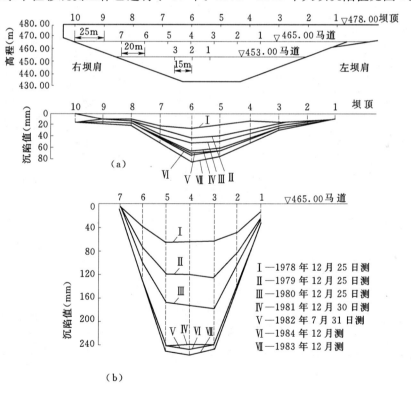

图 3 大坝沉陷值

1978～1993 年大坝水平位移值见图 4。

河床部位坝段横剖面上的沉陷值见图 5。

图 6 是大坝水平位移和沉陷值随上游水位变化的时间过程线。此图绘至运行 10 年后工程正式验收时，因为 1983 年以后观测值已基本稳定，出入在测量误差精度范围。

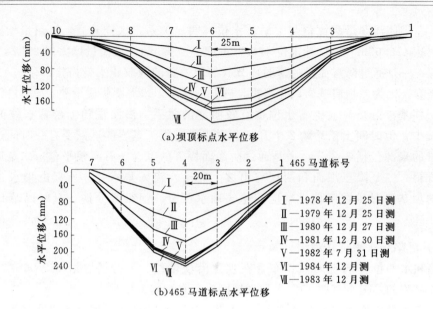

（a）坝顶标点水平位移

I —1978 年 12 月 25 日测
II —1979 年 12 月 25 日测
III —1980 年 12 月 27 日测
IV —1981 年 12 月 30 日测
V —1982 年 7 月 31 日测
VI —1984 年 12 月测
VII —1983 年 12 月测

（b）465 马道标点水平位移

图 4   大坝水平位移值

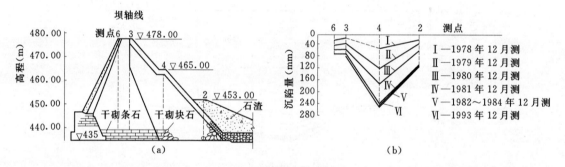

I —1978 年 12 月测
II —1979 年 12 月测
III —1980 年 12 月测
IV —1981 年 12 月测
V —1982～1984 年 12 月测
VI —1993 年 12 月测

图 5   河床部位坝段沉陷值

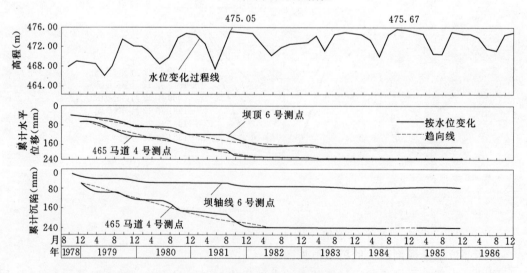

图 6   大坝水平位移与沉陷过程线

三、观测成果分析

（一）沉陷与水平位移成果分析

从图 6 一方面可以看出水位变化对沉陷和水平位移有明显影响，水位升高时，沉陷和水平位移值都增大，水位下降时，沉陷与水平位移就停止；另一方面可以看出，1982 年（蓄水 5 年）以后坝的沉陷与水平位移已渐趋稳定，不再有明显增加。

图 5 观测成果表明：坝的砌体不同，沉陷值不一样。干砌块石（有部分毛条石）的沉陷量要比干砌条石体沉陷值大得多。如高程为 465.00m 马道上 4 号测点的干砌块石的最大沉陷值为 264mm，约为砌体高（30m）的 1‰（0.88‰）；而坝顶 6 号标点的干砌条石体最大沉陷值为 84mm，约为砌体高（43m）的 0.2‰。这一成果，对将来设计和施工砌石坝时，估算沉陷值以考虑实际筑坝超高值很有参考价值。

从图 3（a）、图 3（b）可看出沉陷值随坝高增加而增大。中间坝段高沉陷值大，两坝肩坝高降低，沉陷值亦减小。

（二）库水位与渗漏量观测成果分析

继光水库坝下游设有 4 个测渗漏量的三角堰。左坝肩原勘探平洞口有一个三角堰用来观测左坝肩的绕坝渗漏，因为左坝肩岩石风化层深，帷幕灌浆质量亦欠好，库水位超过平洞高程时才测到绕坝渗漏，主要起到监察作用。

右坝肩有个三角堰用来测右坝肩岩基渗漏和右坝体面板的渗漏。当高蓄水位时，测得最大渗漏量仅 6.3L/s。量小且较稳定，看不出与库水位有明显关系，说明不是来自上游的渗漏水，很可能是右坝肩岩层的裂隙水。

左坝肩有个三角堰，设在 447.00m 高程的台地上，量测左坝体面板的渗漏与左坝肩的绕坝渗漏。其渗漏值明显看出与上游蓄水位有关系。渗漏量亦远大于右坝肩。1987 年最高蓄水位时，测得渗漏量为 21.17L/s。显然是由于左坝肩岩石风化严重，灌浆质量较差的缘故。

还有一个三角堰是设在下游坝脚处一个竖井（原是勘探竖井用来作渗漏集水井）出口处。集于此井的水包括坝基渗漏和部分坝面降雨下渗的水。

根据渗漏量的变化，可以判断水库是否正常运行，大坝是否安全可靠。如果渗漏量没有突然增大和渗漏水变混的现象发生，而是清水且逐渐稳定，说明大坝渗漏稳定没有问题，水库在正常运行状态。从图 7 左右坝体总渗漏量变化趋势来看，其变化趋向是逐渐稳定的（看图中虚线），这正说明继光水库运行正常，大坝安全可靠。

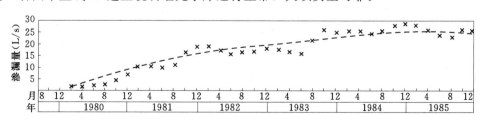

图 7　左右坝体总渗漏变化过程线

我们估算了一下 1986 年的全年总渗漏量，排除雨水和岩石裂隙水，总渗漏量约为库容的 1% 左右。这一数字对坝基为地质条件十分复杂的红层地区水库来说是很小的。

综上原型观测成果分析，水库运行正常是有依据的，实践证明设计是正确的，施工质量是好的，管理监测是严密的。再加上工程投资少（仅 2000 万元），效益显著（灌区比过去每年增产粮食近 1 亿 kg），充分说明继光水库是一项很成功的优质工程。

坝基深层滑动稳定计算中若干问题的研讨[*]

坝基深层滑动稳定问题，涉及基岩的许多地质不定因素：如岩体抗剪强度指标的选取，力学分析的方法，安全系数的采用，滑动面上扬压力的计算，下游抗力体和侧向切割面的抗滑作用等。本文结合继光水库坝基深层滑动稳定的计算，就目前国内外对上述问题的不同认识作一简要评述，并提出某些见解与建议，提供讨论。

一、抗剪强度指标的选取

摩擦系数 f 和黏结力 c 是岩体抗剪强度的两个特性参数。f 与 c 的计算指标目前有各种不同的取值准则[1]，有的建议取极限强度值（峰值）乘以折减系数；有的建议直接取用比例极限值（直线段终点值）；有的建议取用剪断后位移停止时的强度值（位移终止值或终值）；有的建议取用相应于建筑物容许最大位移的抗剪强度值；还有的建议取用屈服值、转点值或流变值等。

但是不同类型和性质的岩体获得不同形状的剪力与位移曲线（图1）。

曲线表明：有些岩体没有明显的直线段，有的没有屈服值（或者说屈服值与峰值重合了）；有的峰值

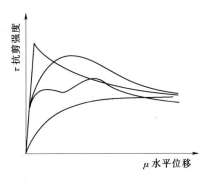

图 1　4 种典型 τ—μ 曲线

与剩余值相同；转点值也不是所有岩体普遍存在；流变值试验很花费时间，方法也在探索阶段；而建筑物的容许最大位移量国内外都尚未有明确规定；确定终值又受操作人员仪器设备条件的影响，误差较大。相对而言，只有极限强度值在试验过程中是比较明确易定的。因此取峰值乘以合理的折减系数的办法比较可靠方便。至于折减系数的选用目前国内外有如下建议。

（1）苏联罗查建议：f 值取峰值的 $1/1.5 \sim 1/2.0$；c 值取峰值的 $1/4 \sim 1/5$。

（2）苏联 1961 年《岩基上混凝土重力坝设计规范》中规定：f 值的折减系数取 $1/1.3$；c 值的折减系数取 $1/4$[2]。

（3）根据苏联在 20 世纪 60 和 70 年代设计的 10 余座坝的统计，实际采用的 f 值折减系数平均为 $1/1.6$；c 值折减系数平均为 $1/4$[3]。

（4）根据美国垦务局 1977 年《混凝土重力坝设计准则》中规定验算坝基深层滑动采

　　* 原载《水利学报》1980 年第 6 期。

用的安全系数，可换算得 f 与 c 值的折减系数同为 1/4（正常荷载组合），1/2.7（非常荷载组合），1/1.3（极限荷载组合）。

（5）西班牙1961年的规范规定：f 值的折减系数为 1/1.5；c 值的折减系数为 1/5。

（6）广西水电局设计院的建议[19]：f 值的折减系数为 1/1.4～1/1.8；c 值的折减系数为 1/5～1/10（按建筑物的等级不同而异）。

（7）长江流域规划办公室岩基研究室的建议[1]：对脆性破坏型岩体 f 值的折减系数取 1/2.1～1/2.2；c 值的折减系数取 1/5～1/8；对塑性破坏型岩体 f 值的折减系数取 1/1.4～1/1.5，c 值的折减系数取 1/2～1/4。

长江流域规划办公室岩基研究室的折减系数基于如下的取值准则：对脆性破坏型岩体取比例极限值，对塑性破坏型岩体取屈服值。这里忽视了一个坝体和坝基容许滑移量的问题。为了防止坝体内应力集中、帷幕被剪断等不良后果的发生，滑动面的位移量要求在一定限度之内。按长江流域规划办公室岩基室的取值准则，塑性破坏型的岩体取屈服值时，滑动面的位移量肯定要比脆性破坏型岩体取比例极限值的位移量大得多。这样，塑性破坏型岩基上的坝体和坝基都有可能发生应力集中或帷幕被剪断的现象。而且当坝基内沿坝轴线方向分布不同性质的岩体时，其水平位移不同步，坝体和岩基面都将受到扭曲而产生不良后果。

另外，许多试验表明，岩体的裂隙、节理、风化和不均一性等因素，对 c 值的影响要比对 f 值大得多，而一般脆性破坏型岩体往往裂隙与节理比较发育，所以对脆性破坏型岩体 c 的折减系数比塑性破坏型岩体取得小一些是合理的，但是对两类不同性质岩体的 f 值，折减系数差别很大就没有理由。有时软弱夹层（属塑性破坏型）由于地质因素复杂（如泥化、不均一性等），f 的试验值反而没有脆性破坏型岩体的可靠性大，所以把 f 值的折减系数对脆性破坏型岩体比塑性破坏型岩体取得小这一点，也还值得商榷。

大量试验表明：c 值比 f 值受岩体裂隙、节理和不均一性等因素影响大得多。根据现场试验和室内岩芯三轴压力试验所得的抗剪力比较，f 值相差不大，而 c 值则相差很大[5]。试验同时表明：c 值的变幅亦比 f 值大，前者偏差系数比后者大 2.25～3 倍[6]。这就是说 c 值的可信程度要比 f 值差，很明显两者应取不同的折减系数。而美国内政部垦务局的规定，两者取相同的折减系数是不合适的。

综合国内外的不同建议和试验资料，作者建议 f 值的折减系数取 1/1.3～1/1.6。当地质因素比较复杂、试验资料不多、代表性较差时，取较小值。对 c 值的折减系数建议取 1/3～1/5。一般裂隙与节理发育、风化较严重的脆性破坏型岩体，折减系数取较小值。

当滑动面由不同岩性的岩体组成时，过去沿用面积加权平均法或应力加权平均法先求得 f 的综合平均值来计算深层滑动稳定，这是欠合理的。较合理的方法应该是根据不同弹模算出不同岩体面上实际的应力分布，再按变形一致原则，不同性质岩体取相应允许变形的抗剪强度。在同一变形下，有裂隙的岩体和软弱夹层则尚未达到最大抗剪强度。所以在计算抗滑力时，不同性质岩体的抗剪指标不能同时取用极限强度值，而应取同一允许水平位移量的相应抗剪强度指标。

确定抗剪指标的允许水平位移量，指的是滑动面上不致引起不良应力集中和导致帷幕剪断的允许最大位移量，其值视坝基岩性和坝体结构而定，如有条件可由模型试验和有限元法确定。一般干砌石坝比浆砌石坝和混凝土坝允许较大的水平位移量；软弱岩基要比坚硬岩基有较大的允许水平位移量。

二、力学分析方法

坝基深层滑动的力学分析方法，除过去沿用的极限平衡方法以外，近年来也采用有限元法和结构地质力学模型法。后两者虽然具有极限平衡法所不及的优点（如能了解全面应力与位移状态，了解失稳的过程和形态等），但它们的精度除同样受地勘工作深度和抗剪指标选用合理性的影响外，而且有限元法还受设计程序的合理性和计算机容量的影响；结构地质力学模型法还受模型材料的模拟正确性与外力作用的相似性（失稳时，模型中的外力方向是与实际不符的）的影响。所以目前在国内的实际工程中都只作校核作用[20,21]。极限平衡法尽管其理论上有欠严密之外，但实践证明能满足一般工程上的要求，而且计算方便，在缺乏电子计算机和模型试验的条件下常应用于设计中、小型工程。

坝基深层滑动的产状和组合一般可归纳为：①单斜滑动面倾向上游［图 2（a）］；②单斜滑动面倾向下游［图 2（b）］；③双斜滑动面［图 2（c）］。

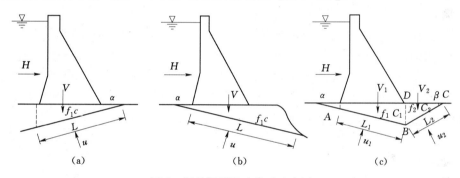

图 2　坝基深层滑动类型示意图

前两种滑动面的稳定计算方法分歧比较少，故不赘述。双斜滑动面的稳定计算目前有如下几种方法。

（1）主滑面上的下滑力 P（滑移力与抗滑力之差）作用到抗力体上，验算抗力体的稳定安全系数[7]（图 3）。

图 3　安全系数计算（一）

$$P=(H\cos\alpha+V_1\sin\alpha)-f_1(V_1\cos\alpha-H\sin\alpha-U_1)-c_1L_1 \tag{1}$$

$$K_c=\frac{f_2[P\sin(\alpha+\beta)+V_2\cos\beta-U_2]+c_2l_2}{P\cos(\alpha+\beta)-V_2\sin\beta} \tag{2}$$

式中　　　V_1——主要滑动面上垂直荷载之和；

　　　　　V_2——辅助滑动面上垂直荷载之和；

f_1，c_1，f_2，c_2——主要和辅助滑动面岩体的抗剪强度指标；

　　　　　U_1，U_2——主要和辅助滑动面上的扬压力；

其他符号见图 2（c）。

（2）根据沿主滑面滑动的极限平衡算出作用于抗力体的推力 Q，在 Q 的作用下，验算抗力体的稳定安全系数[8]（图4）。

$$Q = \frac{(H\cos\alpha + V_1\sin\alpha) - f_1(V_1\cos\alpha - H\sin\alpha)}{\cos(\varphi - \alpha) - f_1\sin(\varphi - \alpha)} \tag{3}$$

$$K_c = \frac{f_2[P\sin(\varphi + \beta) + V_2\cos\beta]}{P\cos(\varphi + \beta) - V_2\sin\beta} \tag{4}$$

式中　φ——剪切面 BD 上岩体的内摩擦角；

其他符号意义同前。

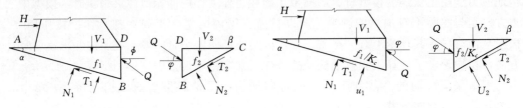

图4　安全系数计算（二）　　　　　　图5　安全系数计算（三）

（3）主滑面与抗力体取相同安全系数（即预先把双滑动面上的抗剪指标都降低 K_c 倍），计算稳定[20-23]（图5）。

$$Q = \frac{f_2(V_2\cos\beta - U_2) + K_c V_2\sin\beta}{K_c\cos(\varphi + \beta) - f_2\sin(\varphi + \beta)} \tag{5}$$

$$K_c = \frac{f_1[V_1\cos\alpha - Q\sin(\varphi - \alpha) - H\sin\alpha - U_1]}{V_1\sin\alpha - Q\cos(\varphi - \alpha) + H\cos\alpha} \tag{6}$$

式中 K_c 值有个试算过程。

（4）先算出不同破裂面组合的抗力体所能产生的最小抗力 Q，再把 Q 作为阻滑力，参加沿主要滑动面滑动的稳定计算，求安全系数值[22,23]（图6）。

$$Q = \frac{f_2(V_2\cos\beta - U_2) + V_2\sin\beta}{\cos(\varphi + \beta) - f_2\sin(\varphi + \beta)} \tag{7}$$

$$K_c = \frac{f_1[V_1\cos\alpha - Q\sin(\varphi - \alpha) - H\sin\alpha - U_1] + Q\cos(\varphi - \alpha)}{V_1\sin\alpha + H\cos\alpha} \tag{8}$$

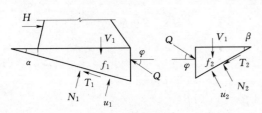

图6　主要滑动面稳定计算

方法1和方法2的最大问题在于所得 K_c 值不能代表整个坝基的真实抗滑安全度，而且方法1中下滑力 P 的作用方向是假定的，缺乏根据；方法2未计入滑动面上的扬压力是不合理的。

方法3表面看来容易被人接受，其实也是不合理的。因为主滑面一般是软弱结构面，而抗力体则往往是较完整而坚硬的岩体（否则不考虑其抗力作用），所以当坝基有一定位移时，抗力体先达到极限状态，当位移继续增大时，然后主滑面才逐渐到达极限状态，以致失稳。这一过程是有限元法和结构地质力学模型试验所证明了

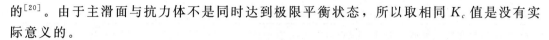

的[20]。由于主滑面与抗力体不是同时达到极限平衡状态，所以取相同 K_c 值是没有实际意义的。

根据上述坝基失稳过程，笔者认为较合理的方法是：先算出最先发挥抗滑作用的抗力体所产生的最小抗力，再把它作为阻滑力计算沿主滑面滑动的安全系数，这就是方法4。需要说明的是：第一，这里 Q 的作用方向不是假定的，而是实验证明的[10]；第二，只要沿主滑面滑动有一定的安全系数，抗力体就不会处于极限平衡状态，故实际工程中这样计算是安全的，葛洲坝和继光水库都这样算了；第三，式（7）和式（8）来自文献［23］，式中未计入 BD 面上的渗透压力，这是不合理的，因此公式应改为：

$$Q = \frac{f_2(V_1\cos\beta + U_3\sin\beta - U_2) + V_2\sin\beta - U_3\cos\beta}{\cos(\varphi+\beta) - f_2\sin(\varphi+\beta)} \qquad (9)$$

$$K_c = \frac{f_1[V_1\cos\alpha + U_3\sin\alpha - Q\sin(\varphi-\alpha) - H\sin\alpha - U_1] + Q\cos(\varphi-\alpha) + U_3\cos\alpha}{H\cos\alpha + V_1\sin\alpha} \qquad (10)$$

式中 U_3——BD 面上的渗透压力，见图7；
　　其他符号意义同前。

当需要考虑岩体侧向切割面上的抗切力时，应取最危险的坝段作为计算单元。式中诸力都应该是该坝段各受力面上力的总值。

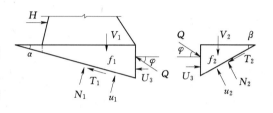

图7　BD 面上的渗透压力

三、抗滑安全系数

坝基深层滑动的安全系数关系到大坝安全与经济的大问题。可是国内外有关规范与文献资料中采用得很不一致，而且往往没有与抗剪强度指标的取值准则、力学分析方法和采用计算公式等联系起来[11,12]。

国内外有关规范与文献中建议和实际工程中采用的抗滑安全系数举例如下。

（1）不考虑岩体的黏结力，采用摩擦公式：

$$K_c = \frac{f(\sum V - U)}{\sum H} \qquad (11)$$

式中 K_c——抗滑安全系数，一般 $1.0\sim1.1$[11]；
　　$\sum V$——铅垂向力的总和；
　　$\sum H$——水平向力的总和；
　　U——扬压力；
　　f——摩擦系数，坚硬岩石采用 $0.5\sim0.8$，半坚硬岩石采用 $0.35\sim0.5$，也有建议采用现场抗剪试验的屈服值或流变值。

式（11）应用于深层滑动时，苏联的规范中规定 K_c 值不变；国内外一些实际工程有的取较大值（表1）。

表1   国内外一些实际工程 K_c 取值

国家		美国	南斯拉夫	巴基斯坦	苏联	西欧	中 国				
工程名称		西点坝	铁门大坝	曼格拉枢纽	软基上建坝	软基上建坝	葛洲坝	双牌、七里泷	朱庄、桓仁	长诏	广西一些工程
K_c	设计	1.4	1.3	1.6	1.1~1.15	1.2	1.3	1.1	1.1	1.2	1.3
	校核		1.1	1.0	1.05		1.1	1.05	1.0	1.1	1.15

（2）考虑岩体黏结力，采用摩剪公式：

$$K_c = \frac{f'(\sum V - U) + cA}{\sum H} \tag{12}$$

$$K_c' = \frac{f'(\sum V - U) + c(1-m)A}{\sum H} \tag{13}$$

$$K_c'' = \frac{f'(\sum V - U) + S_a \gamma A}{\sum H} \tag{14}$$

$$\frac{c}{K_1 \tau_{cp}} + \frac{2\sigma_{cp}^4}{K_3 \tau_{cp}} = 1 \tag{15}$$

$$K_c = \frac{\sum f'(V - U) + \sum cA}{\sum H} = 2 \sim 3^{[17]} \tag{16}$$

$$\sum H = \frac{f'(\sum V - U)}{K_1} + \frac{cA}{K_2}^{[19]} \tag{17}$$

式中 K_c——抗滑安全系数，西欧取2，我国1979年新规范[11]取2.3~3.0，水科院建议2~3，美国垦务局1977年规范取1.3~4.0；苏联1961年规范规定 c 取峰值的30%~40%时，$K_c = 1.15 \sim 1.3$；

f'、c——岩体的抗剪强度指标，取现场试验的峰值；

A——滑动面面积；

m——扬压力面积系数，取0.3~0.4；

S_a——混凝土抗剪强度；

γ——平均剪应力与坝址处最大剪应力之比值，取0.5；

σ_{cp}——坝底中点的垂直正应力；

τ_{cp}——坝底中点的切向应力；

K_c'——德国规范规定取1.5；

K_c''——过去美国和日本采用4~5；

K_1、K_2——式（15）中取 $K_1 = 3$，$K_2 = 1.3$；式（17）中按表2取。

表2 K_1、K_2 取值

建筑物等级	I	II	III	IV
K_1	1.6~1.8	1.5~1.7	1.4~1.6	1.4~1.5
K_2	10	10	5~10	5~10

笔者根据前面对岩体抗剪强度指标取值的建议（与张昌龄同志某些看法近似[18]），提

出如下坝基抗滑稳定计算公式：

$$K_c = \frac{f'(\sum V - U)}{K_1 \sum H} + \frac{cA}{K_2 \sum H} \tag{18}$$

式中　K_1——用来补偿实验资料 f' 值变化范围的安全系数。根据地质条件，试验资料的情况等因素取 $1.3 \sim 1.6$，地质条件复杂，试验资料不多，代表性较差的情况下取大值；

　　　K_2——用来补偿实验资料 c 值变化范围的安全系数，根据岩体裂隙、节理发育情况和风化程度等不同取 $3 \sim 5$，一般裂隙和节理发育、风化较严重的脆性破坏型岩体取大值；

　　　K_c——抗滑安全系数，根据建筑物等级与荷载不同按表3取值。

表3　　　　　　　　　　　　**抗滑安全系数 K_c 值**

荷 载 组 合	坝 的 等 级		
	Ⅰ	Ⅱ	Ⅲ～Ⅳ
基本组合	1.15	1.10	1.05
特殊组合	1.05	1.0	1.0

为了选择较合理的计算公式，对上述公式作一简单评论。

（1）式（11）不考虑 c 值，不仅会给工程带来浪费，其出发点也不符合坝基正常工作状态（一般不允许滑动面剪开），而且实际采用的 f 值不是真正的试验值，而是一个经验数，故算得的 K_c 值不代表建筑物的真实抗滑安全度，现在国外多不用了。

（2）式（12）、式（13）、式（14）、式（16）中把可信程度不一样的 c 与 f' 值取相同的安全系数值，显然也不合理，而且 K_c 取值很不一致，国内外的建议从 $2 \sim 5$，出入很大。f' 的安全系数取 $2 \sim 5$ 偏大，所以用这些公式计算摩擦起主要抗滑作用的高坝是偏保守的。

（3）苏联设计规范中的取值方法没有考虑脆性破坏型岩体与塑性破坏型岩体 c 值的可信程度不一样的情况。

（4）式（15）采用 $K_1 = 3$，$K_2 = 1.3$，没有区分岩体的不同性质，而且坝基滑动面上局部应力超过允许值，是否会引起坝基的失稳还值得研究。

（5）式（17）中的 f'，c 值的安全系数是按照坝的等级不同而异，不是根据影响它们的地质因素而定，这是不妥当的；而且 K_1 与 K_2 值相差过大，没有参考 f' 与 c 试验值的偏差系数间的一定比例关系。

（6）笔者建议的式（18）弥补了上述公式不足之处。

由于计算方法不同，考虑因素和选用计算指标也不一样，很难用相同的安全系数对上述不同建议进行对比。但为了说明问题，兹采用算例方法对以上不同建议进行大致的比较，见表4。

基本假定：坝高 $100 \sim 300$ m；岩体摩擦值 $f = 0.7$，峰值 $f' = 0.85$；$c = 10$ kg/cm²；灌浆后基础面扬压力 $U = 0.25HB$；坝体容重 $\gamma_c = 2.4$ t/m³。

表4　　　　　　　　　　　不同抗滑稳定计算方法所得坝底宽度比较

编号	计算方法或建议者	计算公式	坝高 $H=100$m		$H=200$m		$H=300$m	
			B	B/H	B	B/H	B	B/H
1	摩擦公式	(11)	83	0.83	165	0.83	248	0.83
2	水科院（$K_c=2\sim3$）	(16)	69	0.69	192	0.96	330	1.1
3	我国1979年规范（$K_c=3$）		84	0.84	230	1.15	393	1.3
4	英国（$K_c=2$）		55	0.55	153	0.77	264	0.88
5	苏联1961年规范（$K_c=1.3$，c取0.3峰值）	(12)	59	0.59	136	0.68	215	0.72
6	美国垦务局1977年规范：$K_c=4$（正常荷载组合），$c=30$kg/cm^2（混凝土抗剪强度）		52	0.52	173	0.86	335	1.12
7	德国（$K_c'=1.5$，$m=0.35$）	(13)	51	0.51	133	0.66	220	0.73
8	广西水电局（$K_1=1.6$，$K_2=7.5$）	(17)	78	0.78	176	0.88	274	0.91
9	长办岩基室（$K_1=2.2$，$K_2=7$）		98	0.98	230	1.15	358	1.2
10	笔者（$K_1=1.4$，$K_2=4.5$，$K_c=1$）	(18)	66	0.66	153	0.77	246	0.82
11	工程实例		德国拿波得坝，$H=104$m，$B=76$m	0.73	美国德沃歇克坝，$H=219$m，$B=152$m	0.70	瑞士大狄克逊坝，$H=284$m，$B=225$m	0.79

　　表中数字表明：用式（11）计算，由于未计入 c 值，在坝不高时算得坝底宽度偏大；长江流域规划办公室岩基研究室、我国1979年重力坝设计规范均有同样特点。当坝身加高时，式（11）比较接近实际，但长江流域规划办公室、我国1979年规范以及水科院、美国内政部垦务局新规范计算所得坝底宽度均偏保守。用笔者建议的式（18）算得的结果在各种坝高时与实际工程采用数都比较接近。

四、滑动面上扬压力的计算

　　坝基滑动面上扬压力的计算方法也有不同，参阅文献［7］。下面介绍笔者在继光水库采用的适用于坝基具有接地式帷幕的扬压力计算方法。考虑到当坝基岩体的裂隙被充填或岩体较疏松时（如疏松砂岩、风化页岩、破碎的结晶片岩等），决定渗透性的将主要是通过岩石的水流，裂隙中的间隙水压力与近旁的岩体中孔隙压力之间不会有明显的差别[16]。在这种情况下，仍可假定水的流动是遵循达西定律的，用流网法可得近似的结果。继光水库是由较疏松的砂岩和泥岩组成，故可用流网法确定滑动面上的扬压力。具体计算是先把帷幕厚度 T 变换为一渗透当量厚度 l_3［图8（b）］[14]。因为单位吸水量 ω 值与渗透系数 k 值存在着一定的关系，$1\omega\approx10^{-5}$cm/s（根据孔径和潜水位的不同，有所调整）[16]。所以可以近似地令

$$l_3=\frac{k}{k_c}T\approx\frac{\omega}{\omega_c}T \tag{19}$$

式中　k——灌浆前岩层的渗透系数；

k_c——灌浆后帷幕体的渗透系数；

ω——灌浆前岩体的单位吸水量；

ω_c——灌浆后帷幕体的单位吸水量。

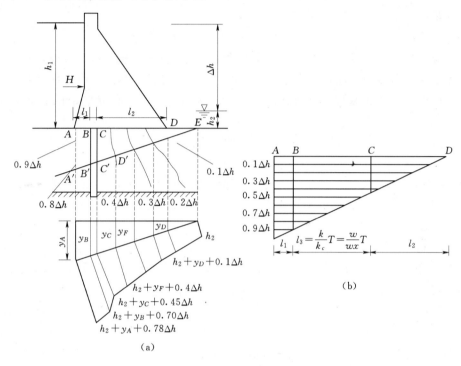

图 8　滑动面上扬压力计算方法

从图 8（b）可得 $ABCD$ 各点的渗透压力（由上下游水头差产生的）。根据它在图 8（a）中绘出流网图（与一般程序相反），滑动面上的各点扬压力就根据流网图截取的渗透压力加该点的埋深和下游水深而得。例如 F 点的扬压力等于 $0.4\Delta h + y_F + h_2$。

五、抗力体的抗滑作用

对于坝下游的楔形岩体（常称抗力体）的抗滑作用也有不同看法。有人认为抗力体上面没有压重，易破裂，抗力小，故只能作为储备的安全因素来考虑；但有的资料介绍[1]，抗力体的抗滑作用相当显著，能分担水平推力的 35%～50%。其实，抗力体的抗滑作用的大小，决定于坝基岩体的许多地质因素。例如当坝趾处的尾岩岩体坚硬完整，没有断层、破碎带和明显的层面，节理不发育或延伸短；岩层层面或节理倾角较大，没有倾向上游的裂隙或断裂构成天然辅助滑动面的条件；下游尾岩附近没有临空面和容易变形的横向断层、破碎带或软弱夹层等情况时，不考虑抗力体的抗滑作用是不合理的和不经济的。

对于大型工程有必要通过结构地质力学模型试验或现场试验来确定抗力体的抗力值大小。

六、岩体侧向切割面的抗滑作用

过去多数设计人员都把坝基深层滑动稳定计算简化为平面问题，没有考虑岩体侧向切割面上的抗切力。在某种条件下，这样做是过于保守的。例如当深层滑动面与坝基接触面间有一厚层较坚硬完整（顺河断裂不发育，或只有延伸短，与河流斜交的断裂）的岩体时，某一坝段沿深层滑动必须在两侧剪开这层岩体。或者当河谷比较狭窄时，河床坝段沿深层滑动将受到两侧山谷的牵制。

不过，考虑岩体侧向切割面上的抗切力时应注意以下几点。

（1）应取最危险坝段作为抗滑稳定计算单元。就是根据地质、地形条件判断，选取的该坝段坝基内软弱结构面埋藏浅、分布广，坝后无岩体支撑，其抗滑稳定性最差。

（2）根据岩体的断裂与节理方向与连通性，确定合适的侧向切割面的有效剪切面积系数。

（3）采用合理的岩体剪切强度，一般宜通过试验获得。

继光水库坝基深层滑动面，根据地质资料判断，很可能沿 429.00m 高程（埋深 6～7m）的泥岩软弱夹层发生。该滑动面与坝基接触面间有一厚达 6～7m 的钙质砂岩，如果河床部分坝段发生沿 429.00m 高程的泥岩夹层面滑动，必须在两侧剪开这层钙质砂岩。因此，在验算深层滑动时，我们考虑了这层砂岩侧向切割面的抗切力。计算中取砂岩抗切强度 $6kg/cm^2$（岩体比较完整，取室内试验值的 1/5），有效剪切面积系数取 0.5（根据开挖面判断）。抗滑稳定计算中，计入侧向切割面的抗切力时，安全系数为 2.4；不计入时，用摩擦公式计算，$K_c=0.99$；用式（12）、式（16）计算 $K_c=1.3$，由于计入了岩体侧向切割面上的抗切力，使坝体工程量节省 8 万 m^3 干砌条石（由 30 万 m^3 减少到 22 万 m^3），不但节省 240 万劳动工日和数百万元投资，而且使工期缩短，提前一年蓄水受益。所以在一定条件下，考虑岩体侧向切割面的抗滑作用是必要的，是有较大经济意义的。

参 考 文 献

［1］ 长江流域规划办公室岩基研究室．论混凝土坝基剪切破坏准则的确定和抗剪强度计算参数的选择．

［2］ Нормы и техническне уеловня проектпрования бетонных гравитационных плотин на скальных основаниях. 1961.

［3］ Фишман Ю. А．，Расчоты уотойщивостн и прочности скальных осцований бетонных гравтацнонных плотин. *Тиэротехника и мелиорация*，No. 5，1976.

［4］ Design Criteria for Concrete Arch and Gravity Dams，Bureau of Reclamation U. S. A.，1977.

［5］ Link H.，The Sliding Stability of Dams. *Water Power*，1969，Vol. 21，No. 3，4，5.

［6］ 陶振宇．水工建筑物中的岩石力学问题．北京：水利电力出版社，1976.

［7］ 水利电力部科学研究所、科学院地质研究所．水利水电工程地质．科学出版社，1974.

［8］ 水电部十三局设计院．朱庄软弱夹层地基稳定分析中几个岩体力学问题的讨论．1978.

［9］ 建在软弱岩基上三座大坝的抗滑稳定．摘译自第九届国际大坝会议文件，1967 年 Ⅰ 卷，专题 32，报告 29.

［10］ 刘双桐，等．岩体滑动稳定分析和实验研究．清华大学学报，1974（6）.

［11］ 混凝土重力坝设计规范（试行）．北京：水利电力出版社，1979.

［12］ 潘家铮．重力坝的设计和计算．北京：中国工业出版社，1965.

［13］ 国际坝基岩石力学的发展现状和研究趋势——参加坝基岩石力学国际讨论会汇报材料．1978.9.

［14］ 陶振宇．水工建设中岩石力学的国外应用实例与经验数据．北京：水利电力出版社，1976.

［15］ 水利水电工程岩石物理力学性质数据汇编．原北京勘测设计院，1964.

［16］ 斯塔格，K.G.，等．工程实用岩石力学．北京：地质出版社，1978.

［17］ 水科院岩基稳定组．岩基上混凝土坝抗滑稳定研究初步报告．水利学报，1962（1）．

［18］ 汪胡桢，张昌龄．"岩基上混凝土坝抗滑稳定研究初步报告"的讨论．水利学报，1962（4）．

［19］ 广西水电局．混凝土重力坝抗滑稳定计算的研究．广西水利电力科技，1974（4）．

［20］ 湖南省水电勘测设计院．双牌溢流坝基础缓倾角夹层抗滑稳定分析初步总结．1979.4.

［21］ 海河指挥部设计院．朱庄水库重力坝软弱夹层基础处理初步总结．1979.4.

［22］ 长江流域规划办公室．葛洲坝水利枢纽基础软弱夹层勘测试验研究小结．1979.3.

［23］ 蒋毓龙，等．关于坝基有软弱夹层的混凝土重力坝抗滑稳定初步分析．水利水电技术，1979（7）．

透水堆石坝[*]

一、问题的提出

四川岷江上游（灌县以上）坡陡流急、落差大（至源头长 340km，落差 2780m，平均河床比降 8.2‰）、水量丰富（多年平均水量 158 亿 m³），又因地处成都市和川西平原的上游，其水利资源的开发不论是灌溉和发电都是十分必要。但是由于地质条件差、河床覆盖层深（可以建坝的河段覆盖层深 60～90m）、地震烈度大（从兴文坪到叠溪段 6～12度）、黏土和砂石骨料缺乏等不利因素。修建常规的水库困难较多、工期较长、投资较大，所以新中国成立 30 年来，在岷江上游至今尚未建成一座水库。可是根据四川全省的灌溉和电力的要求，在岷江上游又非常需要修建水库。因为没有水库的调节，岷江枯水季节的流量很小，满足不了川西平原的灌溉需要。洪水季节流量又很大，许多水量没有利用就白白地流走，因此影响灌溉面积的进一步发展；同时，没有水库的调节，不能提高已建电站的装机容量和发电量，特别是保证出力。此外，没有水库的滞洪作用，给川西平原的防洪任务也带来困难。因此根据客观需要和客观条件，如何结合岷江的自然条件特点，很好地利用其有利的自然条件，克服和避开其不利因素，多快好省地在岷江上游修建起一批水库是摆在我们水利水电技术人员面前一项迫切而重要的任务。

已故的全国政协副主席张冲同志于 1972 年曾考察了岷江上游的水资源，提出了《关于岷江上游开发的初步设想》。他建议在岷江上游峡谷地带修建透水堆石坝。他的设想来之于实际。1933 年 8 月 25 日下午 3 时许，岷江上游叠溪城附近发生了大地震（震级 7.4，震中烈度超过 10 度）。山崩土石方堵塞了岷江河道，堆起了两座 130～150m 高的天然透水土石坝，形成了两座天然水库——大、小海子。这两座土石坝，经过了洪水漫溢的冲刷和沉陷，目前已达稳定状态，总库容 1 亿多 m³。这两座天然坝没有经过坝基处理，坝基和坝体也没有采取防渗措施，经过了长期的坝面过水和地震的考验，能够安全蓄水。这一现实给我们水利工作者很大的启发，为什么不能用人工定向爆破的方法来堆筑同样的透水堆石坝呢？用人工修筑这样的透水坝应该比天然垮方形成的坝要优越得多，因为可以事先打好隧洞，供发电、灌溉或泄洪、放空库水之用；可以在坝面溢流段采取大块石或预制混凝土块护砌以防冲和提高单宽溢流能力；必要时还可采取一些简单的防渗措施（如淤淀等）以减少水库漏水，更好地发挥水库的调节作用等。

苏联和美国的试验证明这种坝型的抗震性能很强。苏联的柯多基和契利两座高为 75m

---

* 本文作于 20 世纪 80 年代初。

的堆石坝，设计时考虑地震加速度 $0.05g$，但经过 $0.2g$ 的大地震考验，坝体仍是安全的。美国对 91m 的肯奈斜墙堆石坝（上游坡 $1:2.25$，下游坡 $1:1.4$）和莫特山心墙堆石坝（上游坡 $1:1.57$，下游坡 $1:2.25$）进行地震模型试验，当坝受到地震加速度分别为 $1.11g$ 和 $0.95g$ 的地震力时，即使在满库条件下，坝体也仅有少许的变形。因此这种坝型在地震烈度较大的岷江上游山谷地区采用是很适宜的。

这种坝型便明显有如下的优点：

（1）抗震性强，适宜于地震强烈地区修建。

（2）坝基不需做防渗设施，故覆盖层深不成为阻碍修建水库的条件。

（3）坝内不设防渗体，大大简化筑坝技术，节省材料、人力和投资（在岷江上游规划中，坝体防渗体的投资将近整个坝体造价的一半）。

（4）不需做围堰，或修筑较低的围堰，简化施工，缩短工期。

（5）可利用定向爆破筑坝，节省人工，加快进度。

（6）一般可坝顶溢流，不需要另开溢洪道。

（7）由于对地质条件、施工场地和交通条件要求不高，故选择坝址的自由度较大。在岷江上游的干支流上都能找到修建这种坝型的坝址。

（8）清基和基础处理（开挖、断层处理、灌浆等）的任务较轻。

（9）充分利用当地材料，节省水泥、钢材和木材等国家统配的建筑材料以及其他运距远的材料，如黏土砂石料等。

由于以上优点，不言而喻，修建这样的水库技术简单，施工容易，投资少，劳力省，工期短。

二、电水库枢纽布置方案

根据当地的水文、地形和地质条件，按水库的不同作用，枢纽布置应有所不同，可以分下列不同情况：

（1）当河流较小（如岷江上游的某些小支流），筑坝为了拦沙和滞洪作用时，这样的水库只筑一透水堆石坝即可。如洪水不大，有条件坝可筑得高一些，洪水期坝顶不溢流，洪水全部从堆石空隙透过。例如，在苏联高加索的阿赫脱赫尔河上，由于两岸五六百万立米的石炭岩崩塌，堵塞河道，天然坝高 250m，上游形成了深 125m 的天然湖泊。上游来水全部从坝体透过。又如塔吉克共和国境内帕米尔的姆尔加勃河上，由两岸黏土使土矽质麻岩发生大坍落，堆成了高 740m 的鸟沙依天然堆石坝，上游形成深达 485m 沙列克斯湖，河水也全部从坝体透过。

（2）上述情况，当坝不高，洪水时一部分水从坝体透过，另一部分从坝顶溢流。这就要求下游坝坡较缓。而且坝面应采取防冲措施。

（3）当河流较小，修建水库为了引水灌溉和发电时，这样水库枢纽应该由透水堆石坝和引水发电系统组成。坝顶可溢流，可不溢流（当坝足够高时）。

（4）当河流较大（岷江干流或较大的支流），修建水库为了灌溉、发电、防洪、拦沙等综合利用时，枢纽应由堆石坝、导流动、泄洪洞和引水发电系统等组成。一般坝顶溢流以减小或免去泄洪洞。枢纽各成部分的作用分述如下：

1) 透水堆石坝。如果水库仅起拦沙、泄洪作用，可使坝体能透水，坝顶能溢流；如果水库供灌溉、发电等需要，则尽量减少坝体透水，必要时，坝体可采取防渗措施，以提高水库调节能力和增加灌溉发电效益。

2) 导流洞。透水堆石坝不论是采取定向爆破还是人工堆筑的施工方法，合龙后有一加高加固整理坝坡的过程，如果没有导流洞，水位上涨很快，有可能浸坝，影响坝体的施工和安全，故应设导流洞，待工程竣工后，导流洞可改为排沙和及时放空库水之用。

3) 泄洪洞。如果洪水流量大，坝体透水和坝顶溢流（一般单宽流量不宜太大）不能满足设计泄洪需要时，就应打泄洪洞以满足需要。

4) 引水发电系统。包括进水口、引水隧洞（或渠道）、调压井（或前池）、厂房等。发电引水洞的进口应该较一般水库引水洞低，否则在枯水期会引不到水。当库内泥沙淤积到一定程度时，应另设较高的进水口，原来的进水口可能被淤埋而废。堆石坝透水性较大时，相当于引水式电站；打一较长隧洞（或渠道），利用河道天然落差发电；堆石坝透水性较小时，引水发电系统与一般水库相同。

三、透水堆石坝设计

（一）坝址的选择
选这种坝型的坝址时应注意以下几点：

（1）河谷较窄，两岸山岩较高，岩石质量较好，便于采取定向爆破的方法施工。

（2）上游库容大，淹没损失小。

（3）上下游和两岸的地形、地质条件便于布置其他附属建筑物（隧洞、渠道和厂房等）。

（4）枢纽附近便于施工现场地布置。

（5）河床覆盖层相对较浅，便于将来有必要加做基础的防渗措施时，不致工程量大、困难多。

（二）断面设计和水力计算
1. 坝顶高程的确定
在较小的河流上，修建洪水不漫顶的透水堆石坝，坝顶应该超过设计洪水位，在计算洪水位时，调洪演算中要考虑坝体和坝基的透水量和水库的滞洪作用。

在较大河流上修建透水堆石坝，一般设计坝顶溢流。否则坝体工程量太大。确定坝顶溢流的透水坝坝顶高程与一般不透水堆石坝相同，只是溢洪量为坝体透水量与坝顶溢流量之和。

2. 坝坡稳定计算
坝顶不溢流的透水堆石坝上游坝坡稳定计算与一般堆石坝相同，但计算下游坝坡稳定时则应考虑坝体内渗透水的动水压力。

坝顶溢流的透水堆石坝坝坡稳定计算应分上游坡、溢流陡坡和下游坡三部分进行。图1中 BD 段为溢流陡坡。上下游坝坡的稳定计算同前，溢流陡坡的稳定计算可按下方法进行。

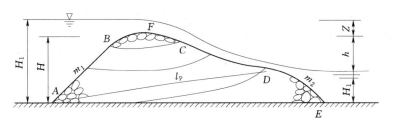

图 1 透水堆石坝断面形状

根据试验，陡坡段水流由于粗糙堆石面的阻力很大，坡面渗透水的溢出越到下面越大，补偿溢流水深越到下面越小，使得水流沿陡坡接近均匀流动，这就可认为堆石体形成落差主要是堆石体沿程的水头损失的结果。以下式表示之：

$$\Delta h = \frac{v^2}{C^2 R} l = \frac{q^2}{h^2 C^3 R} \approx \frac{q^2}{h^2 C^2} l \tag{1}$$

式中 Δh——沿程水头损失；

  q——单宽溢流量；

  h——陡坡段水深；

  l——陡坡段长度；

  R——水力半径；

  C——谢才系数。

在坝高坡陡的情况下，以上假定会有出入，应以模型试验水流情况为宜。

陡坡段的稳定边坡计算举例如下：

设单宽溢流量 $q = 10\text{m}^3/(\text{s} \cdot \text{m})$。坝顶用 50cm 直径的块石抛筑。根据河流中抛石截流的施工经验，其糙率 $n \approx 0.06$，抗冲流速按 M. 阿勒晓夫建议的下列公式计算：

$$v_g = 0.9 \sqrt{D} \tag{2}$$

式中 v_g——抗冲流速，m/s；

  D——块石直径，cm。

算得 $v_g = 6.3\text{m/s}$，$h = q/v = 1.6\text{m}$，$C = \frac{1}{n} R^{1/6} = 18$。代入式（1）得，$\Delta h \approx \frac{1}{n} l$。

陡坡段稳定边坡为 1∶13。

（1）小海子天然堆石坝下游坝坡 1∶（10～15）[单宽流量 $q > 10\text{m}^3/(\text{s} \cdot \text{m})$]。

（2）设单宽溢流量不变，坝顶采用预制混凝土板防冲，其糙率采用 $n = 0.02$，抗冲流速 $v_g = 15\text{m/s}$，算得 $h = 0.67\text{m}$，$C = 46.8$，代入式（1）得

$$\Delta h = \frac{1}{6} l$$

即陡坡段稳定边坡为 1∶6。

大海子天然堆石坝溢流段由较大块石（直径 60～100cm）堆成，其平均边坡为 1∶7.7。

以上为近似计算，可用在初设阶段。设计阶段最好由模型试验来确定糙率、水深和稳定边坡值。

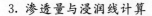

3. 渗透量与浸润线计算

（1）坝顶不溢流的透水堆石坝渗流计算：

$$q=h\left[\frac{(H_1-H_2)^2}{(L'-m_2H_2)+\sqrt{(L'-m_2H_2)^2-m_2^2(H_1-H_2)^2}}+\frac{(H_1-H_2)H_2}{L-0.5m_2H_2}\right] \tag{3}$$

其中

$$L'=L+\Delta L_1，\quad \Delta L_1=\frac{m_1H_1}{2m_1+1}$$

浸润线在下游坡溢出点的高度按下式计算：

$$h_0=\varepsilon+H_2=\frac{[2(m_2+0.5)a+m_2H_2](m_2+0.5)}{2(m_2+0.5)^2(a+H_2)+m_2H_2}\frac{q}{h}+H_2 \tag{4}$$

浸润线方程式为

$$y=\sqrt{h_c^2+(H_2^2-h_c^2)\frac{x}{L^2-mh}} \tag{5}$$

当坝基也透水时，渗透量按下式计算：

$$q=q_D+h_c\frac{(H_1-H_2)T}{L+m_1H_1+0.88T} \tag{6}$$

式中 q_D——坝体渗透量。

渗流水深 h 按下式计算：

1）当 $h\leqslant h_0$ 时

$$h_0=\varepsilon+H_2=\frac{q}{\frac{h}{m_2}\left[1+\frac{(m+0.5)H_2}{(m_2+0.5)a+0.5H_2}\right]+\frac{h_0T}{m_2(a+H_2)+0.44T}}+H_2 \tag{7}$$

2）当 $h>h_0$ 时

$$h_0=\varepsilon+H_2=\frac{q}{\frac{h}{m_2+0.5}\left[1+\frac{(m_2+0.5)H_2}{(m_2+0.5)a+0.5H_2}\right]+\frac{h_0T}{(m_2+0.5)a+m_2H_2+0.44T}}+H \tag{8}$$

坝体浸润线对上述情况均可按下式确定：

$$x=h_0T\frac{y-h_0}{q'}+h\frac{y^2-h_0^2}{2q'} \tag{9}$$

其中

$$q'=h_0T\frac{H_1-h_0}{L+\Delta L_1-m_1h_0}+h\frac{H_1^2-h_0^2}{2(L+\Delta L_1-m_2h_0)}$$

以上式中 h——坝体渗透系数；

h_0——坝基渗透系数；

T——坝基透水层厚度；

$L'=L+\Delta L_1，\quad \Delta L_1=\frac{mH}{2m+1}$。

（2）坝顶溢流的透水堆石坝渗流计算。坝顶溢流的透水堆石坝断面形状见图1。透过坝体的流线将上下游坝坡分成数段，这些分段大致是成比例的，例如

$$\frac{FB}{FA}=\frac{FC}{FD}$$

当坝基不透水时，通过坝体的渗透量可按下式估算：

$$q_D = 0.01\beta H \tag{10}$$

式中 q_D——单位宽度坝体渗透量，m^3/s；

$\quad\quad H$——坝体高，m；

$\quad\quad \beta = C_0\rho\sqrt{DI}$，cm/s；

$\quad\quad C_0$——谢才系数，根据试验，$C_0 = 20 - \dfrac{14}{D}$；

$\quad\quad D$——折算成球体的块石直径，cm。

$I = h/l_\phi$；h 为平均有效水头，l_ϕ 为渗透路径平均长度。

坝顶单宽溢流量按一般实用堰公式计算：

$$q_0 = m\sqrt{2g}Z^{3/2} \tag{11}$$

式中，m 值根据坝顶断面形状、块石堆筑或安砌，或由混凝土浇筑等因素由试验而定。

堆石坝的总过水量应是坝顶溢流量 q_0 和坝体渗透量 q_D 之和。如果坝基也是透水的，则还应加入坝基透水量 q_ϕ，其值按下式计算：

$$q_\phi = k_0\frac{(H_1 - H_2)T}{L + m_2 H_2 + 0.88T} \tag{12}$$

或采用 E. A. 马林公式计算：

$$q_\phi = k_0\frac{(H_1 - H_2)T}{n(L + m_1 H_1)} \tag{13}$$

式中 n——系数，按表1确定。

表 1 n 值 表

L/T	20	5	4	3	2	1
n	1.15	1.18	1.23	1.30	1.44	1.87

4. 坝基渗透稳定计算

坝体由堆石而成，蓄水初期坝体中较小颗粒将被渗透水带出，不会引起坝身的稳定问题，只会引起较大的沉陷口，所以坝体渗透稳定可不必核算。

由于坝基地质条件复杂（一般为大小颗粒组成的覆盖层），为了防止发生流土（土粒全部悬浮）或机械管涌（小颗粒被带走）现象，危及大坝安全，需要进行坝基渗透稳定计算。

对于砂砾覆盖层，渗透破坏取决于不均匀系数 $\eta = d_{00}/d_{01}$，式中，d_{00} 为控制直径，d_{01} 为有效直径。

坝基渗透主要是自下而上逸出，其特性如下：

（1）$\eta \leqslant 10$ 的土，渗透破坏的主要形式是流土。

（2）$\eta > 20$ 的土，渗透破坏的主要形式是机械管涌。

允许渗透坡降值 I_{gon} 取决于 η 值。在逸出处无覆重时，可采用下列数值：

（1）对于 $\eta \leqslant 10$ 的土，$I_{gon} = 0.3 \sim 0.4$。

（2）对于 $10 < \eta < 20$ 的土，$I_{gon} = 0.2$。

（3）对于 $\eta > 20$ 的土，$I_{gon} = 0.1$。

实际中可参照图 2 采用。

渗透变形最危险的地点是渗透水出逸的地方。因为坝体和坝基都没有防渗措施，所以坝体与覆盖层的接触面是渗透变形最危险的地方，应该设反滤层加以保护。

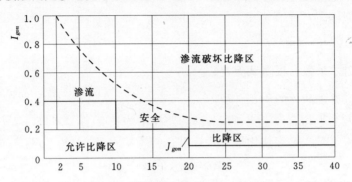

图 2 上升渗流的允许比降与无黏性土的不均匀系数关系 $I_{gon}=f(\eta)$ 曲线

反滤层布置如图 3。

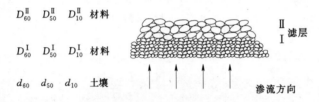

图 3 反滤层布置

当出逸坡降≤4～5 时，允许反滤层土的不均匀系数为

$$q=\frac{D_{00}}{D_{01}}\leqslant 1.0$$

层间过渡系数规定如下：

$$\frac{D_{00}^{\mathrm{I}}}{D_{01}}\leqslant 8\sim 10, \quad \frac{D_{00}^{\mathrm{II}}}{D_{01}}\leqslant 8\sim 10$$

反滤层厚度：对于卵砾石材料：$h_c\geqslant 8D_{50}$；对于碎石材料：$h_c\geqslant 6D_{50}$。

在流水中做反滤层时，颗粒较细的层次应以帚捆扎成排代之，用块石压沉。

（三）溢流流面的防冲设施

为了提两单宽溢流能力和保护陡坡段坝面的稳定，溢流面需要采取防冲设施。防冲设施可采取如下几种型式：

（1）大块石护面。根据施工方法的不同，分不规则的堆筑和有规则的安砌两种。前者糙率较大，消能好；后者流量系数较大。

（2）混凝土四面体堆筑。用截流时常用的混凝土四面体坝筑溢流坝面抗冲能力强，消能能效果好，可减小陡坡面上的流速。

（3）条石护面。条石安砌方法可仿效四川省群众创建的蓑衣坝型式（见图 4），它不易被水流冲垮。

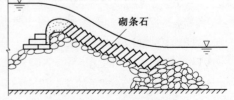

图 4 蓑衣坝断面形状

（4）钢筋网护面—大块石堆筑的护面上铺一层钢筋网框住块石不被冲走，钢筋网固定在埋入坝体内的预制钢筋混凝土桩上，钢筋网锈蚀后可拆换。

（5）预制混凝土板（或钢筋混凝土板）护面。预制板平铺时，用钢筋互相拉住。见图5（a）。预制板可以互相搭接，见如图5（b）、（c）。图5（c）中的预制板采用机制瓦片的型式，相互勾连。预制板上应设冒水孔，以便使通过坝体的渗透水能自由冒出。

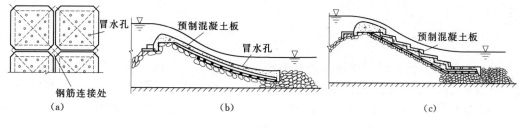

图 5   预制混凝土板护面

四、透水堆石坝的施工

（一）清基与基础处理

坝基表面应清除树木、杂草等有机质，削去突出不规则的地形，特大孤石应炸开。然后按设计要求，在渗流选出部位（出逸坡降超过允许范围）铺设反滤层。

（二）坝体堆筑

1. 定向爆破堆筑

当坝址地形地质条件容许采用定向爆破筑坝时，应优先考虑采用该法，因其优点是工期短、造价低，尤其在交通不便、运输材料比较困难的地方很适宜采用。

2. 机械堆筑

由于坝址两岸山崖不高、岩石质量不太好等条件不宜采用定向爆破筑坝时，可考虑采用机械堆筑的方法。但附近必须要有足够的较大采石场。

五、结束语

所推荐的坝型和筑坝方法虽然是针对岷江上游干支流上的具体自然条件（深山峡谷、交通不便，覆盖层深，地震烈度大等）提出来的，可是在我国西南地区的河流，如大渡河、雅砻江、金沙江等河流的上游，甚至于西藏和云南的一些大江大河，如雅鲁藏布江、怒江、澜沧江等，其自然条件很多是类似的。在这些江河上修建常规的水库都比较困难，有的比在岷江上游修建的困难更大。但是我国西南地区水资源很丰富，长期不开发利用非常可惜。如果采用上述坝型和筑坝方法，就能加快开发利用这些水资源为我国的"四化"服务。我们很希望在修建技术上来一个突破，开辟多快好省修建水库的新途径。此文抛砖引玉，提供讨论。

苏联定向爆破筑坝不做防渗体的试验和实践 *

世界上建坝经验表明，在施工条件困难、气候恶劣的山区，利用当地材料筑坝是比较经济合理的。而定向爆破筑坝则是修建当地材料坝的一种投资省、工期短的有效法[1]。在苏联已成功地采用大爆破建成了努力克（Нурек）电站的高围堰、美乔（Медео）的防洪坝、瓦赫胥（Вахш）河上的巴帕静（Байпаэин）枢纽等。可是过去对这样一种有效的、广泛被采用的筑坝方法缺乏基础性研究。如堆石体的颗粒组成、密实度和渗透特性等指标的研究。对设计和建造更高的这种坝来说，除了需要研究以上指标外，还应探求增大爆破规模的新途径，这种新途径之一是大规模爆破的物理模型法，它不仅能解决有关爆破规模的问题，而且可以模拟深峡谷的地形条件（包括峡谷的平面和断面形状）。

上述问题，在设计吉尔吉斯共和国那伦河（Нарын）上 300m 高的康巴拉金（Камбаратин）电站大坝时，根据计算，该坝所需的炸药量大大超过以往完成的爆破工程。故东方水电建设总局和中亚水工建筑物设计分院等单位，于 1975 年 2 月在布雷基亚（Бурлыкия）河上完成了试验坝的爆破，这是为实现康巴拉金坝大爆破总体计划的第一步[1]。试验坝高 50m，坝体方量达 30 万 m³。在工作条件极差、荒无人烟的地方，仅用 12 个月就完成了。苏联爆破应用科学委员会水利建设爆破工程分会指出：这次爆破实践，再次证明这一方法的合理性；同时，根据大量观测试验资料认为，用此法修建康巴拉金大坝是恰当的[1]。

一、康巴拉金坝的设计概况[2]

1973 年，苏联国立水工建筑物设计院中亚分院开始那伦河上的康巴拉金水电站的初设。水电站装机 200 万 kW。枢纽由均质堆石坝、两条发电隧洞、两条泄水隧洞和地下厂房组成。坝址位于一个急弯的河段上，河段长 4～5km。河谷岸坡很陡，两岸不对称。底部为深 30～60m 的峡谷，两边山崖高出河岸 800～900m（右岸）和 1100～1200m（左岸）。河岸处谷宽 60～180m，坝顶高程处谷宽 750～950m。基岩为中细粒花岗岩与石英岩，裂隙比较发育。

设计坝高 300m，坝顶长 750m，坝顶宽 250m，坝底宽 2600m，上游面坝坡 1：2，下游面坝坡在离坝轴线 1300 米范围内为 1.10，下部则用 1：2.5。采用大规模定向爆破筑坝技术，不仅堆积体很密实，而且坝体宽厚，因此设计中决定不做昂贵的防渗体[2]。

＊ 原载于《四川水力发电》1983 年第 2 期。

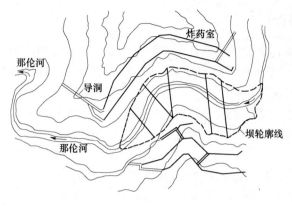

图 1　康巴拉金坝枢纽布置略图

根据设计的坝体轮廓和坝址的地形条件，计划布置两条炸药室，局部地区布置 3 条（图 1）。

药室最小抵抗线长度：右岸为 90～190m；左岸为 125～220m。为了使爆破岩块堆积的坝体较均匀，采用条形药包。爆破经验表明，条形药包能较好地保证坝的断面形状、堆积体的均匀性与密实性。

条形药包的装药量可按以下公式计算。

（1·）《能源建设爆破工程准则》[3] 中推荐的公式：

$$Q' = 1.2 K \omega^2 (n^2 - n + 1) \sqrt{\frac{\omega}{25}} \tag{1}$$

（2）阿佛捷耶夫（Авдеев ф. А.）公式[4]：

$$Q' = \frac{2 K \omega^2 (0.4 + 0.6 n^2) \omega^{-0.0032} (\omega - 25)}{n + 1} \tag{2}$$

（3）波可罗夫斯基（Покровский Г. И.）公式[5]：

$$Q' = K \omega^2 \frac{1}{n} \left(\frac{1 + n^2}{2} \right)^2 \sqrt{\frac{\omega}{25}} \tag{3}$$

（4）布尔希金（Бурштейн М. Ф.）公式：

$$Q' = \frac{q \omega^2 n^2 \left[0.75 \left(\frac{1}{n} + n \right)^2 (1 + 0.02 \omega) \right] \cos\alpha}{0.5(n + 1)} \tag{4}$$

式中　Q'——条形药包装药量，kg/m；

　　　K——单位体积耗药量，kg/m³；对花岗岩 $K = 1.8$kg/m³；

　　　ω——最小抵抗线长，m；

　　　n——爆破作用指数（主药包 $n = 1.1$）；

　　　q——松动爆破单位耗药量，近似值 $q = 0.33$kg/m³；

　　　α——岸坡坡角。

条形药包装药量也可以用下列白雷斯可夫公式分别算出球形药包装药量而得：

$$Q' = \frac{K \omega^2 (0.4 + 0.6 n^3) \sqrt{\frac{\omega}{25}}}{0.55(n + 1)} \tag{5}$$

除式（2）外，其他各式算得的总炸药量为 60 万～90 万 t。

为了验证堆积体形状、炸药量计算的准确程度与坝体的渗透特性。为此在康巴拉金坝址的花岗岩区域内的布雷基亚支流上找到了一个地形与地质条件相似的较小峡谷作为试验坝址（其比尺约为 1：7）[2]，为康巴拉金坝的设计提供可靠的依据。

二、布雷基亚河上试验坝的建造[6]

试验枢纽的主要任务是：爆破堆积体计算的准确性；岩石堆积体的工程地质和渗透稳定特性；爆破对附近岩体、枢纽建筑物和其他工程的影响等。参加试验研究的有许多科学研究机构、设计单位、工程局和大专院校。

康巴拉金坝模型比尺的选择是个重要问题。根据以往对美乔爆破堆石坝堆积体密实度沿深度变化的研究，最大密实度稳定在深度 $25\sim30$m，因此试验爆破堆积体的高度不应低于 40m，即合理的比尺为 $1:7\sim1:8$。

经过勘探，试验坝的地形和地质条件都与康巴拉金坝极为相似。坝段河床坡降为 0.036，河弯长度为 400m 左右，河床宽 $5\sim7$m，河岸宽 $20\sim30$m，坝顶高程处宽 $70\sim80$m。两岸谷坡 $45°\sim55°$。岩层为花岗斑岩与辉绿岩。各种频率流量：$P=5\%$ 为 3.13m³/s，$P=50\%$ 为 2.19m³/s；洪水流量：千年一遇为 54m³/s，万年一遇为 72.5m³/s。平时在坝体渗漏的情况下能保证上游蓄到计算所需的水头。

试验枢纽根据坝轴线的地形，决定大部分堆积体来自左面凹岸，因此，那里装药量为整个爆破炸药量的 90%。布置在右边凸岸的泄水建筑物，为了离开主药室远一些（图 2），按设计要求，建两条泄水隧洞。泄水能力为 18m³/s，保证万年一遇洪水不漫坝顶。

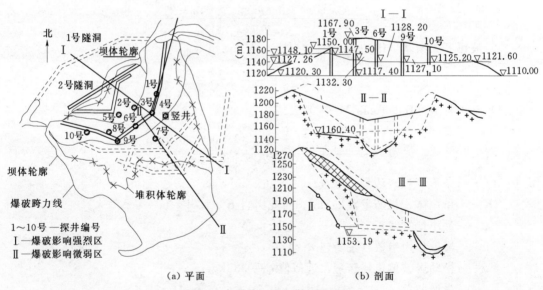

（a）平面　　　　　　　　　　　（b）剖面

图 2　布雷基亚河上爆破试验坝

为增强爆破效果，减少药室开挖工作量和简化准备工作，设计采用条形药包，总炸药量为 687t，施工时增加到 703t。

试验枢纽于 1974 年 4 月动工，到 11 月完成了全部药室的平洞、一号隧洞和左岸主药室试验洞的开挖任务。在整个勘探期间，国立水工建筑物设计院中亚分院完成了 1200m 的地下平洞开挖。仅 2 号隧洞邻近药室危险区的 63m 一段，是在爆破以后完成的。

1974 年，除工程地质编录外，一年内还完成规定的全部岩体特性试验，和大量的物探工作如地下和地表岩石的地震剖面、声波剖面和岩石穿透试验，以及岩样的超声波试验等。根据所得观测资料，结合美乔坝与其他工程的爆破实践经验，可以预测试验坝坝体材料的颗粒组成。其计算的正确性为爆破试验的实测资料所证实（图 3）。

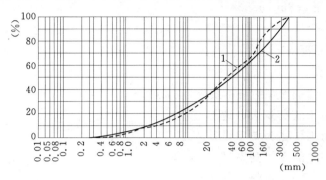

图 3　试验坝材料颗粒组成曲线
1—计算曲线；2—实测曲线

1974 年 12 月到 1975 年 1 月装完全部炸药，同时完成了位于危险区的 1 号隧洞出口段和 2 号隧洞距药室最近的 10m 长试验段的混凝土衬砌。所有准备工作在 1975 年 1 月底结束。2 月 8 日当地时间 13 时起爆。

遗憾的是起爆前 4 天，天气突然转冷，河流结冰厚达 1～1.5m。这一情况显然会降低坝体底部岩石堆积的质量，特别是靠下游一侧的河床部位。可以想象，大块岩石可以击穿冰层，而小颗粒就进不去，因此底部坝体空隙较大，增大了渗透性。

在爆破时进行了各种观测工作。观测了爆破发展过程；量测了岩体的运动参数、尘云、岩体内压缩波参数和空气冲击波等；试验了从 0.1～1km 近处到 5～150km 远处的地震波分布规律；记录了附近的居民区和督克督古列电站（Тоткогуль）的受震影响。

爆破后形成了一座 50m 高的坝，坝的底宽 330m，坝体方量为 30 万 m^3。上游坝坡 1:3，下游坝坡 1:5 和 1:2.4。与原设计相比，坝高增加 7m，向上游多延伸 50m。坝的下游表面覆盖了一层 0.7～1.5m 的大块石，这对抵抗水流冲刷是有利的。

爆破当时河中流量为 0.55m^3/s，15h 后下游出现混浊的渗漏水，36h 后渗漏水变清；过两昼夜，渗漏量达 0.25m^3/s，此时上下游水位差 17m。到 1976 年 3 月，上游水位稳定后，渗漏量减少为 0.2m^3/s。

爆破后立即布置对坝体和左岸岩体的水平向和垂直向的变形观测点。1976 年 2 月 20 日完成了 14 个观测点的第一组观测。到 1976 年 7 月，共进行了 22 组观测。测得坝中间部位坝顶最大沉陷值为 11cm，而上游和下游坡的中点，其沉陷值各为 32cm 和 26cm。这说明定向爆破堆石坝的沉陷规律不同于一般机械碾压或抛筑的堆石坝（笔者注：后者最大沉陷值一般在坝最高断面的坝顶）。

水库试验性蓄水在 1976 年 3 月到 6 月底进行，最高水头达 35m，渗透流量为 2.3m^3/s，相当于坝体平均渗透系数达 600m/昼夜；但坝体中间部位的渗透系数不超过 250～300m/昼夜。其后还继续观测坝体在长期高水头作用下的渗透变形情况。

三、爆破试验的准备工作和实施[7]

布雷基亚河上的爆破，主药室最小抵抗线：左岸为 7～40m，右岸为 9～24m。辅助药室的最小抵抗线为 8～22m，用作图法确定。

每米洞长装药量（以 kg/m 计）按式（6）计算：

$$Q=\frac{K\omega^2(0.4+0.6n^3)e}{0.55(n+1)} \tag{6}$$

式中 K——单位体积耗药量,采用 1.8kg/m^3 ;

ω——最小抵抗线长,m;

n——爆破作用指数,主药包取 $n=1.1$;

e——换算系数,取 $e=1.12$ 。

当最小抵抗线长大于25m时,增加埋深的修正系数为 $\sqrt{\omega\phi/25}$ 。

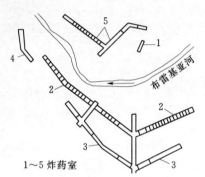

图 4 实际药室布置

装炸药藉助于风动装药器。由于装药量大、地形复杂、工期紧以及安全要求,装药工作作为单项设计进行。按事先规定的爆破次序,左岸的 1 号药室最先起爆;过25ms起爆4号药室;再过75ms起爆2号药室;又过100ms起爆3号药室。药室布置见图4。

设计堆积在峡谷内的爆破体总方量为47.8万 m^3 ,形成高40m、长230m、坝体为18.8万 m^3 。计算采用松散系数1.26。

根据岩石飞越距离确定对人的危险区半径为1600m;对机械设备为800m。2号隧洞洞身离药室40m,算得震速为28cm/s,对其混凝土衬砌不致出现较大的影响。

爆破试验前的地下开挖工程和药室装药指标见表1和表2。

表1   地 下 工 程 开 挖

工程项目名称		断面（m²）	长度（m）
泄水建筑物	1号隧洞	3.6	278
	2号隧洞	5.8～7.8	63[①]
炸药室 左岸	1号	3.6	254
	2号	4.1	182
	3号	2.7	37
	导洞	3.6	70
炸药室 右岸	4号	3.6	169
	4a号	2.7	15
试验平洞		2.7	130

① 其余99m的洞身在爆破后开挖。

表2   各 药 室 装 药 指 标

药室（图4）	作用	位置	总长度（m）	炸药量（t）
集中药包1	辅助	右岸		2.3
球形药包5	主要	右岸	126	88.5
条形药包2	辅助	左岸	227	124.1
条形药包3	主要	左岸	183	469.1
条形药包4	主要	左岸	34	18.2
总计				702.2

爆破的技术经济指标见表3。

表3 试验坝爆破技术经济指标

项　目		单　位	设计数	实际完成数
坝体工程量		万 m³	18.8	33.8
松散系数	表　层		—	1.45
	深　部		1.26	1.26～1.3
爆破岩体（松散体）		万 m³	60.3	90
上坝方量		%	31	38
药室数		条	5	5
总炸药量		t	702	702
单位岩体耗药量		kg/m³	3.73	2.08
每 1000m³ 爆破体的开挖量		m³	4.35	2.8
每 m³ 爆破体单价		卢布	—	0.44
每 m³ 坝体单价		卢布	—	1.18

四、布雷基亚试验坝的颗粒组成、密实度和渗透性测验[8]

试验坝要求以下参数与康巴拉金坝符合相似准则：坝体外形与尺寸，爆破能量，岩体堆积体高度，块体尺寸，岩块的物理力学指标等。

坝体的形成过程分为"爆破"与"堆成"两个阶段。如果两者工程地质条件近似的岩体，若炸药用量成比例，其爆破堆积体的颗粒组成和密实度也应当相是似的[9]。

为了分析测定坝体的颗粒组成、密实度和渗透性等指标，爆破后在 10 个断面上开挖了 2.5m×2m 的竖井（图2）。其中 7 号与 5 号井挖在左右岸爆破漏斗区，目的是探明坝底准确的高程；2 号与 4 号井挖在坝体与岸边相邻地区，目的是评价爆破堆积体与岩基连接的质量；其余竖井位于河流轴向的 5 个断面上，彼此相距 30～40m。对每个竖井都进行了坝体材料的颗粒级配、密实度与渗透系数的测定。

沿井深每米取样 1000～1200kg 进行颗粒分析。不同探井的颗粒级配曲线见图5。

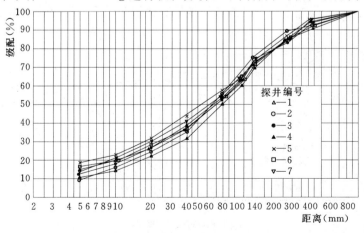

图 5　坝体探井取样实测级配曲线

这些曲线说明整个坝体材料是均一的，但坝体内的颗粒（粒径小于 5mm）含量有向下逐渐增多的趋势（图6）。

卢希纳夫（Лушнов Н. П.）认为[10]：当坝体材料的颗粒组成，其不均匀系数 $\eta = d_{70}/d_{20} = 10 \sim 25$ 时，坝体可获得最大的密实度，渗透稳定性也最好，堆积体变形相应最小。布雷基亚试验坝的材料 $\eta = 12 \sim 15$，故其颗粒组成是很理想的。

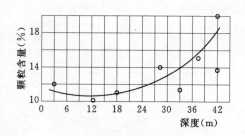

图6 颗粒含量与深度关系

由于细颗粒含量随坝深增大而增多，故 300m 高的康巴拉金坝下部细颗粒含量将比 50m 高的布雷基亚坝多。根据美乔坝体材料的颗粒分析，细颗粒含量的极限值（含量到达此值后不再随深度增加）为 $25\% \sim 30\%$，在这种含量的情况下，细颗粒已充满全部大颗粒间的空隙，故渗透系数较小。

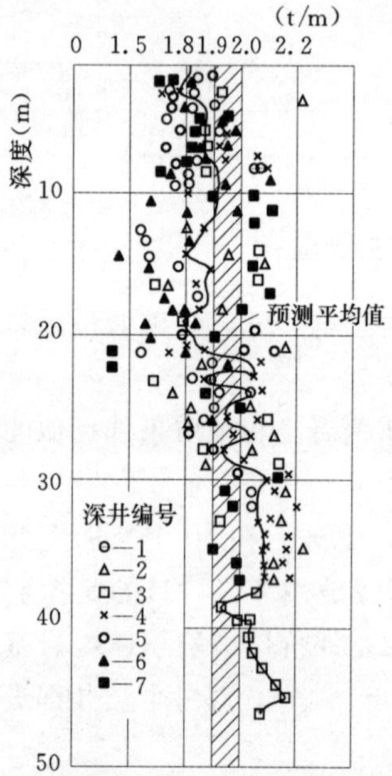

由于坝体颗粒组成很理想，所以整个坝体的密实度都很高，平均干容重为 $1.85 \sim 2.05 \text{t/m}^3$（图7）。

从图7可以看出，坝的表层密实度为 $1.75 \sim 1.85 \text{t/m}^3$，40m 深以下为 $2.0 \sim 2.1 \text{t/m}^3$。图8为坝体中心部位的等密实度线。

根据密实度和沉陷量的试验关系，当密实度 $\gamma = 1.9 \text{t/m}^3$ 以后，沉陷量已很小。由此说明，试验坝的密实度为 $1.9 \sim 2.05 \text{t/m}^3$ 也是很理想。图9为试验坝的实测绝对沉陷值。

渗透系数在井深每 3m 测 1 次。图10是布雷基亚坝实测渗透系数 K_ϕ 值。从图可明显看出，靠下游的 K_ϕ 值较小。最密实部位的平均 K_ϕ 值为 300m/昼夜。

渗透试样的直径为 $30 \sim 70 \text{cm}$，高度 $150 \sim 300 \text{cm}$，试验结果得 $v = KJ^\alpha$，式中 $\alpha = 0.6 \sim 0.8$。

深井编号
○—1
△—2
□—3
×—4
●—5
▲—6
■—7

3号井位于坝最高断面

图7 干容重与深度关系

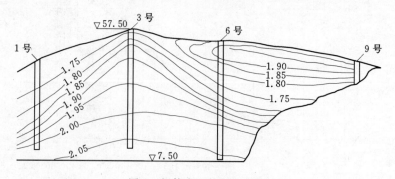

图8 坝体中心等密度曲线

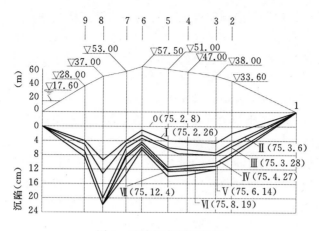

图 9   试验坝实测沉陷值

K_ϕ 值与密实度的关系见图 11。从图中曲线表明，$\gamma = 1.9 \text{t/m}^3$ 是最合适的密实度，因为密实度再增加对 K_ϕ 值已影响极微了。

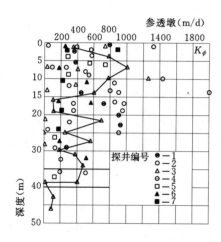

图 10   布雷基亚坝实测渗透系数

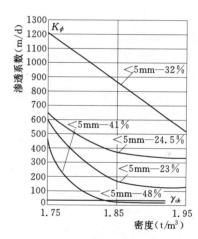

图 11   渗透系数与密实关系曲线

该试验坝底部粒径小于 5mm 的含量为 16%～20%，对于高得多的康巴拉金坝来说，由于其底部细颗粒含量更多，其 K_ϕ 值将更小。渗透试验表明，当细颗粒含量达 35%～40%时，即使水力梯度 $J = 2$，坝体材料也是满足渗透稳定的。很明显，在渗透作用下，由于细颗粒逐步淤填块体间的空隙，使坝体固结，对渗透稳定将更有所改善。

五、结语

通过试验坝的大量观测和试验成果，可以得出如下结论[8]和建议。

（1）定向爆破可以建成完全可靠的坝，其优越性随坝增高而增大。

（2）据实际爆破堆石坝看来，几乎全部是均质的，因此坝的结构计算明确。通过一般工程地质勘探方法，所得堆积体的特性指标，可以直接用到设计中去，得出与实际比较接近的结果。

（3）爆破堆石坝具有理想的颗粒组成、密实度和渗透稳定性，因此可以修建变形小，稳定性好的高坝。

（4）堆积体质量检查的方法是值得研究的问题。不仅要改善现有的检查方法，而且要研究新的检查方法，其中包括如何用机械开挖断面不大的探井问题。

笔者认为苏联对定向爆破筑坝不做防渗体的上述试验和实践，以及我国学者的试验和探讨[11,12]，证明已故全国政协副主席张冲同志提出的"采用定向爆破方法，不做防渗体，在深谷江河上堆筑高厚堆石坝，修建大型水电站"的设想（详见《水力发电》1983 年第 1 期"介绍张冲关于加快开发我国水电的设想"）是切实可行的。这种筑坝方法与常规筑坝方法比较，最大的特点是不做代价高昂的防渗体；同时可以省去修筑围堰和清基的任务。不做防渗体可大为减少施工困难，还减少大量器材设备和运输量，易于克服高山峡谷施工场地布置困难，从而可以节省大量投资并显著缩短工期等。这对加快我国水电建设具有很重要的现实意义。

苏联为了实施 300m 高的康巴拉金电站主坝，动员了全国十余个科学研究机构、设计和施工单位、大专院校，进行联合攻关，开展了大规模的科学研究工作和试验坝的实践。笔者认为，我们也应该在黄河上游拉西瓦电站（装机 300 万 kW）和金沙江的支流牛栏江上的天花板电站（装机 30 万 kW），组织有关科研、设计和施工单位，共同攻关为我国建坝技术开辟一条新途径，以加快水电建设的步伐。

参 考 文 献

[1]　М. А. Садовский и др. Развиватв высокоэффективный снособ возвеэеиия плотин наиравленными взрывами. 苏联《水工建设》1977（5）.

[2]　А. Г. Багэасаров и др. Проектирование наиравленного взрыва в Камоарагинском сгворе нар. Нарын. 苏联《水工建设》1977（5）.

[3]　Техниге́ские правила веэ́ения взрывнх работ в энергетиге́ском строиíельстве. М.，《Энергик》1972.

[4]　Техниге́кие правила веэ́ения взрывых работ на днсвиой позерхности. М.，《Недра》1972.

[5]　Г. И. Покровский и др. Возвеэ́ение шдротехниге́ских земляпых сооружений направленным взрывом. М.，《Недра》1971.

[6]　В. Л. Куперман идр. Возвеэ́ение опытного шдроузла на р. Бурлыкия. 苏联《水工建设》1977（5）.

[7]　А. В. Коренистов и др. Подготовка и осуществление опытного взрыва нар. Бурлыкия. 苏联《水工建设》1977（5）.

[8]　В. Ф. Коргевский и др. Геотехниге́кие исследования опытной взрывонабросиой плотины на р. Бурлыкия. 苏联《水工建设》1977（5）.

[9]　Г. И. Покровскийидр. Возвеэ́ение гидротениге́ких земляных соорукений направленныи взрывом. М.，《Стройиздат》1971.

[10]　Н. П. Лушнов Лодбор плотности крупнооблoмочного материала в наброске. М.，《Стройиздат》1975.

[11]　刘宏梅，张静敏. 论砂砾石土的管涌性和爆破堆石坝的渗透稳定问题. 水利水电科学研究院，1982.

[12]　金永堂. 透水堆石坝的研讨. 四川水利，1981（1）.

"三不"定向爆破筑坝方法[*]

摘要：我国能源问题已严重阻碍国民经济的发展，蕴藏量居世界首位的丰富水能亟待开发。但在西南地区建大电站将遇到许多技术困难，不清基、不筑固堰、不做防渗体的"三不"爆破筑坝方法是筑坝技术上的一大突破。它不但能克服在深山峡谷中建电站的技术困难，而且能大大节省投资和缩短工期。爆破技术的新发展和水工技术的新经验，已为这种方法付诸实施铺平道路。甘肃七架沟尾矿坝爆破成功，是良好开端。新筑坝技术成功之日，将是我国能源问题解决之时。

一、解决能源问题应优先开发水电

由于电力不足，使我国每年损失国民经济产值约 1000 亿元，说明解决能源短缺问题迫在眉睫。我国水能蕴藏极为丰富，居世界首位。水能又是成本低、无污染的再生能源，应当优先利用。所以赵总理的"要逐步把电力建设重点放在水电上来"。"水电多一些，……要作为战略措施来搞……"等指示是完全符合我国国情，非常正确的。但是目前水电发展的速度，远不能满足电力发展的规划。李鹏副总理曾要求到本世纪末我国人均占有发电量达 1000kW·h 左右。就是说到那时全国发电量要达到 12000 亿 kW·h。其中水电装机要达到 7000 万～8000 万 kW，比现在增加 4500 万～5500 万 kW。按照建设和投资周期计算，后十年水电每年应平均投产 500 万～600 万 kW。而目前每年实际投产仅 100 万 kW 左右。所以如不尽快采取新技术、新途径，水电建设很难实现上述任务。也就是很难摆脱电力拖国民经济发展后腿的被动局面。

我国可开发的水力资源 80% 在西南和西北地区。这些地区人烟稀少，耕地不多，淹没损失小，这是建高坝大库的有利条件；而且还有丰富的有色金属，如钒、钛、铝、锌等可就地用电冶炼。但是这些地区许多大电站位于深山峡谷之中，交通不便。河中水湍急，流量大。施工导流会遇到要在水中筑很高的围堰、打很大的导流隧洞的困难。同时运输和工场布置也十分困难。用常规筑坝方法很难实现。为了克服上述困难，已故前全国政协副主席张冲同志提出了一个利用定向爆破方法修建透水坝的新设想。现在通称"三不"定向爆破筑坝方法。所谓"三不"就是不清基、不筑围堰，不做防渗体。这一筑坝方法不仅可以避免在深水中筑高围堰、开凿大断面导流隧洞、峡谷中工场布置等技术难题，而且可以大大节省投资，缩短工期，加快水电建设步伐。提前解决能源短缺问题。这一方法经过科学论证，已为许多专家所接受。张光斗教授说："这个搞成了，是开发水电的一大突破。"水电部前副部长张含英同志说："透水坝在我国很有发展前途，参应当付诸实施。"

---

[*] 本文系作者于 1987 年 6 月为国家科委举办的"新技术学习班"撰写的讲义。

二、"三不"爆破筑坝方法来源于实际

张冲同志进军西南时，曾带士兵在四川雷波县境内的马湖天然坝上休息。这是一个古代由地震形成的天然水库，坝高 70m，蓄水 3 亿～4 亿 m^3。后来他在云南省当副省长主持水利工作时，根据马湖坝能蓄水的情况，设想用定向爆破方法筑透水坝，可以不清基、不筑围堰、不做防渗体。70 年代初，我在四川搞岷江上游规划时，看到了岷江上游的"大小海子"也受到同样的启发。大小海子是 1983 年叠溪大地震时由山崩而成的两座天然湖。犬海子在上游，坝高 150m，库容 8000 万 m^3；小海子坝高 130m，库容 5000 万 m^3。它们不但能蓄住水，而且坝顶过水长期不垮。由于岷江上游两岸山高谷峡，水流湍急，河床覆盖很深，用常规筑坝方法遇到上述许多技术难题。因此想到，模仿大小海子，不清基，不筑围堰，不做防渗体，用定向爆破方法筑坝。这一方法要想得到多数专家承认付诸实施，必须从技术上论证其可行性，于是从 70 年代初就开始研究国内外有关爆破筑坝方面的技术经验。在研究苏联的有关文献中发现在苏联境内也有 27 座天然坝。其中最高的乌沙依坝坝高 740m，形成一个 500m 深的沙列慈湖，蓄水 180 亿 m^3；此外，还有 200m 高的卡帕卡—大希斯克坝、163m 高的卡拉苏依斯克坝，124m 高的苏脱布拉克坝等。而且苏联人也受到这些天然坝的启发，正在研究"三不"爆破筑坝方法（他们不这样叫）。一座装机 200 万 kW、高 250m 的水电站，在坎巴拉汀河上爆破了一座高 50m 的试验坝，工期仅有 10 个月。由此可见张冲和我们新筑坝方法与苏联人不谋而合，而且彼此都来自天然坝的实际存在。

三、"三不"爆破方法的特点和优越性

这一方法不同于目前国内外过去实施的爆破筑坝方法。其特点就是"三不"。不清基，就可以避免在深水急流中筑高围堰、开挖断面很大的导流洞、做防渗体等工序，不但可清除许多技术困难，而且可以大大节省投资，缩短工期。由于"三不"爆破筑坝方法的附属工程大部是地下工程（如药室、泄洪洞、发电洞、地下厂房等），所以工场布置也不困难了；又由于所需器材和人工减少，交通运输任务也减轻了，这样就进一步降低了造价、缩短了工期。例如苏联的坎巴拉汀水电站，坝高 250m，装机 200 万 kW，预期工期只需 5年，投资 1.5 亿卢布。比常规筑坝方法节省 2 亿卢布。

苏联和国内的经验都说明，如果只是坝体（一部分或全部）采取爆破方法建筑，而清基、围堰、防渗体照样做，则既不能克服深山峡谷中遇到的技术困难，也不能节省投资和缩短工期，有时反而带来一些后患（如绕坝渗漏严重、两岸高危坡不好处理等）。我国从 1958 年在河北邢台东川口第一次爆破以来，到 70 年代末，近 40 处的爆破筑坝工程，多处达不到节省投资、缩短工期的预期目的，有不少至今还不能发挥效益，给人们留下不愉快的印象，因此没有得到发展。苏联的文献上也明确指出："由于防渗体施工复杂而昂贵，定向爆破筑坝又做防渗体的方法得不到发展。"所以只有做到"三不"，定向爆破筑坝方法才能充分发挥其降低造价、缩短工期和克服一系列技术困难的优越性。

四、技术可行性论证

不少同志对"三不"筑坝方法有顾虑和怀疑，提出了以下疑问：①不打导流洞行不

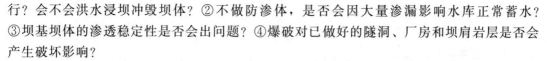

行？会不会洪水浸坝冲毁坝体？②不做防渗体，是否会因大量渗漏影响水库正常蓄水？③坝基坝体的渗透稳定性是否会出问题？④爆破对已做好的隧洞、厂房和坝肩岩层是否会产生破坏影响？

国内外已有爆破试验研究成果和工程实践经验，已对上述疑问作了初步解答。

（1）导流洞可以不打，但是泄洪洞和发电洞要打。只要一次爆破堆积体高度超过泄洪洞或发电洞进口高程，坝顶不发生大量浸溢，一般就不会有冲毁堆积体的危险。这是设计和施工能做到的。结合放空库水泄洪，导流洞也可以打。至于坝顶溢流，也不是绝对不允许。大小海子就是坝顶溢流的，当然按正规设计坝面溢流时，应做必要的水工模型试验，并对坝面进行护砌。

（2）工程实践表明，爆破堆筑的坝体密度很大，干容重达 $1.9 \sim 2.3 \text{t/m}^3$，颗粒级配连续性好，渗漏不严重，不会影响水库正常蓄水。例如云南康家河水库，坝未做防渗处理，蓄水高 28m。测得下游渗漏量 $0.2 \text{m}^3/\text{s}$。而且，一般坝上游面由于泥沙的淤淀，能减少渗漏。例如苏联的巴伊巴静爆破堆石坝，上游经过数十年的淤淀后，渗漏量由 $5 \text{m}^3/\text{s}$ 减少到 $0.5 \text{m}^3/\text{s}$。实际上在流量较大的河流上筑坝，渗漏一些水是不要紧的。必要时，在上游用人工或爆破抛土（如苏巴伊巴静坝）也可减少坝基和坝体的渗漏，故不必担心蓄不起水的问题。

（3）根据卢希纳夫的试验研究，当坝体颗粒不均匀系数 $\eta = d_{10}/d_{20} = 10 \sim 25$ 时，坝体的渗透稳定性最好，密实度最大，坝体变形最小。又根据苏联布雷基亚爆破试验坝 10 个竖井和我国云南白龙坝 3 个竖井的取样材料颗粒分析，其级配是连续的，颗粒不均匀系数 $\eta = 12 \sim 15$。故堆积体的颗粒级配是很理想的，完全符合渗透稳定的要求。刘宏梅高级工程师经试验研究，也认为爆破堆积体的渗透稳定性是没有问题的。况且，渗透稳定是否有问题完全可以通过试验和计算预测，也可以根据现有渗透理论和工程实践经验，采取措施加以防止。

（4）至于爆破是否会影响附属建筑物安全和破坏坝肩岩基完整性问题，现代化岩土爆破技术已能计算出其影响范围，并可加以控制。只要建筑物处于破坏影响范围之外，就可保证安全。只要把爆破取方尽可能选在山峰部位，高出坝肩破坏范围之外，也不会破坏坝肩岩层的完整性。还可举出大家熟知的例子来消除这方面的顾虑。一是唐山大地震对该市地下人防工事几乎没有破坏。二是在城市繁华街道上控制爆破，并不影响周围距离很近的建筑物。当然，为了更有把握，这个问题还有更深入研究的必要。

五、付诸实施方法探讨

"三不"定向爆破筑坝方法，在国内外都是一项新筑坝技术，仅仅根据天然坝的存在，所做的有限试验研究和规模不大的工程实践，虽可论证其可行性，但要在大枢纽高坝中应用，还要继续做大量的研究和实践工作，并能解决好下列问题。

（1）天然坝的调研工作。新筑坝方法基于天然坝的存在，因此应研究天然坝的形成历史、存在过程、渗透特性等，为新筑坝方法的设计研究工作参考。故有必要对国内的天然坝做些调研和观测工作，也可以考虑到国外去考察，例如苏联就有许多天然坝和爆破坝值得去看。

（2）总结国内爆破筑坝的经验教训。国内已用爆破法修建了几十座坝，有成功的经验，也有失败的教训，应该分析总结，为新筑坝方法的规划设计提供借鉴。属于教训方面的，归结起来有以下几个：

1）一些枢纽泄洪问题未处理好，遇洪水漫顶，爆破堆积体全部或部分被冲毁。如河北的东川口、福建的九十九坑、浙江的石郭三级，以及其他地方的贺家坪、前坪、南山等水库。

2）偏向强调山高坡陡、节省炸药，药包布置不得当。爆破时震坏了坝肩岩基，并使坝肩坍塌方量过多，形成坝肩严重绕漏。防渗处理时间长，花钱多。如浙江的石郭一级、陕西的石贬峪水库等。

3）由于枢纽布置不当，导流洞和泄水洞离爆破区太近，爆破时堵塞洞口造成事故。如石贬峪水库导流洞进口被岸坡塌方堵塞、贵州省岑巩县的石门坎水库泄水洞出口被爆破堆积体堵塞等。

4）过去多采用集中药包，分散性大，不能解决大底坑抗线远抛距堆积成型技术问题。一般堆积成型差，马鞍点低。如石门坎水库马鞍点仅高 7m（设计坝高 37m），粮长门水库起爆混乱，未形成堆积体等。

5）有的工程以为大坝爆破成功就万事大吉，枢纽不配套，致使工程不能发挥应有的效益，如云南的已衣、康家河胡家山、红岩等水库。

（3）规划勘测问题。首先要选好坝址，要选择适合采用这种筑坝方法的坝址，以充分发挥其优越性。地形条件要求坝体方量较少（河谷较窄）够取方量，抛距较短。爆破后两岸高坡坝体稍远。最好选在河流弯道上，使泄洪、发电洞不因选择这种坝型（坝体较宽）而增长。另外要做好地质勘测、方案比较、效益分析等工作，确保安全的明显优越性，避免发生方向性错误。

（4）枢纽合理布置问题。枢纽的组成、导流和泄洪方式的结合、工程布局等都要合理，要离开爆破的影响范围，做到安全可靠、运行方便、经济合理。

（5）简易的防渗措施。当遇到以下情况，采取一些简易的防渗措施是必要的，如河床覆盖层级配不好，或爆破坝体颗粒级配不理想可能有较大的渗漏和有渗漏稳定问题时，可以采取简易的防渗措施。目前行之有效的简易防渗措施是在坝上游利用人工或爆破抛土淤淀。还应研究其他简易的防渗措施。所以不一定信守"三不"，应根据当地具体条件，有时做到"二不"或"二点五不"（指不筑围堰、不清基、做简易防渗）也可以。苏联的巴伊巴静坝和我国云南的白龙坝就是采取在上游抛土和人工冲填的简易防渗措施的。甘肃白银公司厂坝铅锌矿的尾矿坝采用线性低密度聚乙烯塑膜防渗，效果好。而造价比一般黏土斜墙钢筋或沥青混凝土斜墙便宜很多。

（6）大型部件的运输问题。新筑坝方法可减少很大的运输量，可降低公路载重标准。不要为了少数大型部件而提高公路标准，从而增加投资。所以要研究大型部件的运输方法。学部委员会汪胡帧教授建议用直升飞机吊运，也有的同志提议用飞艇、气球等吊运。

（7）泄洪问题。一般尽量寻找可以开天然溢洪道的地形。在没有适合开溢洪道的地形条件下（在适合爆破筑坝的深山峡谷中往往如此），要研究合理的泄洪方案。可以考虑利用泄洪洞，也可以考虑泄洪洞与坝顶溢流结合，还可研究"以蓄代泄"的方式。即加大库

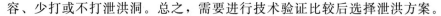

容、少打或不打泄洪洞。总之，需要进行技术验证比较后选择泄洪方案。

（8）爆破技术研究。大型爆破不能1∶1实地试验。因此要进行爆破模拟试验，以取得大型爆破的成功。同时要研究大型延长爆特定的设计方法和施工工艺。例如建立最佳比例抵抗线原则的设计判据；建立延长药室与集中药包的组合布药结构抛掷速度场模型；建立抛掷高度与堆积密度及坝基冲击挤压的关系准则等。

（9）机构与人员的组织问题。新筑坝方法牵涉到规划设计、施工、科研等各方面的新问题，所以应成立一个由各方面专业人员（不仅爆破专业人员）参加的统一组织机构，共同进行这项攻关任务。参加的人尤其是负责者，应当是对此项工作既有一定的研究和认识、又有很大热情的人。否则，新课题是难以取得进展的。

（10）防止偏向问题。新筑坝方法在一定条件下，有其显著的优越性。但不能不分场合盲目采用，更不要搞群众运动，不做规划设计，一哄而上，避免重复过去的教训。一定既要积极又精心地做好规划、设计、施工和有关科研工作，圆满地应用此新筑坝技术。

新筑坝方法与常筑坝方法是相互补充、不是相互排斥的，在一定条件下，有其很大的优越性，但在另一些条件下，却不能代替常规筑坝方法。目前我国适合常规筑坝方法的水利水电坝址还有不少，所以还应以常规筑坝方法为主。但要在条件合适的地方，实施新筑坝方法，以积累经验。随着水电开发重点向西南、西北的深山峡谷中转移，其优越性愈见显著，发展前途也愈加广阔。

六、七架沟尾矿坝爆破成功的意义

甘肃白银公司厂坝铅锌矿尾矿坝位于成县黄诸乡七架沟，设计坝高40m，坝顶长110m，原设计为碾压式土坝。为了节省投资和缩短工期决定修改设计，采用定向爆破方法筑坝。由新疆有色冶金设计院和中科院爆破工程公司负责爆破方案设计，由水电部水科院水利所负责水工设计。

1985年2月28日中午12时整，随着一声巨响，在七架沟瞬间出现一座平均坝高41m的大坝，爆破取得完全成功，这次爆破共用炸药量475t，上坝方量36万 m³，炸药单耗1.32kg/m³。

这次爆破筑坝成功的重要意义有三个：

（1）该坝在三面临空、单面取方的不利地形条件下爆破成功，再一次验证了杨人光同志创立的单元抛体弹道爆破理论的正确性。新理论突破了传统爆破理论受地形条件的限制，使今后采用定向爆破筑高坝的把握性更大。这对贵州毕节地区夹岩电站126m高的坝采用定向爆破方法提供了有力的依据和实践经验。期望通过夹岩电站大坝的爆破成功，打开西南水力资源宝库的大门。彻底解决我国能源问题将指日可待。这正是我们三位高级工程师亲自设计这样一个规模不大的爆破工程的主要目标。

（2）为了不使含铅、锌等有毒物质的水渗漏到坝下游去污染环境，该坝采取了防渗措施。通常是在坝体上游面做钢筋混凝土沥青混凝土或黏土防渗。做沥青混凝土防渗需要一套加热和机械设备，这套设备只用一次很不经济，因此后两方案不宜采用。如果采用钢筋混凝土面板，则每平方米防渗面积造价在150元以上。而现在我们采用的新防渗材料——线性低密度聚乙烯薄膜，三层材料费用每平方米只需1.5元，加上保护层费用，每平方也不超过 20 元，因此这种新防渗措施推广的经济意义很大。

（3）由于以上原因，该坝实际投资比原方案节省 53.4%，即 172 万元（原方案投资 322 万元），提前工期一年，被冶金部评为 1986 年全优工程。

七、七架沟尾矿尾坝水工处理

（1）坝体整形。爆破后坝顶高程不一，坝面不平整，需要进行坝体整形。其目的就是做到：①坝顶高程不低于设计高程；②坝顶宽度不小于设计宽度；③坝面平整，便于铺放塑料薄膜和安砌保护层；④上游坝坡不陡于保护层在塑膜上不会滑动的安全坡（1：2.5）。

整形过程中，使填方分层压实，干容重不低于 $1.8t/m^3$。

上游坝面整形时，河床部位要求清到黏土截流墙，两岸清到岩基，以便与防渗塑料薄膜连接成整体防渗斜墙。

下游坝面整修时，河床部位清到岩基，以便堆石排水体座在岩基上，防止排水把坝体土粒从坝脚带走，失去稳定。坝体与两坝肩山坡交接处应做排水雨沟。

（2）薄膜防渗墙设计和施工。防渗墙由 6 层组成，坝面上先铺一层粒径小于 50mm 的碎石垫层，厚 20cm。再铺一层粒径小于 5mm 的砂土，厚 20cm，其上铺由三层线性低密度聚乙烯薄膜组成的防渗层。上面再铺 20cm 粒径小于 5mm 的砂土和粒径小于 50mm 的碎石垫层。顶上砌 25～30cm 厚的块石护坡。碎石垫层与细砂土铺垫过程中都要夯实，保护砂土需过筛，防止有大粒径碎石刺破薄膜。

薄膜采用焊接，焊缝顺坡方向，不易拉开。薄膜不宜拉得很紧，以防坝面不均匀沉陷时将薄膜拉破。

（3）防渗薄膜与坝基及两岸的连接。坝面防渗薄膜通过嵌入黏土截流墙的混凝土齿槽与坝基连接；通过嵌入岩基的混凝土齿槽与两岸山坡连接。混凝土齿槽顶部有一小齿槽，将薄膜用热沥青油膏贴在齿槽壁上。用混凝土塞嵌紧。齿槽与坝坡连接处薄膜要折叠一定宽度，防止拉破。

（4）黏土截流墙的作用是保证上游有害尾矿水不经过未清除的河床覆盖层流到下游去。爆破前就在坝前河床清到岩基，切断断层，用黏土做一道截流墙，黏土要求分层回填；控制最优含水量，夯实至干容重达 $1.7t/m^3$。爆破后清出顶部，使混凝土齿槽与坝面防渗薄膜连接。

排水体设在坝下游坝脚处，由两层砾石反滤层和干砌块石组成。是保护坝体土粒不被排水带走，保证渗透稳定的。

（5）其他设施为：①坝顶与坝坡设有水平与垂直位移标点；②下游坝坡设有浸润线观测井；③下游坝面两侧与山坡连接处设有排水沟；④排水体下游设有测量渗漏水的三角堰。

"三不"定向爆破筑坝技术研究 *

摘要： "三不"（不清基、不筑围堰、不专做防渗体）定向爆破筑坝方法是张冲同志与笔者最先提出与论证的一种新坝技术，它对开发我国西南地区丰富水力资源、降低工程造价、缩短建设周期具有特殊意义，得到国内著名专家的赞同和中央领导同志的支持，并已列入国家重大科技攻关项目。本文介绍了国内外定向爆破筑坝技术概况与发展趋势，论证了"三不"爆破筑坝方法的特点与技术可行性，探讨了工程规划与设计中的关键性技术问题。

一、国内外定向爆破筑坝技术发展概况

（一）苏联爆破筑坝技术发展概况[1]

定向爆破筑坝技术虽始于美国，但大规模进行理论研究和实践的却是苏联。30年代开始应用于河道的截流工程；四五十年代应用于修筑围堰（努力克电站围堰）和堆石坝的加高（卡双赛堆石坝）；60年代开始正式筑坝，如1966～1967年两次爆破成美乔（Megeo）拦沙防洪坝，堆高80m；1968年在瓦黑胥河（P. Baxw）上的巴帕静（Ванпаэин）枢纽，爆破堆高65m，用炸药1680t，上坝方量72.8万 m^3，爆破后—个月即投入运行，灌溉棉田60万亩。这一经验与我国已故政协副主席张冲同志和笔者早在60年代末和70年代初提出的并加以论证的"三不"爆破筑坝方法是吻合的。

（二）我国爆破筑坝的经验和教训

我国爆破筑坝技术的研究始于50年代末，当时主要借鉴苏联的经验。1958年针对河北省邢台县东川口水库，进行爆破筑坝的设计与科研。1959年1月爆成了主坝，爆破堆高17.55m；当年年底在浙江省青田县爆破了郓溪一级拦河坝，坝高29.5m；接着于1960年12月在广东省乳源县爆成了南水电站大坝，平均堆高62m（马鞍点高46.4m）。用炸药1394t，上坝方量104万 m^3。这是当时世界上最大规模的爆破筑坝工程。到70车代末，20年间，先后爆破成30余座挡水和拦河坝。其中规模最大的是陕西省长安县石砭峪水库，炸药用量1590t，上坝方量144万 m^3；成坝最高的是云南武定县的己衣水库，成坝平均高83.6m（马鞍点高74m）。详见表1。

在这些水利水电定向爆破筑坝工程中，既有成功的经验，也有失败的教训，后者使定向爆破筑坝工程在80年代停止了。教训可归纳为下列几方面：

（1）泄洪问题未处理好，遇洪水漫顶，爆破堆积体全部或部分被冲毁。例河北东川

---

* 本文系作者于1990年11月为国家科委举办的"新技术培训班"撰写的讲义。

表1　国内一些主要定向爆破坝一览表

编号	坝名	所在省县	作用	设计坝高 (m)	岩石	炸药总用量 (t)	实际平均堆高 (m)	马鞍点高 (m)	坝顶高 (m)	平均坝坡 上游	平均坝坡 下游	爆破总方量 (松方)(万 m³)	上坝总方量 (万 m³)	上坝率 (%)	炸药单耗 (kg/m³)	药包布置与坝顶高差 (m)	爆破日期 (年·月·日)
1	南水电站	广东乳源	挡水坝	81.8	石英砂岩粉砂岩	1394	62.5	46.4	40	1:3.1	1:3.0	226	104	46	1.39	+2	1960.12
2	白龙水库	云南江川	挡水坝	34	灰质白云岩	150	22	20	36.8	1:4.0	1:3~1:6	15.9	9.3	58	1.61	+5.2	1975.7.21
3	胡家山水库	云南	挡水坝	60	砂岩夹石灰岩	350	44	38	45			65	38	58	0.92		1976.7.4
4	杉坝水库	云南	挡水坝	40	玄武岩	176	32	20	50			19	13.2	69	1.33		1977.1.12
5	红岩水库	云南	挡水坝	55	石英云母	940	32	20	65			120	54	45	1.74		1977.6.4
6	康家河水库	云南	挡水坝	70	砂页岩	538	36.5	27.5	50			65	32.5	50	1.66		1978.2.2
7	马鹿槽水库	云南	挡水坝	40	石英砂岩夹泥砂岩	300	25	18	45			33	14.6	44	2.06		1978.5.15
8	己衣水库	云南武定县	挡水坝	90	砂泥灰岩碳酸盐岩	750	83.6	74	40	1:2.3		147	120	82	0.63		1977.1
9	九十九坑	福建	挡水坝	36.7	石英	186.6	19.6	13.6	20	1:3.5	1:8.0	22.8	9.03	39.6	2.07	-1.5	
10	峨溪	福建	挡水坝	50	流纹岩凝灰岩	55.5	37.5	21	16	1:2.5	1:3.0	14.6	11.71	80.2	0.47	-15.6	1960.1
11	石蔴一级	浙江青田	挡水坝	52	流纹岩凝灰岩	335	37.5	29.5	39	1:4.5	1:2.8	35	18	51.5	1.86	+13	1959.11
12	石蔴三级	浙江青田	挡水坝	25.6		13.45	23.8	20.6	16	1:2.5	1:2.5~1:3.0	8.6	6.98	81.2			
13	石砭峪水库	陕西长安	挡水坝	85	片麻花岗岩	1589.3	57.3	50.45	70	1:2.9	1:2.6	237	143.7	60.7	1.11	-4.5	1973.5
14	峡口	山西太钢	挡水坝	65.5	安山岩	433.2	43	33	40	1:3.4	1:2.2	42	30.7	54.2	1.41		1972.1
15	里册峪	山西绛县	挡水坝	51.6	安山岩	280.9	35.8	29.5	10	1:2.66	1:3.44	35	26.36	75.5	1.06		1975.1
16	扬家庄	山西霍县	挡水坝	45	片麻岩	48	30.6	24.5		1:3.5	1:2.4	13.7	9.8	71.4	0.49		
17	东川口	河北邢台	挡水坝	29	石英岩	192.7	42	17.6	46.5	1:3.5	1:4.2	30.7	17.1	55.7	1.127	-4.5	1959.1
18	固始	河北涉县	挡水坝	56		19.4	43.5	41.5	26	1:1	1:1.5	7.2	6.3	88	0.308	+13	1959.1
19	贺家坪	河北邢台	挡水坝	40		18.6	40	40	3	1:1.5	1:1.5	3.77	3.43	91	0.54	+13	1959.1
20	桃树坪	河北邢台	挡水坝	47		18.3	42	40	10	1:1.5	1:1.6	4.86	4.72	97	0.39	+0.6	1961.4
21	水门峡	河北邢台	挡水坝	42		17	42	42	42	1:1.8	1:1.5	6.24	5.93	95	0.34	+5.5	1960.3
22	前坪水库			40		9.75	41.5	40	40	1:1.5	1:1.5	3.94	2.74	75	0.35		
23	南山水电站	青海乐都县	挡水坝	56		16.1	28	38	25	1:1.0	1:1.0	5.28	5.26	99.6	0.31	+6	
24	盛家峡		挡水坝	35			41	38		1:1.0					0.937	+35	
25	七架沟	甘肃成县	尾矿(挡水)坝	40		475				1:4.7	1:3.15		36	56.2	1.32	+3.5	1985.12.30
26	石门坎	贵州岑巩	挡水坝	37		313	26.5	7									

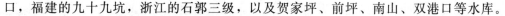

口，福建的九十九坑，浙江的石郭三级，以及贺家坪、前坪、南山、双港口等水库。

（2）片面强调节省炸药。或坝址选择不当，两岸山的高度不够，使药包布置过低，爆破时震坏两岸坝肩基岩；或爆破堆积体中的坍塌方量过多，级配不好，形成"狗洞"，以致绕坝渗漏和坝体渗漏严重，防渗处理困难，工期长，费用大。如陕西的石砭峪水库，福建的福溪九十九坑，山西的里册峪等。

（3）枢纽布置不当，导流洞和泄水洞放在离爆破区太近，爆破时被堆积体堵塞洞口，造成事故。例石砭峪水库的导流洞被岸坡坍塌堵塞，贵州的岑巩县石门坎水库和青海刘家峡水库的泄洪洞出口被爆破堆体堵塞等。

（4）过去多采用集中药包，分散性大，不能解决大抵抗线远抛距堆积成型技术问题，故堆积成型差，马鞍点低，有的甚至形不成坝体。如上述石门坎水库，马鞍点高仅7m（设计坝高37m），粮长门水库起爆混乱，未形成堆积体等。

（5）有的工程大坝爆破完成后，未进行枢纽配套，致使工程不能发挥应有效益。如云南的己衣水库，大坝爆破本身是很成功的，但由于配套工程未进行，致使水库未发挥全部效益。类似的还有康家河、胡家山，红岩等水库。

70年代以前，国内外传统的爆破筑坝方法都要求清基、筑围堰、做防渗体，与常规的碾压土石坝比较，虽坝体堆筑速度大大加快，劳力与投资也节省了，可是防渗处理方面难度增大了，时间拖长了，费用也增多了。总起来整个枢纽并不能节约投资和缩短工期。例如：南水电站1960年12月爆破完成，防渗处理到1969年才结束；石砭峪水库的爆破坝防渗处理长达10年，耗资比常规坝还多，得不偿失，而且两岸高边坡经常塌方影响交通的后遗症，使传统的爆破筑坝方法给人留下不好的印象甚至于谈虎色变，许多人一谈到它就摇头。但是科学在进步，人们的认识和技术在提高，上述困难和问题是可以避免或解决的，定向爆破筑坝技术一定会不断提高和发展。

二、"三不"爆破筑坝方法的特点和重大意义

（一）"三不"爆破筑坝方法来源于实际

张冲同志进军西南时，曾途经四川省雷汉县境内的马湖坝，这是一座古代由地震形成的天然水库，坝高70m，蓄水3亿～4亿 m^3。60年代末他在云南省当副省长主持水利工作时，受地震形成的马湖坝能蓄水的启发，提出用定向爆破筑坝不清基、不筑围堰的设想，笔者于70年代初在四川搞岷江上游规划查勘时，看到了岷江上游"大小海子"的两座天然水库，也受到同样的启发。大小海子是1933年叠溪大地震时山崩而成的。大海子在上游，坝高150m，库容8000万 m^3，小海子坝高130m，库容5000万 m^3。它们不但能蓄住水，而且坝顶还常年过流。由于岷江上游河段，河岸山高谷窄，流量大水流急，河床覆盖层又深（60～120m），如用常规筑坝方法，会遇到筑高围堰、打大导流洞、深覆盖层防渗处理、工场布置等一系列难以克服的困难，因此想到模仿大小海子，不筑围堰、不专做防渗体，用定向爆破筑坝方法克服上述困难。这一想法与张冲同志的设想、苏联学者的见解不谋而合，在论证这一方法的技术可行性当中，笔者了解到苏联境内也有27座天然坝，其中最高的乌沙依坝坝高740m，形成500m水深的沙列慈湖，蓄水180亿 m^3，此外还有200m高的卡帕卡—大希斯克坝、163m高的卡拉苏依斯克坝、124m高的苏脱布拉克

坝等。苏联学者显然也是受到这些天然坝的启发，并根据他们积累的爆破筑坝丰富经验教训，正在集中科研、设计、施工单位和大专院校联合研究试验这种筑坝方法（不过他们没有明确称做"三不"爆破筑坝方法）。可见这一筑坝方法的提出是来源于天然坝的实际存在和实践经验的积累。

（二）"三不"爆破筑坝方法的特点

这一方法不同于过去国内外实施的爆破筑坝方法。其特点就是"三不"。不清基、不专做防渗体，不仅可以避免在深水急流中筑高围堰，开挖断面极大的导流洞和深层覆盖防渗处理等技术困难；而且可由此大大节省投资，缩短工期；同时这一筑坝方法的大部分工程（如药室、泄洪闸、发电洞，地下厂房等）可布置在地下，所以还可避免在深山峡谷中遇到的工场布置困难；又因为所需人力、器材和交通运输的大量减少，进一步降低造价、缩短工期，所以定向爆破筑坝，只有做到"三不"，才能充分发挥其节约投资、缩短工期和克服常规筑坝方法难以克服的困难等显著优越性。例如苏联用此方法正在修建的廉巴拉金电站，坝高 275m，装机 200 万 kW，预计只需投资 1.5 亿卢布，比常规万法节省 2 亿卢布。工期 5 年，这是世界上修建如此大的水电站速度最快的。

（三）"三不"爆破筑坝方法的重大意义

（1）是开发我国西南地区丰富水电资源的金钥匙。西南地区水电资源按发电量占全国 71％。这一地区人烟少、耕地少、水库淹没损失小，对建大电站十分有利，这一地区又蕴藏着丰富的有色金属矿藏，如渡口的钒、钛，兰坪的铅、锌，东川和昌都的铜，弥渡的铂、钯，四川的金矿等，需要大量能源才能开发。可是在西南地区的金沙江、大渡河、雅砻江、澜沧江、怒江以及雅鲁藏布江等大江大河，大都蜿蜒于深山峡谷之中，水流急、流量大、两岸壁立、交通不便，用常规筑坝方法修建电站，会遇到一系列难以克服的困难。如在深水急流中修筑高围堰、开挖特大断面的导流隧洞、峡谷中的工场布置和道路交通等，这些问题不仅使电站造价高、工期长，更主要的是有些技术问题目前还尚难解决，而"三不"爆破筑坝方法，在西藏地区应用，恰好能充分发挥其优越性。不仅能克服上述技术困难，而且会使造价成倍降低，工期大大缩短。所以"三不"爆破筑坝方法可说是开发西南地区丰富水电资源的金钥匙，是迅速解决我国能源问题的可靠途径。

（2）将产生重大经济效益与社会效益。采用"三不"筑坝方法可大大降低大坝的造价，节省导流和清基工程的投资，以及施工机械和交通运输工具的购置费用；还可节省其他临时性工程和管理赞用。根据国外工程实践经验，爆破坝愈高，节省造价愈多。坝高从 60m 到 300m，大坝造价可节省 50％～85％。例如甘肃成县厂坝铅锌矿的七架沟尾矿坝（要求不透水），坝高 46m，造价比原来 40m 高的碾压坝节省投资一半多。

采用"三不"筑坝方法修建大坝，一般可缩短工期一半。例如：苏联修建 275m 高的康巴拉金坝（装机 200 万 kW），预计工期 5 年。甘肃成县七架沟 46m 的爆破坝工期只需一年，使该铅锌矿提前一年投产，经济效益 2000 多万元。可以想象，200 万 kW 的大电站，提前数年发电，将获得多大的经济效益！而所发出的电使一大批工厂提前数年投产，又将产生多大的社会效益！用此筑坝方法加快整个西南地区水电资源开发，对迅速解决我国能源短缺问题的价值更不可估量。

（3）是筑坝技术的重大革新。过去不论是修常规的碾压土石坝还是传统的起向爆破筑坝，修围堰、打洞子导流、清基、做防渗体都是不可缺少的工序。而"三不"爆破筑坝方法打破了常规筑坝方法的框框，它利用现代定向爆破技术，瞬间成坝，截住江流，免去了困难的导流工程；又利用爆破时高大抛体的能量砸实或挤出河床覆盖层而不必清基；并由于爆破堆积体的颗粒级配连续、密实度大的特点，可以不专做造价高、工艺复杂的防渗体，所以是筑坝技术上的重大革新和创举。能节省大量投资、三材（水泥、钢材、木材）和运输设备，大大缩短工期，更重要的是克服了在我国西南地区诸大河流上建坝所遇到的一些技术困难。因此当国内著名专家看到我们发表的论证文章[2-4]后，就给予热情支持和很高评价，也得到中央领导同志的高度重视。前水电部副部长张含英同志说："透水堆石坝（指不做防渗体的爆破坝）在我国很有发展前途，诚如所见，应深入研究，准备实施。"著名教授张光斗同志说："我国西南蕴藏大量水力资源，但处地偏僻，交通运输困难，而且河道流量大，施工导流困难，用常规筑坝方法，很难实现。如用定向爆破筑坝，不必修防渗体，没有施工导流的困难，是很有意义的。""这个搞成了，是开发水电的一大突破，要组织攻关，不要考虑失败，攻关就不怕失败，怕失败就攻不了关，不能突破。"

中央领导同志看了采用"三不"定向爆破筑坝方法在深谷江河上堆筑高坝水库以加快水电站建设的建议后，作了如下重要批示："这个建议要予以落实，反对保守方法，采用先进方法要作为一个建设四化的重大问题提出来讨论。""这是个节约财力、物力，加快建设周期的大问题。请李鹏、钱正英同志要专家们认真对待。"事后这一方法被国家计委列入"七五"国家重点科技项目，提供科研经费400万元。

三. 技术可行性论证

"三不"爆破筑坝方法的技术可行性的论证，必须回答下列人们最关心的问题。

（1）不做防渗体能否蓄水？工程实践证明爆破体由高处抛掷而下，巨大的冲击能量使堆积体具有很大的密实度，一般超过机械碾压所能达到的程度，而且密实度沿深度分布规律是愈深愈大，符合渗透要求，图1是苏联布尔雷克坝的3号井（位于坝轴线）密实度沿坝深分布。从图中可以知其平均密实达干容重为1.95t/m³，底部高达2.2t/m³，巴帕静坝的干容重为2.1～2.2t/m³，美乔坝的干容重为1.95～2.17t/m³；我国云南省白龙坝的平均密实度高达2.2t/m³；最大接近2.4t/m³。显然，爆堆体密实度随抛掷高度而增大。因此可以预测：爆破筑更高的坝，其密实度将比现在已得到的值还要大。

由于爆破堆积体的密实度很大，而且颗粒级配连续性好（下面将谈到，爆破块度和粒径小于5mm的细颗粒含量

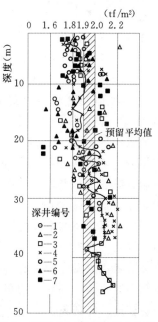

图1 苏联布尔雷克日克3号井（位于坝轴线）密实度沿坝深分布

对渗透性有较大影响，一般要求达到 25%～30%），用爆破方法可以控制，因此爆破堆积体可以视为均质坝，而且渗透系数较小、渗漏量不大，例如石砭峪坝做防渗体前挡水 39.5m 时渗透流量为 0.59m³/s，康家河坝挡水 28m 时，渗漏量仅 0.22m³/s，不存在蓄不起水的情况。特别是在西南地区的大江大河中，一般流量都很大，渗漏的水量几乎可以忽略不计，用不着为这点渗漏，去做工艺复杂造价昂贵的防渗体。而且在多沙河流上，堆石的孔隙很快被泥沙淤塞，渗漏量迅速成倍减少。例如苏联的巴帕静爆破坝（堆高 65m），经过 10 年的天然淤塞，渗透流量由原来的 5m³/s 降到 0.5m³/s。覆盖层的漏水问题也不用担心，实践证明，爆破抛体能砸实覆盖层。例如白龙坝爆破后覆盖层的干容重从爆破前的 1.87t/m³ 提两到 22.8t/m³。

但是不做防渗体也不是绝对的，在流量较小的河流上筑爆破坝时，简易防渗措施（如人工淤灌、爆破抛土、水力冲填、水中倒土、铺塑料薄膜等）是可以考虑的。这需要进行经济比较，看防渗上所花的投资对所减少渗漏水的经济价值大小而定。这种简易防渗漏措施以不影响充分发挥爆破筑坝的优越性为前提。

（2）爆破堆积体渗透稳定性如何？坝体渗透稳定的两个基本条件是：①坝下游坡出逸不要形成表面水流；②坝体颗粒组成是连续级配或接近连续级配。

第一个条件，一般在坝下游坡脚设排水体就可以解决。满足第二个条件就要看爆破堆积体的颗粒组成是否是连续级配。

苏联布雷基亚爆破坝 10 个大口径探井和我国广东南水爆破坝 5 个大口径探井取样分析结果，其级配是连续的，见图 2。其颗粒不均匀系数 $d_{70}/d_{20}=12～15$，而按卢希纳夫的试验研究，当坝体材料颗粒不均系数 $\eta=10～25$ 时，坝体渗透稳定性最好，密实度最大，坝体变形最小，因此爆破堆积

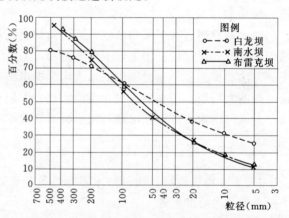

图 2　爆破堆石坝颗分曲线

体的颗粒级配是满足渗透稳定要求的。以上分析主要是以现有爆破坝实测颗粒级配为依据的。随着爆破技术理论与实践经验的提高，颗粒级配与细粒含量还可用爆破设计控制，防止管涌将更有把握。况且渗透稳定与否，可以通过试验和计算预测，还可采取防止管涌发生的措施。

（3）不筑围堰不导流行吗？筑围堰导流主要为了清基和预留时间筑坝；做防渗体，前面已谈到，爆破筑坝的一大特点是高抛体迅速成坝，并能把覆盖层砸实或挤出，因此可以不必清基，也没有必要筑围堰挡水导流、预留时间筑坝和做防渗体了。苏联巴帕静坝就没有筑围堰导流，15m 厚的覆盖层亦未被清除。我国胡家山、红岩水库爆破时，都发现覆盖层被挤出的现象。

但是泄洪洞是要打的，地形条件许可时，也应该争取做溢洪道，只要一次成坝超过泄洪洞进口或溢洪道高程的高度，就不会有洪水漫顶的危险。除非水文计算有误，或实际洪

水超过设计洪水时，那就不是爆破坝本身的问题了。

在地形合适的坝址，如果多用一些炸药经济上合算的话，还可以考虑采取加大坝高、增大库容来滞蓄一部分或全部洪水的方案，可与开挖泄洪洞或溢洪道方案进行经济比较而定。

不筑围堰、不打导流洞也不是绝对的。如果坝址位于河流弯道上，导流洞很短，围堰不高，工程需要时（如要做简易防渗体，灌浆时），可以采取导流措施，同时便于处理意外事故。

爆破坝坝顶也不是绝对不允许溢流，四川大小海子的大堆石坝就是坝顶常年溢流的。当有必要设计坝面溢流时，应做水工模型试验，坝面采取护砌，坝脚防止冲刷。

（4）爆破对其他建筑物及坝屑岩基危害如何防止？"三不"爆破筑坝实施时，为了缩短建枢纽的工期，一般发电洞、泄洪洞与厂房等建筑物在爆破时，已经竣工，或正在修建中，人们自然要担心爆破是否影响这些建筑物的安全，也担心破坏两坝肩岩基的完整性。现代爆破技术已能计算爆破的影响范围，并加以控制，只要其他建筑放在破坏影响范围之外，就可以保证安全，只要把药包布置在坝顶高程以上一定高度，就不会破坏坝肩岩基的完整性。为了消除这方面的顾虑，还可以举出大家所熟知的实例：一是唐山大地震时，该市地下人防工事几乎没有遭到破坏；二是在城市繁华街道上搞拆除控制爆破，并不危害周围距离很近的建筑物安全。北京市华侨大厦爆破拆除时，连数米远的房子上玻璃都没有震破一块。

四、工程规划、设计探讨

（一）规划原则

1. 选点的要求

工程选在淹没损失小、经济效益和社会效益高的地区，否则工程投资再省、工期再快也得不偿失，过去是有过这方面的教训的。

2. 对地形条件的要求

地形条件首先要求两岸山头能满足一次成坝的取方量，因此两岸山高应有坝高的3～4倍，沿河可爆长度应大于坝高的5～7倍（当具备两岸爆破条件时，可取下限值）。为了节省炸药，抛距不要太大，所以希望河谷狭窄，但山峰不宜太高、太陡，以免爆破后形成高边坡，处理困难。理想的山坡是：当取方接近整个山包时，坝顶以上的山坡宜陡，以下宜缓（抛距近，炸药省）；当山头很高时，山坡宜下陡上缓（防止出现高边坡）。但不宜有垂直陡壁存在，如有，应爆破处理。两岸取方部位山体不宜有太深的大冲沟。

地形条件还希望坝址在大河流的弯道上，使导流洞、发电洞、泄洪洞很短，而且把厂房和隧洞布置在坝区爆破影响范围之外，防止破坏和减少施工干扰。

地形条件也希望能找到开挖溢洪道的垭口，以便当泄洪洞很长时，开挖溢洪洞以节省投资。

同时地形还要求上游库容大，工场布置比较容易。

3. 对地质条件的要求

坝址对地质条件的要求为坝基和坝肩岩石完整，渗透性小，没有断层和卸荷裂隙。山

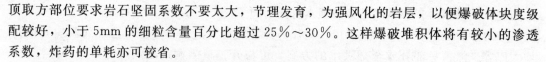

顶取方部位要求岩石坚固系数不要太大，节理发育，为强风化的岩层，以便爆破体块度级配较好，小于5mm的细粒含量百分比超过25％～30％。这样爆破堆积体将有较小的渗透系数，炸药的单耗亦可较省。

爆破取方范围内的山体亦不希望有断层通过，以免影响爆破效果。

河床覆盖层不宜太深，以防抛体的向下冲击力影响不到深层。

4. 对河流流量与含沙量的要求

"三不"爆破筑坝方法适合选在流量较大的河流上，其枯水流量至少应该大于坝体和坝基总渗漏量，否则枯水时期将蓄不到高水位，如果其他条件很适合采用此筑坝方法，在枯水流量小的河流上筑坝，就应采取防渗措施。就是说可不必信守"三不"，可以采用"二不"或者"二不半"（半指采取简易防渗措施）爆破筑坝方法。

河流含沙量较大，可使大坝天然淤淀，减少渗漏。如前面提到的苏联巴帕静坝，经10年淤淀后，渗漏河量减小了10倍。

（二）工程设计

1. 枢纽布置

（1）当河流不大，筑坝为了起拦沙和滞洪作用，只筑一座透水坝则可。如洪水不大有条件把坝筑高一些，要求有足够的滞洪库容，可使洪水期坝顶不溢流，这种坝要求爆破堆积体细粒含量越少越好，以增大渗透流量，减小滞洪库容。苏联高加索境内的赫脱赫尔河上的一座高250m天然坝，以及塔吉克共和国境内高740m的乌沙依天然坝，洪水期都不漫顶，洪水全部由坝体透过。

（2）工程目的同上，当河流流量较大、爆破坝不能筑得太高、洪水期需要漫顶时，可以设计成溢流坝。这时要通过水工模型试验，设计的坝下游坡较缓，坝面坝脚采取防冲措施。我国岷江上游的大小海子100多m高的两座天然坝，就是坝顶溢流的。

（3）当河流较大，筑坝为了发电或防洪、灌溉等综合利用，枢纽应由大坝、泄洪洞（或溢洪道）、发电洞（一般结合灌溉放水）、电站和导流洞等组成。

大坝根据需要可做防渗体，或采取简易防渗措施；导流洞根据需要，可开可不开，一般最好开。有地形条件，争取开溢洪道，否则以泄洪洞代替。发电洞可与灌溉放水洞结合，必要时亦可单独设置。电站根据爆破影响范围设在地下或建于地面。

2. 爆破设计

坝轴线与爆破区选择：爆破方案制定，包括药包布置、爆破参数确定、药量计算、抛掷堆积体（坝体）计算、爆破影响范围等设计内容，必须与水工设计密切配合，满足水工上对坝的位置断面形状与尺寸、爆堆体的密实度、级配与细粒含量，爆破安全等要求。

爆破设计由另文讨论。

3. 水工设计

（1）坝的断面设计。坝的断面形状与尺寸要与爆破设计配合，既要满足稳定要求，又要考虑抛掷堆积体成型的可能。溢流坝的断面设计还要水工模型试验配合进行。

坝顶不溢流的爆破坝坝坡稳定计算与一般土石坝相同。

坝顶溢流的爆破坝坝坡稳定计算应分上游坡、溢流面坡和下游坡（下游水位以下）三部分进行。上下游坝坡的稳定计算与普通土石坝相同，溢流面坡设计应根据护砌结构结合

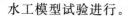

水工模型试验进行。

（2）爆堆体块度级配与细颗粒含量预测。预测爆破堆积体的块度级配与细颗粒（粒径小于 5mm）含量的目的是了解和控制爆堆体的渗透稳定性和渗透性。

岩体爆破的块度级配可用罗仁—拉姆莱尔定律描绘，其分布函数表达式为[5]

$$\phi(x)=1-\mathrm{e}^{-\left(\frac{x}{x_0}\right)^n}$$

上述定律，B. M. 库兹涅佐夫作了某些假设，从理论上加以证明，实际应用中，可将上式可换算成

$$V(x)=\frac{100}{\mathrm{e}^{\left(\frac{x}{x_0}\right)^n}} \quad \text{或} \quad x=x_0\left[\ln\frac{100}{V(x)}\right]^{\frac{1}{n}}$$

式中　$V(x)$——大于粒径 x 的含量百分比；

　　　x_0——颗粒组成的特征值，可取大于 36.8% 含量的粒径，或决石加权平均粒径，最好取大于 100～200mm；

　　　n——块度分布不均性参数，其值愈大，块度愈均匀；筑坝要求 $n<1$，当岩石坚固系数 $f=5～6$ 时，取 $n=0.3～0.4$；当岩石坚固系数 $f=8～14$ 时，取 $n=0.4～0.6$。

将爆堆体的颗粒级配曲线与 E. A. 鲁巴契可夫非管涌颗粒级配曲线比较，就可判断其渗透稳定性。现有爆破堆积体的实测颗粒级配曲线都在非管涌颗粒级配的上下限之间，说明爆破筑坝稳定性是有保证的。

B. M. 库兹涅佐夫还根据在介质内的应力与炸药给量和距离的关系，并考虑波长与药包重量成正比，通过试验资料的验证与分析，得到决定块度平均尺寸的半理论半经验公式为

$$\overline{X}=A\left(\frac{V_0}{Q}\right)^{\frac{4}{5}}Q^{1/4}$$

式中　$\overline{X}$——颗粒平均粒径，cm；

　　　Q——炸药重量，kg；

　　　V_0——爆破岩石的体积，m^3；

　　　A——系数，按表 2 取值。

由此式可算得炸药用量。

表 2

坚 固 系 数 f	A	备 注
中等坚固，裂隙发育，强风化　6～8	2～3	由白龙坝爆破资料求得
中等坚固岩石　8～10	7	由库兹涅佐夫资料求得
坚固，强裂隙　10～14	10	
很坚固，弱裂隙　12～16	13	

（3）渗透计算。爆堆体的渗透性与细颗粒（$d<5mm$）含量和密实度有关，尤其是前者。图 3 为苏联布雷基亚爆破坝实测渗透系数与细颗粒含量和密实度的关系，由图 3 中可

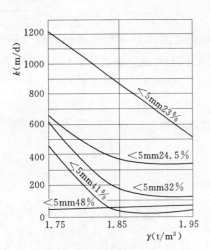

图 3 K 值与小于 5mm
颗粒含量的关系曲线

看出，当细粒含量大于 24.5％时，渗透系数急剧减小，因此要求爆堆体细颗粒最好大于 25％～30％。苏联学者 B.ф.鲁希纳夫指出：岩石坚固系数不是很高的情况下，一般爆破方法都能做到细粒含量大于 25％～30％，脆性的坚固的和少裂隙的岩石（如古生代类花岗岩）如炸药单耗增到 2kg/m³，也能保证 25％～30％的细粒含量，从图 3 还可看出，当 $\rho <$ 1.9t/m³ 时，K 值随 ρ 值增大而显著减小；当 $\rho \geqslant$ 1.9t/m³ 时，K 值几乎维持一常数。因此爆破体最合适的密实度是 $\rho \geqslant 1.9$t/m³，这是一般爆堆体都能达到的密实度。

K 值除了根据小于粒径 5mm 的颗粒含量和密实度由图 3 查得外，还可按太沙基经验公式估算：

$$K = 2d_{10}^2 e^2$$

式中　　d_{10}——有效粒径，mm；

e——孔隙比，由孔隙率 n 决定，$e = \dfrac{n}{1-n}$；

K——渗透系数，cm/s。

知道 K 值以后，就可以计算坝体的渗透流量。

1）当坝基相对坝体不透水时，坝体渗透流量按下式计算：

$$g_0 = K\left[\frac{(H_1 - H_2)^2}{(L' - m_2 H_2) + \sqrt{(L' - m_2 H_2)^2 - m_2^2(H_1 - H_2)^2}} + \frac{(H_1 - H_2)H_2}{L' - 0.5 m_2 H_2} \right]$$

式中　　g_0——单位坝长渗透流量。

其他参数见图 4，图 4 中 $\Delta L_1 = \dfrac{m_1 H_1}{2m_1 + 1}$。

2）当坝基亦透水时，渗透流量按下式计算：

$$q = q_0 + K' \frac{(H_1 - H_2)T}{L + m_1 H_1 + 0.88T}$$

式中　　K——坝基渗透系数；

T——坝基渗透层厚度。

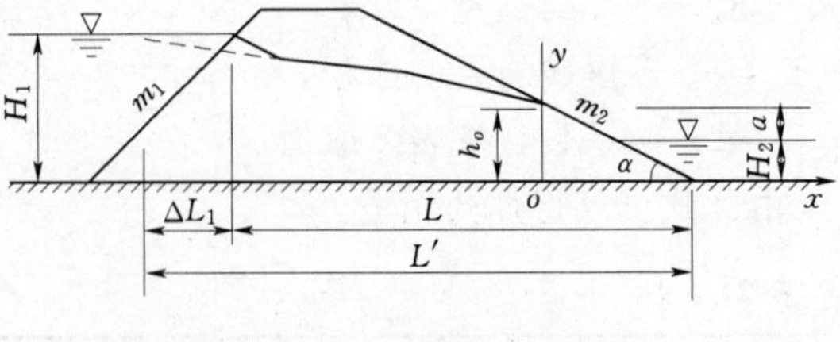

图 4 坝体及渗透计算参数

根据国内外实测经过抛体砸实后的河床覆盖层，其密实度大于或接近爆堆体下部的密实度。因此，计算渗透流量时，覆盖层的渗透系数可采用爆破坝体的渗透系数。

（4）简易坝面防渗措施。根据已有经验，爆破筑坝一般不宜做常规的坝面防渗，否则不能充分发挥其投资省、工期短的优越性。但是当渗流流量小，水量很宝贵的情况下，应当采取简易防渗措施，目前实践和试验中的简易防渗措施有坝面表层淤淀、深层淤灌、流态沥青淤灌、膜料防渗等。

1）表层淤淀防渗措施。天然淤淀，水中倒土、爆破抛土、水力冲填等都属表层淤淀防渗措施。其防渗机理是：泥沙颗粒随水流移动，堵塞堆石体表层的孔隙和沉淀，形成了以淤淀料为主的坝面防渗斜墙。由斜墙上下游的水头差所产生的渗透压力使斜墙渗透密实，不断提高防渗性能。

根据文献［6，7］，这些简易防渗措施的防渗效果是有保证的。水中倒土可使斜墙渗透系数达 $A\times10^{-4}\sim A\times10^{-5}$ cm/s，水力冲填泥浆可达 $A\times10^{-6}\sim A\times10^{-7}$ cm/s。可见其防渗效果不逊于常规碾压黏土防渗斜墙。

苏联巴帕静破坝是水中倒土（上部）和爆破抛土（下部）方法做防渗斜墙的实例。

我国云南白龙坝是水力冲填方法做防渗斜墙的实例。

2）深层淤灌防渗措施。深层淤灌是用更细的土颗粒，由渗流水带到抛石体较深的孔隙中去，形成由被淤料和淤灌料混合而成得防渗斜墙。

苏联学者根据试验得出最大淤灌效果的最佳几何条件和水力条件[7]为

$$\frac{D_0}{d_{50}}=15\sim30 \qquad \frac{u_0}{W_{d_{50}}}=5\sim15$$

式中　D_0——被淤料的平均孔隙直径，mm；

$\quad d_{50}$——淤灌料颗粒级配的 d_{50}，mm；

$\quad u_0$——淤灌开始时的坝体孔隙平均渗流速度，cm/s；

$\quad W_{d_{50}}$——淤灌料 d_{50} 的水力粗度，cm/s。

水科院岩土所朱建华等试验所得的良好淤灌效果条件［7］为：①被淤料级配好，保证不出现孔隙通道，带走淤灌料；②被淤料等效粒径 $D_{20}<1.5$ mm，淤灌料 $d_{50}\leqslant0.1$ mm，保证淤灌料不过早地沉淀在坝体表层。

这种深层淤灌比上述表层淤淀防渗节省淤灌用的细料，而且淤好的防渗层不存在滑动稳定问题。在当地缺乏细土料情况下，可以采用。但其施工工艺比表层淤淀复杂。

3）流态沥青淤灌。苏联试用流态沥青淤灌堆石坝坝面的防渗措施。流态沥青依靠自重作用渗入堆石空隙。渗入厚度可由下式估计：

$$\delta_{npoh}=\frac{D_{17}^{K,H}}{2.9\sqrt{d_{\max}+0.18\eta_A}}\left(\frac{\eta^{K,H}}{1-\eta^{K,H}}\right)^2$$

式中　η_A——浇注沥青稠度；

$\quad \eta^{K,H}$——堆石孔隙率；

$\quad d_{\max}$——沥青拌和料矿物最大粒径；

$\quad D_{17}^{K,H}$——相当于混合料 17% 含量的堆石粒径。

沥青淤灌施工工艺如下：先把坝坡上的大块石炸碎，加以平整；再用高压水冲洗干净，待块石表面干后进行沥青淤灌，养护一段时间使沥青渗入堆石孔隙内达设计深度，再淤灌第二次，直至使坝面平整均匀成波状，大块石表面沥青至少达 2cm 厚度为止。

4）膜料防渗。随着塑料工业的发展，高分子聚合物膜料防渗越来越受到重视。当爆破坝需要防渗而又有导流设施时，应优先考虑采用铺膜料防渗措施。因其造价低、施工速度快、防渗效果好。

已用的膜料有：线性低密度聚乙烯、高密度聚乙烯、聚磺酰化聚乙烯、聚氯乙烯、聚氯乙烯丁苯橡胶等。厚度采用 0.2～1mm，薄的可用几层，薄膜上下有的加土工布做垫层，有的用细砂土做衬层。

美国的帕克托拉坝（高 67m）用 1mm 厚的高强度聚乙烯膜做防渗层。在塑膜与碎石间用土工布做垫层，1987 年施工。

我国甘肃成县厂坝铅锌矿七架沟爆破坝（高 46m）采用线性低密度聚乙烯薄膜三层，总厚 0.6mm 做防渗层。膜料上下各由一层 20cm 厚的细砂土做垫层。1986 年完工，已运行 5 年，情况良好。

苏联学者建议膜厚采用 $\delta \geqslant \frac{1}{3} d_f$，式中 d_f 为垫层土料的计算粒径。

苏联学者认为，在有保护层情况下，塑膜使用年限可达百年或更久，可以用于百米以上的土石坝。

参 考 文 献

[1] 金永堂. 苏联定向爆破筑坝不做防渗体的试验和实践. 四川水力发电，1983（1）.

[2] 金永堂. 透水堆石坝的建议和研讨. 四川水利，1981（1）.

[3] 冯宝兴，金永堂，等. 介绍张冲关于加快开发我国水电的设想. 水力发电，1983（1）.

[4] 金永堂. 关于"三不"爆破筑坝方法. 中国水利，1984（10）.

[5] 刘宏梅. 爆破堆石体的块度级配组成的预测方法. 水利水电科学研究院岩土所，1987.9.

[6] 朱建华，等. 爆破堆石坝表面淤灌防渗措施的研究. 水利水电科学研究院岩土所，1990.4.

[7] 朱建华，等. 深层淤灌减少爆破坝渗漏量的研究. 水利水电科学研究院岩土所，1990.6.

[8] H. 卡萨特金. 爆破堆石坝防渗斜墙的合理结构（俄文）. 水工建设（俄文），1989（10）.

灌区及渠系建筑物篇

都江堰灌区简介*

都江堰灌区位于四川省成都平原和龙泉山以东丘陵地区。其渠首就是历史悠久、规模宏伟、布局合理、闻名中外的都江堰工程，坐落在灌县城西一公里许的岷江出山口。东经106°36′，北纬31°01′。

都江堰始建于战国后期，距今已2000余年。它的修建对中国当时的政治、经济和科学技术的发展产生了巨大的影响。例如在政治上，战国时秦国利用蜀地的富饶，得以灭楚，统一了全国；在经济上，由于农业的发展，蜀地成了“天府之国”；在科学技术上，积累了丰富的治河、引水、防沙经验，创造了精湛的河工技术，并总结了严密的管理制度，使中国水利科学技术，在当时处于世界领先地位。

都江堰由百丈堤、鱼嘴、二王庙顺堤、飞沙堰、宝瓶口、外江闸、沙黑河闸、工业取水口等工程组成，是一个完整的引水、防沙、防洪工程系统。

渠首工程布局的合理性首先是鱼嘴位置的恰当。因为鱼嘴设在岷江这段，左有百丈堤导流，右有杩脚沱护岸的约束，河床比较稳定，上下游河势有利于鱼嘴分水分沙。枯水时，分流比例内六外四（内江流量约占60%），外江约占40%，以引水灌溉为主；洪水时，外六内四，以便泄水防洪。这就是治水“三字经”中的“分四六，平潦旱”的含意。鱼嘴在这位置，还因为环流作用和外江坡降大，大部分泥沙都从江外排走。渠首工程布局合理的第二点是，飞沙堰的位置正好布置在内江弯道的末端，强烈的螺旋流把进入内江的泥沙绝大部分排出飞沙堰，同时也溢出了大部分洪水，从而保证了宝瓶口少进洪水和泥沙；第三点是宝瓶口利用玉垒山脚下有利地形，经人工修凿成形如瓶颈的引水口，其口门宽仅20m，既能引水，灌溉、漂木，又能控制少进洪水，减轻内江灌区洪涝威胁。

在都江堰的创建与发展过程中，劳动人民总结出“因势利导、因时制宜”和“遇弯截角、逢正抽心”的治河原则。“砌鱼嘴、立拜缺（溢洪道）、深淘滩、低作堰”等引水、排沙、防洪经验，创造了“杩槎”、竹笼、“羊圈”、桩工、干砌卵石等河工技术。这些经验和技术共同的特点是：适合当地条件，符合现代化科学原理，就地取材、施工简易、经费节省。至今仍有实用价值。

都江堰修建在岷江这样一条推移质数量多、粒径大的河流上，而且是个无坝引水枢纽，河道需要整洁，水量应当合理调配，工程需常维护，都有赖于管理工作。从1974年在外江挖出的李冰石像身上所刻铭记可知，东汉灵帝时，就派有“都水掾”和“都水长”的水利官员，说明1800多年前都江堰就有管理机构了。以后历代都设堰官，负责岁修工

---

* 原载于《农田水利与小水电》1985年第12期。

作，这是都江堰历久不废的一个重要原因。

中华人民共和国成立后，对都江堰的改造与发展做了大量工作。改建了渠首工程，加固鱼嘴、飞沙堰、离堆和宝瓶口；调整和合并了外江几条干渠的引水口；修建了 50 余座重要分水枢纽；改造了老灌区三万多条旧渠道。

灌区发展方面，在成都平原新建了人民渠 1～5 期灌区 17993 万亩，牧马山灌区 14.1 万亩，以及扩大了解放渠灌区 27.92 万亩和老灌区 5.95 万亩，共计发展了由都江堰直接引水的平原灌区 390.20 万亩。在龙泉山以东丘陵地区，新建了人民渠 6～7 期灌区 200.01 万亩，东风渠 5～6 期灌区 223 万亩，共计发展了引都江堰水囤蓄的丘陵灌区 429.01 万亩，合计新发展灌区 819.21 万亩，使都江堰灌区从 1949 年的 288.39 万亩发展到 1107.6 万亩。在新灌区相应建造了黑龙滩、三岔、鲁班、继光等 10 座大中型水库、200 余座小型水库，总库容 12 亿 m^3。

灌区管理方面，为了加强管理工作，统一管理机构，成立了都江堰管理局。为了科学用水，通过灌溉试验，对小麦、油菜推行了“分厢开沟浸灌”，对水稻推广了“浅水灌溉”的灌水方法，减少了用水，提高了产量；为了掌握渠首段岷江泥沙运动规律，进行了泥沙原型观测。近几年，还对灌区集中调度和优化调度做了探索性工作，以期使引水系统用计算机进行综合管理和调度，实现工程管理自动化和水量调度最优化。

灌区粮食平均亩产由 1949 年的 250kg 左右提高到 20 世纪 80 年代初的 500kg 以上。综合利用效益方面除提高防洪和漂木的作用外，还在灌区修建了 500 余座中小水电站，并发展了养鱼、林业等。随着工程的改建和新建，灌区的扩大，管理水平的提高，都江堰的效益将日益显著。

试论都江堰渠首工程布局的合理性与治沙经验[*]

都江堰水利工程位于四川省成都平原，创始于秦灭蜀（公元前 316 年）前后时期[❶]，距今已有 2000 余年，目前实灌面积达 900 万亩。它是我国水利发展史上一颗明珠，也是世界灌溉工程方面的一大成就。都江堰不仅以其历史悠久闻名中外，就其灌区规模的宏伟，工程布局的合理，治水经验的丰富，传统工程技术的精湛，建筑物类型的多样，岁修制度的严密而言，也是世所罕见。国内外来考察和参观的有关专家、学者以及旅游人员，看后无不表示钦佩与赞赏；期望尽快地阐明都江堰的创建历史和历代发展；论证工程布局的合理性和经久不衰的原因；总结历史上的治水准则、传统技术和管理制度，古为今用，这是一项很有意义的工作。

一、渠首工程布局概况

都江堰渠首工程位于灌县城西 1.5km 的岷江从峡谷进入平原的出山口，渠首除鱼嘴、飞沙堰、宝瓶口三大工程外，还有右岸马脚沱护岸工程、左岸百丈堤、沙黑河取水口、外江工业临时取水口、内外金刚堤、二王庙顺堤、人字堤、韩家坝和内江的导漂工程等，现在还应包括外江闸（1974 年建成）和沙黑河闸（1982 年建成），如图 1 所示。

鱼嘴位于岷江江心，中流砥柱，左为内江，口宽 115m；右为外江，口宽 96m。鱼嘴古时用竹笼装卵石垒成，元代曾铸铁龟，明代曾铸铁牛，至近代改为浆砌条石；它主要起分水作用，把岷江的水分一半左右进内江，然后引需要的水量入宝瓶口，流往灌区和成都市。飞沙堰位于鱼嘴下游约 900m 处的内江右侧，虎头岩对岸，堰宽约 240m，高出河床 2m，过去用竹笼装卵石砌筑，清末曾用条石干砌，铸铁锭闩联，现在改用浆砌大卵石加混凝土隔墙，飞沙堰的主要作用是排泄内江的洪水和推移质入外江。宝瓶口是凿开玉垒山形如瓶颈的进水口，平均口宽仅约 20m，起引水、进漂木和控制进过多洪水的作用。马脚沱护岸与百丈堤起导流作用，使有利于鱼嘴的分水和分沙。沙黑河引水口设在外江右岸，建外江闸前由小鱼嘴分引外江水，下分沙沟、黑石两河，供右岸 120 万亩灌区用水；建外江闸后，改由外江闸右边两孔临时引水，现在沙黑河闸除为沙黑河灌区和三合堰灌区供水外，尚可泄洪 600m³/s。外江工业取水口设在外金刚堤下段，飞沙堰出口附近，为三孔卵石拱涵，高 4m，宽 3m，其作用是：当内江因岁修断流时，下游城市工业和生活用水改由

* 原载于《水利学报》1984 年第 2 期。

❶ 关于都江堰创建年代，有两种不同说法。一种认为创建于秦灭蜀之前蜀国开明时期，距今已有 2500 余年；一种认为创建于秦灭蜀之后，秦昭王或秦孝文王时期，距今 2200 余年。

此取水口引外江水穿飞沙堰到走马河闸前，由走马河与柏条河轮流给成都市送水；内外金刚堤是为了巩固鱼嘴和保证内外江的分流，过去用竹笼装卵石护岸，近代曾用干砌条石，现在采用浆砌卵石护坡，长达 1km 左右。二王庙顺堤是导引内江水流顺直，减轻水流对飞沙堰的冲击和凤栖窝的淤积，使宝瓶口引水较顺畅。人字堤是飞沙堰下游离堆附近的又一排洪堰，口宽 40m，其作用是洪水时降低离堆前壅水位，减少宝瓶口的进水。韩家坝导漂工程的作用是引导木材沿左岸进入内江，防止随主流漂向外江；内江的导漂工程是引导进入内江的木材不从飞沙堰和人字堤漂向外江，让木材进入宝瓶口，流送到成都。外江闸共 8 孔，每孔净宽 12m，岷江水量不丰时，能有效地控制内外江的水量，减少过去用杩槎调节流量时的水量损失。建闸以来，平均每年可多引水近 10 亿 m³，对增加灌溉面积，提高春灌和伏旱灌溉保证率起很大作用，而且能灵活地调度内外江的水量分配，免去杩槎工程的安装拆除工作。

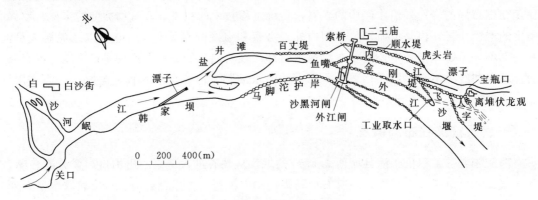

图 1 都江堰渠首工程平面布置

二、鱼嘴位置的选择

取水口位置是否适当是无坝引水工程成败的关键，牵涉到取水口附近河床的冲淤、能否保证引到水和取水口本身的安全。在河流出山口，河床不稳定的河段，布置这种无坝取水口更是困难。我国古代著名的郑国渠就是因为取水口被淤塞，未能保持到现在；西门豹引漳河水灌邺田，也是怕淤塞，才相隔不远开了 12 个引水口。都江堰鱼嘴的位置也经过多次的变动，才取得目前比较适当的位置，运用至今，未被淤塞。为什么说鱼嘴现在的位置是比较适当的呢？兹讨论如下。

（一）前后位置适宜

鱼嘴位置朝上游移好不好呢？据考证分析，历史上鱼嘴位置曾在白沙河口附近[1,2,14]。图 2 是根据《元史·河渠志》记载和地理学家李承三等所绘《渠首段岷江河道变迁图》[15]绘出的渠首工程布置示意图，说明元代鱼嘴还曾在白沙河口，创建初期，可能还没有溢洪道，所以内外江的分水堤就从鱼嘴连到离堆，长达 3km。由于暴雨发洪水或地震形成的天然水库溃坝洪水进入内江的流量大大超过宝瓶口的过水能力，内江的洪水为了找出路，只能冲毁分水堤的薄弱段泄入外江。例如，910 年（前蜀武成三年）夏天，川西暴雨，岷江发洪水，威胁成都安全，六月十六日夜"大堰移数百丈"。类似这种情况，分水堤就被

冲成数段。于是人们意识到需要有溢洪
道，就把这种决口改建为溢洪的"湃缺"
了。由于虎头岩的挑流作用强烈，其对
岸的飞沙堰，原来就是一个较大的决口，
后来就改砌成溢流堰了。

鱼嘴在白沙河口位置的缺点：分水
堤太长，堤防工程艰巨；内江河段整治
困难，清淤工作量大，管理不便，所以
后来鱼嘴位置下移了。

自从内外江分水堤在飞沙堰位置被
冲成一大决口后，内江实际变成了岷江
的主河槽，于是离堆附近的人字堤暂时
起分水鱼嘴的作用。

鱼嘴的人字堤位置的缺点更是明显，
第一，没有外江的第一次排沙作用（据
试验和实测，外江分沙比为80%左右），
必然要增加宝瓶口的进沙量；第二，没
有外江的分洪，内江全部洪水涌向离堆，
必然要增加宝瓶口的进水量，这对成都

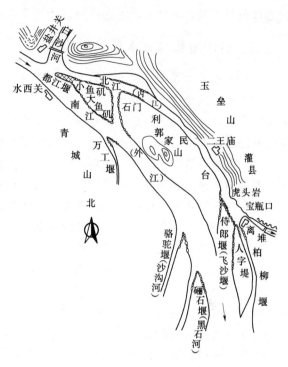

图 2　鱼嘴在白沙河口时工程布局示意

平原防洪排涝不利；第三，洪水直冲离堆，离堆有被冲毁的危险，一旦离堆被冲毁，宝瓶
口就失去控制洪水的作用了。现在的鱼嘴位置是岷江侵夺内江后因势利导的结果，成效是
比较好的。此后虽然还有上下数十米的移动，但鱼嘴、飞沙堰、宝瓶口三大工程的相互配
合各自发挥独特作用的格局则没有再变，一直维持到现在。

（二）左右位置恰当

鱼嘴在江中心左右位置是否恰当，直接影响内外江的分流比和分沙比。如太偏左会影
响内江的进水量，枯水季节不能满足内江灌区的用水。虽然可以用杩槎临时调节，但装拆
杩槎不仅费工、费料和费钱，而且还损失水量。如果偏右则外江河口过窄，洪水时期不利
于外江排洪排沙，并增加内江飞沙堰的排洪
负担。所以鱼嘴的左右位置，既要照顾到灌
溉季节需要的分流比，大致与内外江当时的
灌溉面积相适应，又要使大部分洪水和推移
质能从外江排走。外江建闸前，鱼嘴的作用
正是考虑上述要求。治水"三字经"中的
"分四六、平潦旱"就表明了鱼嘴基本满足
了这一要求。据原型观测资料表明，枯水季
节，内江分流比约为60%，外江约为40%；
而洪水季节，外江分流比约为60%（图3）。

上述史实说明，鱼嘴位置是历代劳动人

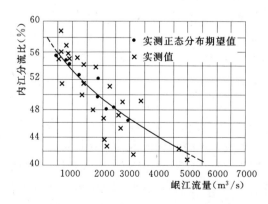

图 3　岷江流量与内江分流比关系

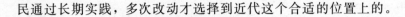

民通过长期实践，多次改动才选择到近代这个合适的位置上的。

三、引水流量与来水量矛盾的解决

岷江来水量和灌区工农业需水量的矛盾有两种情况：其一是洪水季节岷江来水量很大，而这时灌区往往不需要水，即希望宝瓶口尽量少进水，以免加重成都平原由当地径流造成的涝灾；另一种情况是枯水时候，岷江来水量很小，这时鱼嘴的内外江自然分流比，与内外江灌区需水量的比例不相适应，因此用水也发生矛盾。上述矛盾如何解决呢？

（1）洪水季节岷江洪水来到都江堰，首先遇到鱼嘴，如前所述，由于鱼嘴所处位置，60%左右的洪水从外江排泄，进内江的洪水不到一半。因宝瓶口的口门窄，进不了就逼高水位，大部分洪水从飞沙堰和人字堤等"湃缺"泄到外江。洪水季节的来水量与引水量的矛盾就这样经过鱼嘴的分水、宝瓶口的壅水、飞沙堰和人字堤的溢水得到了解决。

（2）枯水时用水的矛盾一般多在春灌时期，岷江来水量经常满足不了工农业用水的需要，用水紧张。由于古时还没有今天的物质和技术条件能够修建活动闸门有效地控制流量，单靠鱼嘴自然分水，既解决不了从外江白白流走一些水量的问题，也很难准确地按内外江灌区用水的比例来分水。可是我国古代劳动人民还是想出了办法，解决了这个矛盾，他们就地取材，因地制宜地采用一种用杩槎挑流和截流的办法调节流量。杩槎由三脚木架、压盘、檐梁、签子、锤笆、垫席、土埂等组成，可以用来截住外江，不让水白白流走；也可用来堵拦一部分外江河口，改变分流比以适应内外江用水的比例。

修建外江闸和沙黑河闸以后，水量的调配更灵活精确了，还可多引水和免除每年杩槎装拆的工作。

四、推移质问题的处理

灌溉渠首推移质问题的处理关系到渠首的成败和能否持久，是古今中外水利技术的重要研究课题。历史上有许多水利工程废于泥沙淤埋，当今也有不少因淤积问题而改建或重建，而都江堰所以能至今仍发挥效益，很重要的一个原因就是泥沙问题处理得好。其经验如下。

（一）外江口的排沙作用

岷江与白沙河汇合后，其流向与外江在鱼嘴处的流向成 50°左右的夹角，说明这段流程是处在一个弯道上。进口段曲率比较平顺，下段有汊道分流，水流结构比较复杂，但是由于下列原因，环流作用不明显：第一，岷江与白沙河汇合后的主流方向常受白沙河来水来沙大小的影响。例如 1972 年 8 月，白沙河来了一次洪峰流量 1450m^3/s，河口淤积了大量推移质，使下段岷江主流靠右岸走，主槽由左岸迁至右岸（1972 年底实测）。一般情况下，岷江干流流量大于白沙河流量，主流靠左岸走。第二，这段河床左边堤岸只在断面 1—1 ［图 4（a）］以上 1km 左右是弧形，以下至鱼嘴 1km 多河床是直段。在上段，主流通常靠左岸走，弯道环流发生在江心洲前，故洪水时，河槽右侧的推移质输移带宽（参看图 5[5]），输移量大（1975～1981 年实测总推移质量占全江总量的 80%）。第三，鱼嘴前有一长数百米的狭长沙洲（人工护砌后更加稳定了），起了分水分沙堤的作用，基右边含沙多的水流朝外江走，其左边含沙少的水流朝内江走。这种情况发生在岷江洪峰流量超过

1700m³/s 时，鱼嘴上游的河心滩被淹没到一定深度（1300m³/s 时开始淹没），主流直奔鱼嘴 [图 4（a）]，模型中鱼嘴前实测表层与底层水流方向一致[3]。此时，外江分流比开始超过 50%，80% 左右的推移质随主流排入外江。

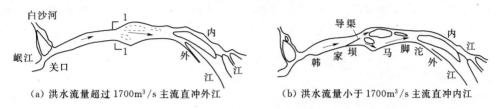

（a）洪水流量超过 1700m³/s 主流直冲外江　　　（b）洪水流量小于 1700m³/s 主流直冲内江

图 4　鱼嘴前岷江主流流向

当岷江流量小于 1700m³/s 时，岷江河床在盐井滩附近出现河心滩，水流分岔（这也说明下段河床非弯道）。由于左边堤岸的挑流和右岸导漂工程的影响（水流钻漂时流向改变为表层偏左，底层转右），主流折向右岸，经马脚沱水流左转奔向内江口，见图 4（b），这时内江处于"正面取水"，外江处于"侧面排沙"的有利水流条件，在外江口前产生分水环流（见图 6，模型中测得岷江流量 900m³/s 时，鱼嘴前表层与底层水流方向不一致），使大量推移质朝外江口移动，因此，外江的排沙效果也很显著。据模型试验成果[3,4]，当岷江流量为 900m³/s 时，外江的分沙比近 80%。

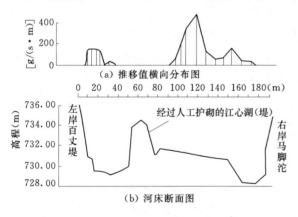

图 5　实测 13 号河床断面及其推移质分布图

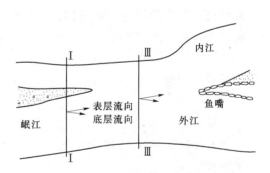

图 6　岷江流量为 900m³/s 时，鱼嘴前表层与底层水流方向

（二）飞沙堰的排沙作用

水流从内江口沿左岸二王庙顺水堤流到凸向江心的虎头岸，形成了一个曲率半径约为 800m 的弯道。内江左侧的表层水流直冲虎头岸后变成了底流转向飞沙堰，形成了强烈的螺旋流；同时内江右侧的水流在飞沙堰分流作用下（正面取水，侧面排沙），加强了环流的强烈程度，使飞沙堰的排沙效果格外显著。而且随着飞沙堰的分流比的增加而增大，图 7 为飞沙堰分流比与分沙比关系[6]。图中曲线表明，当飞沙堰分流比超过 10% 时，飞沙堰

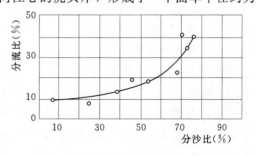

图 7　飞沙堰的分流比和分沙比关系

开始飞沙；当分流比超过 40% 时，飞沙堰能飞出推移质约 75%。

飞沙堰的飞沙能力是相当惊人的。例如，1966 年 7 月当岷江流量为 4790m³/s 时，内江流量为 2020m³/s，冲毁内江顺水堤 200 余 m，一块长约 2m，宽约 1m，重约 2.8t 的卵石混凝土柱体，从飞沙堰飞出，停留在下游坡上；还有几块较小的，每块重也有 1t 多。

（三）离堆壅水的排沙和沉沙作用

水流遇障碍物，由于障碍物前水体两边受力之差，使水体在障碍物前产生环流，参看图 8。

图 8（a）为流速分布；图 8（b）为水体一边的动水压力分布；图 8（c）为水体另一边的壅水压力分布；图 8（d）水体所受的总压力（即两边受力之差），力的方向也表示了环流的方向。

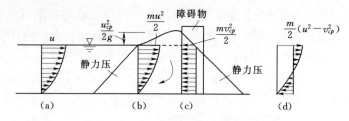

图 8　水流在障碍物前引起的环流

内江的水流向宝瓶口奔来，迎面遇到离堆，在离堆前发生了壅水现象，形成了上述的环流。离堆附近的底流反向而行，壅水范围内较远的底流则减缓流速，当影响范围随着内江流量的增大延伸到飞沙堰口时，不能向离堆方向移动的较大推移质，大部分从飞沙堰排出，左侧一部分则沉积在凤楼窝一带的河床上，能进宝瓶口的只是一部分颗粒较小的卵砾石。离堆这种壅水现象，实测的内江水面线证明发生在岷江流量超过 2000m³/s 时。

以上情况说明，都江堰渠首工程充分利用了有利地形，恰当地布置了各建筑物，利用弯曲水流的环流作用，很好地解决了推移质的问题，达到了防沙的预期效果，为国内外专家所赞誉。

五、结语

我国人民 2000 多年前就能修建像都江堰这样成功的水利工程，确实值得自豪。我们应当很好地总结其经验，特别是其完整的、成功的治沙经验，作为今后修建类似引水工程的借鉴。

在赞赏和学习都江堰成功经验的同时，我们也应当看到不足之处。例如，岷江上游尚未修建调节水库，以致岷江水资源未能充分利用，成都平原洪水威胁未能得到消除；岷江上游和灌区渠道上的水力资源也远未得到合理开发；渠首工程也未彻底改建，致使年年需要岁修，花费劳力与钱财；灌区建筑物尚未配齐，渠道渗漏和塌坡现象也较严重，管理水平也有待提高等。这些都需要水利工作者继续努力去完成，使古堰展新颜，发挥更大的作用。

参 考 文 献

[1]　刘磐石，王家佑，钟天康．从外江出土的石刻人像谈都江堰的变迁与水则问题．资料，1975（3）．

[2]　喻权域．都江堰古堰新论．社会科学研究，1982（3）．

[3]　都江堰模型试验组．都江堰水利枢纽低水运行试验第一、二阶段报告．成都工学院，1972．

[4]　都江堰模型试验组．都江堰临时闸模型试验报告．成都工学院，1973．

[5]　温成拙，等．浅谈都江堰灌区引水防沙措施及效果．都江堰管理局，1982．

[6]　华国祥，陈远信．都江堰泥沙的研究．河流泥沙国际学术讨论会论文集，1980．

[7]　常璩．华阳国志·蜀志．晋朝．商务印书馆，1955．

[8]　彭洵．灌记初稿．清朝．

[9]　徐慕菊．都江堰历史和泥沙．四川省水利水电勘测设计院，1981．

[10]　王来通．灌江备考．清朝．

[11]　司马迁．史记．汉朝．中华书局印，1973．

[12]　郦道元．水经注．后魏．商务印书馆，1955．

[13]　扬雄．蜀王本纪．汉朝．中华书局，1958．

[14]　宋濂，等．元史．卷六十六，中华书局，1976．

[15]　李承三，王钧衡，王成敬．灌县都江堰附近之今昔地理．1943．

鳖灵凿宝瓶口 李冰修都江堰*

《社会科学研究》（1982 年第 3 期）刊载喻权域的《都江堰古史新论》一文，认为，宝瓶口是开明氏所凿。这一看法很有意义。笔者补充论证如下。

《蜀王本纪》载："望帝以鳖灵为相。时玉山出水，若尧之洪水，望帝不能治，使鳖灵决玉山，民得安处。……望帝自以德薄不如鳖灵，乃委国授之而去，如尧之禅舜。鳖灵即位，号曰开明帝，帝生卢保，亦号开明。"由此更确切一点说，宝瓶口乃望帝相鳖灵开凿。

有人为了把宝瓶口说成是李冰开凿，但又不好抹杀开明决玉垒山的历史记载，就说开明决玉垒山不在宝瓶口。笔者参加岷江上游规划时，曾从灌县一直查勘到松潘岷江源头。沿江两岸崇山峻岭，可以凿开一个"东别为沱"分洪口的地方，只有这个宝瓶口。那么《史记》上记载："蜀守冰凿离碓，辟沫水之害，穿二江成都之中。此渠皆可行舟……"此处离堆是指什么地方呢？有人认为是指灌县离堆。他们理解"凿离堆"与"穿二江"是一回事，一个地方，就在都江堰；另外有人认为是指乐山离堆，他们则把"凿离堆，辟沫水之害"与"穿二江成都之中"理解为两回事，在两个地方。凿离堆，辟沫水之害是在乐山，穿二江是在成都平原。此争端始于唐宋，至今未艾。例如《宋史·河渠志》上记载："岷江水发源处古导江，今为永康军，汉史所谓秦蜀守李冰始凿离堆避沫水之害是也。"可是，北宋乐史在《太平寰宇记》中，明人杨慎在《夹江县志》中，清人胡渭在《禹贡锥指》中，清末赵熙在《离堆佛楼记》中都对此提出异议。如胡渭在《禹贡锥指》中说："……凿离堆是一事，穿二江又是一事，……李冰所凿当在汉南安界沫水中。……说者合两事为一，遂谓离堆在今灌县西南，因穿二江而凿之。此地与沫水无涉，恐非。"赵熙的《离堆佛楼记》中也说："蜀守冰凿离堆避沫水之害此一事也，穿二江成都之中又一事也。知沫水即知离堆矣。……扬雄《蜀都赋》：'离堆被其东'，成都四隅随江东下，舍乌尤失方望矣。"笔者认为研究水利史，不仅要有历史记载为根据，还要符合水利工程目的，照此再来理解《史记》里这段记载。很清楚，凿离堆是为了避沫水之害，沫水在那里，离堆自然也就在那里。大渡河古称沫水，司马迁的《史记》，许慎的《说文》，常璩的《华阳国志》，郦道元的《水经注》等史籍上中都有记载。如《华阳国志》载："时青衣有沫水出蒙山下，伏行地中，会江南安乐（今山），触山胁溷崖，水脉漂疾，破害舟船，历代患之。冰发卒平溷崖，通正水道。"岷江在历史上从未称过沫水（虽《宋史·河渠志》上说大皂江为沫水，它无旁证），灌县的离堆古名观坂，宋以后改为离堆（可能大皂江改称沫水亦与此有关），所以离堆在灌县之说，说服力不强。为了弄清这一问题，笔者曾专程去乐山

* 原载于《社会科学研究》1982 年第 6 期。

实地考察。大渡河（沫水）西来与岷江在乐山城南汇合，几乎成丁字形。大渡河发洪水时，激流顶冲乌尤山（古称离碓、垒坻、雷坢、澜崖、犁鼬……），来往船只，稍有不慎，则有触崖覆舟、葬身鱼腹的危险。李冰为了避沫水之害，凿离堆，把凸出江心的岩礁凿平，加宽加深凌云山与乌尤山之间的麻浩（清乾隆以前，大渡河主流在今之狗儿浩位置，正对麻浩）。麻浩两岸有明显人工开凿痕迹，口宽 80 余米，能分洪减弱水势，降低洪水位，对通航与乐山城的安全均很有利，避沫水之害的工程目的很明确。每当岷江与大渡河发水，麻浩分洪，乌尤山四面环水成一孤岛，正如苏轼诗中所说"离堆四面绕江水"。离堆不仅与"垒坻"、"犁鼬"等别名音近，而且十分形似。故离堆在乐山之说，既有历史记载为根据，又符合水利工程之目的，此说还解决了鳖灵决玉垒山不在宝瓶口找不到其他地方的矛盾，故比较合理与可信。

古蜀国杜宇（望帝）"教民务农"，发展了农业；开明（丛帝）"决玉垒山"，解除了水害，故百姓曾在蜀国都城（今郫县）修建"望丛祠"，以纪念他们的功绩。宋以后，统治阶级为了自己的政治需要，神化了李冰，把历代创建都江堰的一切功劳都归到他和民间传说的二郎神身上，歪曲了都江堰的创建历史。据近代学者的考证（如李思纯的《灌口氐神考》），二郎神治水的神话不可信。现在应该还历史的本来面目，凿宝瓶口的功绩应该属于鳖灵。这就使都江堰的开创期比传统说法提前了近 300 年。

承认鳖灵凿宝瓶口的事实，并不等于否定李冰修都江堰的功绩。近代都江堰的含义一般是指鱼嘴、飞沙堰、宝瓶口三大工程，其实古代仅指鱼嘴分水堤而言。都江堰这个名称见于史籍最早的是在《宋史·宗室（赵）不息传》："永康军（今灌县）岁治都江堰，笼石蛇（即竹笼中装卵石）绝江遏水，以灌数郡。"都江堰古名金堤（见左思《蜀都赋》，晋太康四年，283 年）、湔堰（见常璩《华阳国志》，东晋永和三年，347 年）、湔堋（见郦道元《水经注》，北魏孝昌三年，527 年）、都安堰（见任豫《益州记》，约在 503～527 年）、犍尾堰（见李吉甫《元和郡县图志》，唐元和七年，813 年）、侍郎堰（见欧阳修《新唐书、地理志》，北宋嘉祐五年，1060 年）。此堰为谁所修建？最早是在晋太康四年（283 年）前后，左思的《蜀都赋》中提到"西逾金堤"，刘逵注："金堤在岷山都安县西，堤有左右口"，且说："李冰于湔山下，造大堋以壅江水，分散其流，溉灌平地。"《华阳国志·蜀志》中也载："冰乃壅江作堋，穿郫江检江……"；《水经注》中说得更详细："江水又历都安县……李冰作大堰于此，壅江作堋，堋有左右口，谓之湔堋……俗谓都安大堰，亦曰湔堰，又谓之金堤"。可见史籍上记载明确，都江堰为李冰所建，并非传说。

至于壅江作堋的地点在那里，喻权域认为在今天的飞沙堰位置，更确切一点说，就是飞沙堰左侧的人字堤位置（不是现在的人字堤分洪口，而是分水鱼嘴）。这只要参看清乾隆时留下的都江堰图就很清楚了。《同治成都县志》载："都江堰……即人字堤，灌县境。"证明当时人字堤就是内外江的分水鱼嘴。《清末都江堰岁修工程》中也说："此人字堤称'湔堋'，又称'金堤'，又称'犍尾堰'……"所以都江堰就是指内外江的分水堤。由此看来，堋的左右口就是内外江，即清乾隆时《都江堰图》上，左口是流向宝瓶口的内江，右口是正南江（现飞沙堰位置）。

李冰修建了都江堰，又开凿了经过成都的郫江和检江，行舟漂木，引水灌溉，发展了交通运输和农业生产，使成都平原变成水旱从人，沃野千里的天府之国。

都江堰改造及发展随想[*]

举世闻名的都江堰使成都平原变成"天府之国",自古至今功不可没,这一古老水利工程的治河原则,运用泥沙规律更是具有世界意义。今天都江堰及其灌区仍在不断发展完善,就此谈谈笔者的浅见。

一、工程改造原则

都江堰灌区灌溉面积从新中国成立的 288 万亩发展到现在的 1000 万亩,是与都江堰工程的不断改造分不开的。特别是外江闸与工业引水闸的兴建,使引水流量不断增加;灌区渠系改造与囤蓄水库的修建,使灌区范围不断扩大;沿渠水电站的建成,增加了电网的供电能力。这都说明,只要发展工程的原有作用,古代工程不是一成不变而是可以改造的。例如外江闸的兴建,改古杩槎为现代闸门,一样能挡水,却方便于管理,而且增大了引水流量(改变了原有引水比率)。又如建了工业引水闸,不影响飞沙堰的排沙排洪作用,却保证了工业引水和增加了宝瓶口在枯水期的流量。所以只要能发展工程的原有作用而不是废弃,对原有工程进行改造,都是可取的。应该考虑到都江堰既是一个古迹,又是一个工程,是古迹就不能轻易废弃,是工程就可以改造扩大其效益。

二、几点忧虑

1. 上游植被不断破坏

岷江上游明清时代植被很好,就是到 1949 年时森林覆盖率还有 32%。过去岷江流域在灌县以上,森林密布、风景优美、气候宜人,茂汶一带世称有美女谷。而今由于滥伐森林,植被遭到不断破坏,森林覆盖率降到 14.4%,生态环境严重恶化,美女谷变成了风沙谷;国宝大熊猫也急剧减少;更可悲的是 1992 年泥石流竟使 74 名筑路工人葬身河底。

还有可虑的是河流含沙量增大了,带来河道、水渠的淤塞,影响以后水库的寿命;来水量却不断减小,如果按近 40 年的递减率估算,到 21 世纪中叶,来水量就只有现在的一半了。这不能不令人忧虑!

2. 都江堰的历史会不会终结

正在筹建的紫坪铺水库,对近期防洪、灌溉、发电无疑是有利的,但是有没有认真研究过以下问题:第一,紫坪铺水库在上游水土流失如此严重的情况下寿命有多长? 10 年、50 年还是 100 年? 这对历史长河来说只是一瞬间,不过一代或数代人。紫坪铺水库一旦

---

* 原载于《四川水利》1994 年第 5 期。

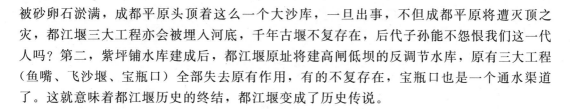

被砂卵石淤满，成都平原头顶着这么一个大沙库，一旦出事，不但成都平原将遭灭顶之灾，都江堰三大工程亦会被埋入河底，千年古堰不复存在，后代子孙能不怨恨我们这一代人吗？第二，紫坪铺水库建成后，都江堰原址将建高闸低坝的反调节水库，原有三大工程（鱼嘴、飞沙堰、宝瓶口）全部失去原有作用，有的不复存在，宝瓶口也是一个通水渠道了。这就意味着都江堰历史的终结，都江堰变成了历史传说。

三、都江堰发扬光大措施

1. 上游植树造林增加植被

森林能保蓄水量，5 万亩森林相当于 100 万 m^3 的水库，如上游能恢复 1000 万亩森林面积，就相当于建了一座 10 亿 m^3 库容的水库。这既能降低洪峰，增加枯水流量，对岷江来水起调节作用，又有减少水土流失和水流含沙量。封山育林还有能改善生态环境，国宝熊猫不至于灭种，开发旅游业等好处。

2. 上游修调蓄水库

为了增加水源和水能调节能力，岷江上游很有必要修建水库，但是要遵循河流开发常规，先支流后干流，先上游后下游。尤其像岷江这种多推移质的河流，为了有效拦截泥石流和推移质，修建水库更应遵循此规律。笔者在 20 世纪 70 年代参加岷江上游规划时，曾查勘岷江上游所有水系，许多支流上都可兴建水库。如：杂脑河上的手爬岩、白沙河上的虹口、寿溪河上的三江口等。渔子溪二级的闸址，本是一个建高坝的好坝址，却修了闸，这是决策上的一个失误。当然在支流上建库，效益要差一些，但这是为干流上建库创造条件应做的步骤。在岷江支流或上游修建水库会遇到两岸地形陡峭、河谷狭窄、有的覆盖层很深等不利的地形、地质条件，但可以采用"三不"（不清基、不筑围堰、不专做防渗体）爆破筑坝方法来克服，还能节省投资，缩短工期。

此外还应在流入平原的其他河流（如湔江、斜江、石亭江等）上修建水库，在丘陵地区修建囤蓄水库，以增加灌区水源和调节能力。

3. 宝瓶口设闸门

宝瓶口的作用是引水和控制过多洪水进入。为了更好地发挥这个功能，原水利部副部长冯寅同志和笔者都主张宝瓶口设闸门（在 1991 年 12 月工业引水闸审查会上发言），既能调节引水流量，又能完全防止洪水进入成都平原。遇特大洪水时，只要把闸门一关，宝瓶口以下的渠道即可变灌溉渠为排水渠（洪水时已不需要灌溉），不但能防止岷江洪水进入成都平原，还可排走平原上的雨水，能更好地发挥宝瓶口的原有作用。宝瓶口可用单孔梁式闸门，平时把门存放入旁边闸室中，宝瓶口如同原来一样过水，只是上面多一座启闭桥，原来周恩来总理就曾建议宝瓶口上修一座桥，联系两岸交通。所以宝瓶口上修闸门有利无害，希望有关部门认真研究此建议。

4. 多增辟水源，加强节约用水

除了岷江上游和支流修水库可以增加约 50 亿 m^3 岷江引水量以外，都江堰灌区范围内还有许多其他水资源可以利用。例如，成都平原的地下水储量有 50 多亿 m^3，丘陵地区地表和地下水有 45 亿 m^3，盆地边缘山区地表和地下水 35 亿 m^3，共计尚可增加水源约 180 亿 m^3。如果能开发利用一半，也能使都江堰灌区扩大到两千万亩左右。同时，利用成都平原的地下水，还能增加粮食产量，因为地下水的温度高于岷江来的雪水。

目前我国缺水地区已广泛采用喷灌、滴灌、低压管道输水灌溉、湿润灌溉等节水灌溉技术，使灌溉定额大幅度降低（由 1000 多 m³/亩降到约 200m³/亩），水的利用率大幅度提高（由 0.4 左右提高到 0.8～0.95）。对于都江堰灌区目前用水量（平原区约 1000m³/亩，丘陵区约 500m³/亩），若采取适当节水技术节省一半是不困难的。节水工程投资一般要比增辟水源工程（为修建水库等）节省一半左右。都江堰灌区的节水潜力很大，节水工程有事半功倍之效，希望有关部门筹建增辟水源工程的同时，要抓紧节水工程。

如果开辟水源与节水工程同时奏效，在 21 世纪中叶都江堰就实现两个世界之最，成为世界上工程最古老、灌区最大的水利工程。

进一步发挥都江堰的功能[*]

都江堰位于四川省灌县，是我国历史悠久的大型水利工程，已有 2250 年的历史。它以规模巨大、布局合理、费省效宏、历久不衰等特点闻名中外。它是我国古代水利工程中的一颗明珠，也是世界灌溉工程的一大成就。

都江堰直接利于成都平原，使四川成为"天府之国"。古代楚汉相争，刘邦据此基地而得天下。近代日寇侵犯，中华民族赖以作为后方。如今川粮、川油、川猪源源支援全国。都江堰自古至今功不可没。都江堰的治水经验，更具有世界意义。今天纪念都江堰建堰 2250 年，更应该重视它的巨大价值，使这个工程继续历久不衰，并进一步发挥其功能。

笔者是水利工作者，对都江堰的发展和改造问题有所研究，特将有关意见陈述如下。

一、都江堰的功能还可以改进

都江堰灌区从新中国成立初期的 288 万亩发展到现在的 1000 万亩，是与都江堰的不断改造分不开的。特别是外江闸与工业引水闸的兴建，使引水流量不断增加；灌区渠系改造与囤蓄水库的修建，使灌区不断扩大；沿渠水电站的建成，增加了电网的供电能力。这些都说明，只要发展工程的原有作用（鱼嘴的分水分沙，飞沙堰的排洪排沙，宝瓶口的引水防洪），古代工程不是一成不变的，是可以改造的。例如：外江闸的兴建，古杩槎改为现代闸门，一样能挡水，管理却方便了，而且增大了鱼嘴的分水流量（改变了原有引水比率）。又如建了工业引水闸，不影响飞沙堰的排沙排洪作用，却保证了内江河系岁修时的工业引水和增加了宝瓶口在枯水期的流量。所以只要能发挥工程的原有作用，不废弃鱼嘴、飞沙堰、宝瓶口三大工程，另建新工程代替，都是可取的。应该考虑到都江堰既是一个古迹，又是一个工程，是古迹就不能轻易废弃，是工程就可以改造，扩大其效益。

二、两点忧虑

（一）上游植被不断破坏

岷江上游古代植被很好，就是到 1949 年时森林覆盖率还有 32%。过去灌县地区森林密布，风景优美，气候宜人，茂汶一带世称美女谷，那里的妇女，因气候好、水土好，长得很美。由于近几十年滥伐森林，森林覆盖率降到 14.4%，植被遭到不断破坏，生态环境严重恶化，美女谷变成了风沙谷，美女消失了；有国宝之称的大熊猫也急剧减少了；更

---

[*] 原载于《群言》1994 年第 10 期。

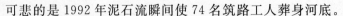

可悲的是 1992 年泥石流瞬间使 74 名筑路工人葬身河底。

还有可虑的是河流含沙量增大了，带来河道、水渠的淤塞和影响以后水库的寿命；来水量却不断减少，如果按近 40 年的递减率估算，到下世纪中，来水量就只有现在的一半了。

（二）新的设施，可能败坏都江堰

正在筹建离都江堰上游 3km 处的紫坪铺水库，对近期防洪、灌溉、发电无疑是有利的，但是如何研究解决以下问题？第一，紫坪铺水库在上游水土流失如此严重的情况下寿命有多长？10 年？50 年？100 年？这对历史长河来说只是一瞬间，但紫坪铺水库一旦被砂卵石淤满，成都平原上头顶着这么一个大沙库，人民能安枕吗？一旦洪水从百米水库下泻，不但成都平原将遭灭顶之灾，都江堰三大工程亦会被埋入河底，千年古堰将不复存在，后代子孙能不怨恨我们这一代人吗？第二，紫坪铺水库建成后，都江堰原址将建高闸低坎的反调节水库，原有三大工程（鱼嘴、飞江堰、宝瓶口）将全部失去原有作用，有的不复存在（鱼嘴和飞沙堰），宝瓶口虽可保留，但也只是一个通水渠道了！这就意味着都江堰历史的终结，都江堰变成了历史传说。这无疑有如制造新瓷瓶替代古瓦罐文物一样愚蠢。此事关系重大，必须慎重对待。

三、改造措施

如何进一步发挥都江堰的功能，提出以下几条措施恭请有关方面采纳。

（1）上游植树造林增加植被。森林能保蓄水量，5 万亩森林相当于 100 万 m^3 的水库，如上游能恢复 1000 万亩森林面积，就相当于建一座 10 亿 m^3 库容的水库，也能降低洪峰、增加枯水流量，对岷江来水既能起调节作用，又有减少水土流失和水流中的泥沙含量。封山育林还能改善生态环境，使国宝熊猫不至于灭种。

（2）上游修调蓄水库。为了增加水源和水能调节能力，岷江上游很有必要修建水库，但是要遵循河流开发常规，先支流后干流，先上游后下游，这样做好处多。尤其像岷江这种多推移质河流，为了有效拦截泥石流和推移质，更应按此规律修建水库。笔者在 20 世纪 70 年代参加岷江上游规划时，曾查勘岷江上游所有水系，查明许多支流上都可兴建水库。如：杂谷脑河上的手爬岩、白沙河上的虹口、寿溪河上的三江口等。又如渔子溪二级的闸址，本是一个建高坝的好坝址，现在却修了闸，这是决策上不可弥补的一次失误。当然在支流上建库，效益要差一些，但这是为干流上修建水库创造条件不可少的步骤。在岷江支流或上游修建水库会遇到两岸地形陡峭、河谷狭窄、有的覆盖层很深等不利的地形、地质条件，可以采用"三不"（不清基、不筑围堰、不专做防渗体）爆破筑坝方法克服以上困难，还能节省投资，缩短工期。

此外还应在流入平原的其他河流（如湔江、斜江、石亭江等）上修建水库，在丘陵地区修建囤蓄水库，以增加灌区水源和用水调节能力。

（3）宝瓶口设闸门。宝瓶口的作用是引水和控制过多洪水进入。为了更好地发挥这个作用，原水利部副部长冯寅同志和笔者都主张宝瓶口设闸门，既能调节引水流量，又有完全防止洪水进入成都平原。遇特大洪水时，只要把闸门一关，宝瓶口以下的渠道即可变灌溉渠为排水渠（洪水时已不需要灌溉），不但能防止岷江洪水进入成都平原，还可排走平原上的雨水。这样更好地发挥宝瓶口的原有作用有何不可呢？宝瓶口可用单孔叠梁式闸门，平时把门存放入旁边闸室中，宝瓶口如同原来一样过水，只是上面多一座启闭桥。周恩来总理就曾建议过宝瓶口上可修一座桥，联系两岸交通。所以宝瓶口上修闸门有利无害。

（4）多增辟水源，加强节约用水。除了岷江上游和支流修水库可以增加约 50 亿 m³岷江引水量以外，都江堰灌区范围内还有许多其他水源可以利用。例如：成都平原地下水储量有 50 多亿 m³，丘陵地区地表和地下水有 45 亿 m³，盆地边缘山区地表和地下水 35亿 m³，共计尚可增加水源约 180 亿 m³。如果能开发利用一半，也能使都江堰灌区扩大到2000 万亩左右。

如果能利用成都平原的地下水，既能增加水源，又有增加产量，因为地下水的温度高于岷江来的雪水。水温高，产量高，这是常识。

目前我国缺水地区已广泛采用喷灌、滴灌、低压管道输水灌溉、湿润灌溉等节水灌溉技术，使灌溉定额大幅度降低（由 1000 多 m³/亩降到约 200m³/亩），水的利用率大幅度提高（由 0.4 左右提高到 0.8～0.95）。像都江堰灌区的目前用水量（平原区约 1000m³/亩，丘陵区约 500m³/亩）采取适当节水技术节省一半用水量是不困难的。节水工程投资一般要比增辟水源工程（如建水库等）节省一半左右。都江堰灌区的节水潜力很大，节水工程有事半功倍之效。如果开辟水源与节水工程同时奏效，在 21 世纪中叶，都江堰就可以实现两个世界之最——工程最古老，灌区最大。

免除成都平原洪涝灾害的近期与长远措施[*]

岷江等河流的水，几千年来灌溉了成都平原，使之成为"天府之国"，但也经常泛滥成灾，历史上不乏记载。最近的一次就发生在去年7月份。这次洪水使成都市内200多条街道、27000户居民被淹，倒塌房子500余间，500多个企业停产；郊区125个公社和8个场镇被淹，整个平原被淹的土地和庐舍更是不知其数，要摆脱这种被大自然支配的局面，使成都平原彻底消除洪涝灾害，必须认真分析成灾原因和研究防灾措施。本文在笔者对造成洪灾成因的认识基础上，着重谈谈防灾措施。

一、近期措施

1. 建议修宝瓶口闸

在宝瓶口修闸的目的是，岷江发洪水时，不让洪水从宝瓶口进入成都平原（洪水时宝瓶口流量按 $700m^3/s$ 计，10 天可少进 6 亿 m^3 的水）。这样都江堰灌区的河道（也是成都平原的主要河道）就可以全部用来排除平原本身的区间洪水，就会使成都和金堂大大减少成灾的机会。为此目的，有的同志建议修内江闸；也有的同志建议修风栖窝闸。我认为不如修宝瓶口闸好。理由如下。

修内江闸有如下几个问题：

（1）内江修了闸，洪水期间内江不过水，全部洪水走外江，那么：第一，外江问必须扩建；第二，从外江闸到飞沙堰 1km 长的外江河道也必须加宽；第三，这段河道沟护岸工程要加固。否则，洪水就不能安全通过外江闸和这段外江河道。

（2）现在外江闸洪水期是全开的，所以闸不高，水头也低；而内江闸要拦洪，闸前后水头差大得多：内江闸的规模与难度都要比外江闸大，投资也要多。

（3）为了防止外江水倒灌内江（洪水时，内江不过水）金刚堤和人字堤都要加高加固，特别是飞沙堰要堵死或敛闸，又是一项工程。

（4）做了内江闸，内江河道、飞沙堰、人字堤都失去排洪作用，特别是飞沙堰失去排沙作用，这是很不利的。

如果把闸修在飞沙堰下游风栖窝一带，则内江仍分洪，飞沙堰仍泄洪、排沙，外江闸和外江河道也不要加宽，这是比修内江闸优越之处。但是闸本身工程和难度仍很大，闸宽也要 100 余 m，而且做在河滩上。人字堤也要加高加固，人字堤同样失去排洪作用。

在宝瓶口修闸，闸墙与闸底板都与岩基相接，闸宽只有 20m 左右，只要保证过水时

---

* 原载于《四川水利》1982 年第 3 期。

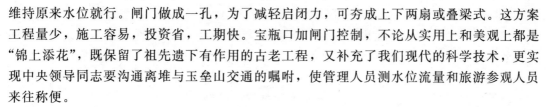

维持原来水位就行。闸门做成一孔，为了减轻启闭力，可夯成上下两扇或叠梁式。这方案工程量少，施工容易，投资省，工期快。宝瓶口加闸门控制，不论从实用上和美观上都是"锦上添花"，既保留了祖先遗下有作用的古老工程，又补充了我们现代的科学技术，更实现中央领导同志要沟通离堆与玉垒山交通的嘱咐，使管理人员测水位流量和旅游参观人员来往称便。

2. 在平坝地区，利用地下水发展灌溉的同时，腾出地下库容滞洪

都江堰灌区的平坝地区，地下水位高，地下水量丰富，可利用量达 20 亿～30 亿 $m^{3[5]}$。如果发展井灌，利用地下水，把省下来的岷江水送到下游丘陵地区，可扩大灌溉面积 600 多万亩。降低了地下水位，腾出了地下库容，至少可承受 10 亿 m^3 左右的地面径流（土壤渗透性强，入渗很快；地面水通过井、渠向地下回灌更快），这对平原防洪涝灾害作用很大，相当于在岷江上游修了 10 亿 m^3 左右的防洪水库，但见效快得多；而且降低了地下水位，可以使下湿田提高产量 20％以上；利用地下水灌溉还比地面水增产 5％左右。所以这是一项一举数得的措施，希望有关部门积极规划，通过试点，逐步发展起来。

3. 灌区多修中、小水库，丘陵区多修塘堰围蓄水库

在流入平原的河流（如湔江、斜江、石亭江等）上游多修一些中、小水库，汛期可减少流入平原的水量，旱季还可供灌溉之用；在丘陵地区，多修一些塘堰和囤蓄水库，汛期、拦蓄当地径流，减小洪涝灾害，平时可囤蓄都江堰来水，起反调节作用。所以这也是一项既能拦蓄区间洪水，起减轻洪涝灾害作用，又能反调节都江堰来水和利用当地径流发展灌溉的有效措施。

4. 健全田间摊水系统，疏通整治骨干排水河道

遇特大洪水时，即使采取上述措施，仍有可能还有不少地方径流需要排入大江大河中去。如何尽快把田间的积水排入河道，不使庄稼泡水过久而减产或灭产，需要有田间排水系统和畅通的骨干排水河道。只注意灌溉，不重视排水系统，这是我们过去水利工作中的一项通病，这使北方灌区造成土地盐碱化；南方灌区造成涝灾和下湿田，吃了不少苦头。所以田间排水系统的健全和骨干排水河道的疏通工作不可缺少。

二、长远措施

1. 在岷江上游修大水库

为了免除成都平原的洪涝灾害，最有效的办法是在岷江上游修建大型水库，汛期把岷江洪水全部拦蓄起来。不仅让灌区的河道排除田间积水，而且让岷江主流金马河也参加排泄区间洪水，这样才有可能真正彻底消除成都平原的洪涝灾害。

岷江上游能否修建水库呢？根据 1973～1975 年的岷江上游规划、从灌县至岷江源头的详细查勘，回答是肯定的。不能否认，在岷江上游修建水库会遇到一些较大的困难。例如这个地区地震烈度高，河床覆盖层比较深等。但是有些坝址，这些问题以国内现有的技术水平是可以克服的，无需一提在岷江建库就谈虎色变。如干流上的福堂坝（有效库容 1.77 亿 m^3）、兴文坪（有效库容 1.84 亿 m^3）和紫坪铺（有效库容 1.32 亿 m^3）等水库，支流杂谷脑河上的手爬岩（有效库容 2.0 亿 m^3）、白沙河上的虹日（有效库容 1.088 亿

m^3)、寿溪河上的三江口（有效库容 0.41 亿 m^3）等水库，都可以作为近期建设目标的选择对象；还有大小海子，利用定向爆破加高坝，增大库容，也可以利用起来。这些水库的总有效库容达 10 亿 m^3 左右。只要拿出 2 亿～3 亿 m^3 作为防洪库容，如果金马河泄洪量能达 4000 m^3/s，就能解决岷江 50 年一遇的洪水（Q=6000 m^3/s）。而目前金马河只能泄 5 年一遇的洪水（3500 m^3/s）[1]，可见修水库防洪的作用很大。

如果采用已故政协全国委员会副主席张冲同志提出的筑坝方法，模仿马湖坝和大小海子的天然坝（由地震塌方形成），坝基和坝体都不采用防渗措施，利用定向爆破筑坝[2]，那么不但投资省、施工易、工期快，而且也不怕地震烈度高、覆盖层深等困难了。因为利用定向爆破堆成的坝体，密实度很高，抗震性能好，渗漏量少，不必采取基础防渗措施。这一方法理论和实践都证明是可行的[3,4]。国外不但也有这种地震形成的天然坝（如苏联乌沙依天然坝高 740m），而且还有采用人工定向爆破筑成的这种坝，坝基与坝体都未采取防渗措施。在我国云南的定县，高 84m 的已衣水库大坝只用了 750t 炸药，一炮就堆成了。这座坝正准备不采取防渗措施就蓄水，作为试验。如果在岷江上游采用这种方法筑坝，那是最理想的。

在岷江上游修建水库有很多好处。一方面可以彻底解决成都平原的防洪问题；另一方面可以开发岷江上丰富的水力资源。据最近普查资料[1]，仅灌县以上就可开发电力装机 500 多万 kW。这里离成都电网很近，条件很优越。另外还有一个很大好处是：有了水库的调蓄，岷江的水量才有可能充分利用来灌溉。只要上游水库有 20 亿 m^3 左右的滞洪能力，汛期只放宝瓶口能进的流量，那么全部岷江汛期水量都可送到下游灌区利用或囤蓄起来。岷江现在水量只用 83.26 亿 m^3，尚有 73.74 亿 m^3 未被利用。如果把这些水量送往丘陵地区灌溉，根据目前丘陵灌区（东风渠 5、6 期，人民渠 6、7 期，共计灌面 444.01 万亩，用岷江水 15.39 亿 m^3）的实际用水定额[7]，每亿 m^3 岷江水再加当地径流可灌 28.8 万亩，那么都江堰灌区还可以再发展 2123.7 万亩，比现在灌面多 2 倍，这里尚未计入 20 亿～30 亿 m^3 可利用的地下水[5]、提高渠系利用系数和节约用水等方面的潜力。

因此，在岷江上游非常有必要修建水库，也完全有可能修建水库。我们应该尽快着手进行。新中国成立已过 31 年，岷江上尚未修建起一座水库，希望再不要贻误时机了。

2. 加强金马河的堤防和整治工作

堤防和河道整治的工作很重要，黄河与淮河防洪主要靠堤防工程。因此对成都平原最主要的排洪河道金马河的堤防与治理工程不可忽视。对它的防洪能力和作用，应结合上游修建水库通盘考虑，作出整治规划。哪些堤防要加高加固；哪些河床要拓宽或缩窄；哪些河段要裁弯取直；哪些河槽要浚深；都应通过实地查勘、测量、规划和设计，然后付诸实施。同时严禁任意在河槽内滩地上还耕、建房或堆积工业废渣，以保证金马河的排洪作用。

3. 有计划地植树造林，增加森林覆盖面积

从大炼钢铁到 10 年动乱，岷江上游森林遭到严重破坏，乱砍滥伐，森林覆盖面积大大缩小，水土流失严重，加重了成都平原的洪灾。为了改变这种局面，应尽快制定全流域的植树造林计划。不但要严禁乱伐森林，保护植被；而且要开展植树造林活动，增加森林覆盖面积。森林能调节气候，保持水土，树冠、落叶层、根系土壤能截留雨水，起一定的

滞洪作用；对削减洪峰有帮助。所以植树造林的措施很重要。

但这里需要说明一点。森林的滞洪作用是有限度的。如果叶面停留水分和根系土壤水分到了饱和状态以后，再继续下暴雨，那它就无能为力了。所以古代，尽管岷江上游森林植被比现在好得多，还是经常洪水泛滥成灾。为此开明氏才"决玉垒山"以除水害[6]，因此把洪灾完全归咎于上游森林遭到破坏的说法是不全面的。这样过分强调森林的滞洪作用，会忽视在岷江上游应该修建水库和其他措施的重要性。

以上建议的实施，有主有次，有近期工程，有长远规划，要区别对待；既要做必要的前期工作，不能盲目施工；又不要停留在纸上谈兵。希望广大技术人员开动脑筋共同献策，取长补短，有关领导部门应善于听取正确的意见，使好的意见付诸实施。这样四川的水利工作一定能做好，成都平原的洪涝灾害，也一定能早日免除。

参 考 文 献

[1]　长办．中华人民共和国水力资源普查成果．第一卷．长江流域，1980.
[2]　王葆沂，张冲，等．关于开发水能资源的新设想．人民日报 1980.12.16.
[3]　金永堂．透水准石坝的建设与研讨．四川水利．1981（1）.
[4]　刘虹光．定向爆破筑坝与加坝．云南科技．1979 年增刊.
[5]　四川省"西水东调"总体规划报告（汇报稿）.1978.12.
[6]　（晋）常璩．华阳国志.
[7]　都江堰管理局有关资料，1981.12.

灌区装配式建筑物试点经验[*]

根据水科院水利所灌区建筑物型式的试验研究成果，在二峰灌区进行了混凝土装配式建筑物的试点工程，本文拟对此加以介绍，阐明新型式建筑物具有节省投资、劳力和缩短工期等优越性。

二峰灌区灌溉面积 16 万亩，总干渠长 48km。支渠 16 条，总长 77km；斗渠 58 条，总长 100km。因为过去建筑物残缺不全，损坏严重，急需重新进行建筑物配套。由于配套各类建筑物数量很多，原来的老式砌石建筑物，工程量大，造价高，故采用由水科院水利所提供经过试验推荐的合理型式。现第一批节制闸、分水闸已建成，经过放水运行，情况基本良好。

一、设计依据

二峰灌区装配式建筑物的进出口型式和下游消能结构，是根据水利水电科学研究院水利所的试验成果（1、2、3、4）设计的。节制闸进口型式采用隔墙加 30°小切角，出口采用隔墙加"W"形消力槛（见图 1）；涵管式分水闸和陡坡进口型式采用八字墙，出口采用分水墩加"W"槛的消能结构（见图 2）。

上述绪构型式具有以下优点：

（1）工程量较省。所采用的进出口翼墙较一般圆弧、扭曲面等型式的翼墙，减少很多工程量；效能结构比常用的消力池型式，还可大大缩短下游护砌长度。

（2）结构简单，便于施工，节省模板，缩短工期。

（3）经过模型试验，得到较准确的水位流量关系曲线，故在灌区可兼作量水之用；不必另做量水建筑物。

二、设计原则

（1）建筑物构件数量应尽量少，以减少构件的接缝，使建筑物有较好的整体性。

（2）结构型式越简单越好，便于模板加工、构件的预制和运输。

（3）构件类型越少越好，以提高模板的使用率，从而节省材料和投资。

（4）结构构型式和尺寸，尽量与民用和交通部门的预制构型通用，如本设计中圆管构件用得较多。

（5）构件考虑运输与安装时不易损坏。

---

* 原载于《四川水利》1986 年第 5 期。

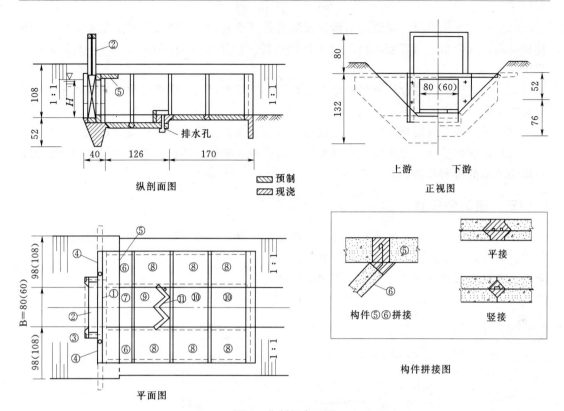

图 1 节制闸布置图

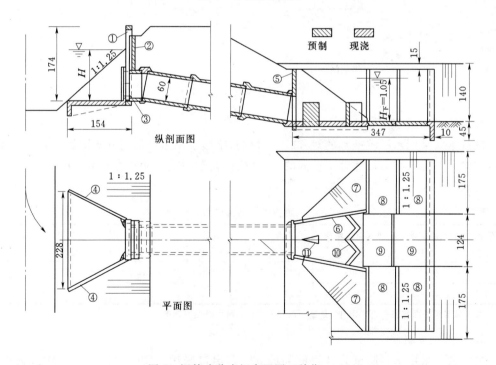

图 2 涵管式分水闸布置图(单位:cm)

（6）构件每块重量，要适应运输和安装机具（或人力）的能力。考虑主要由板车和拖拉机运输，人工抬运与安装，因此规定每块构件一般不超过 300kg，以 4～6 人能抬运为原则。

（7）管式建筑物过设计流量时尽可能是压力流流态，适当降低进出口高程，避免半压力流时水位波动剧烈的不利情况。

（8）尽量减少混凝土现场浇筑工程量，增加预制装配比重，加快安装进度。

（9）建筑物设计除考虑安全经济和施工简单等要求外，还适当考虑建筑物的造型美观与周围环境的协调和谐。

三、建筑物设计

第一批装配式建筑物主要有两种尺寸的涵管式分水闸和三种不同口门宽度的开敞式节制闸。涵管式分水闸也可用做有跌差的节制闸，只是进口型式应改用隔墙式（见图 3）。下面介绍涵管式分水闸和开敞式节制闸的设计情况。

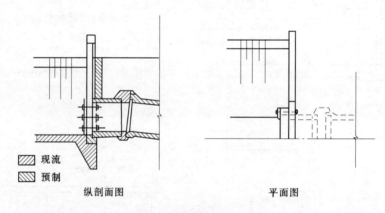

纵剖面图　　　　　　　　　　　　平面图

图 3　涵管式节制闸进口

1. 涵管式分水闸

进口型式采用水科院推荐的对称或不对称八字墙[1]，出口采用分水墩加"W"形槛的消能结构[4]，建筑物由包括管子在内的 12 种构件装配而或，涵管直径分 60cm 和 45cm 两种，见表 1。

表 1　　　　　　　　　　　　　　涵管式节制闸参数

管径 (cm)	上游水深 (m)	下游淹没水深 (m)	水头差 (cm)	流量 (m³/s)	上级渠道边坡	出口处渠道边坡	渠底宽 (m)
60	0.8～1.3	1.05	0.22～1.76	0.22～1.76	1：1.25	1：1.25	1.24
45	0.6～1.0	0.8	0.13～0.71	0.13～0.71	1：1.25	1：1	0.94

注　如下级渠道断面与表中建筑物出口处断面高程不一致，可用渐变段链接。

2. 开敞式节制闸

进口型式采用水科院试验推荐的隔墙式[2]，出口采用"W"形消力[3]，建筑物由 11 种类型构件装配而成。进水口门宽度分 60cm、70cm、80cm 3 种，其过闸流量和主要工程量见表2。

表2			开敞式节制闸参数				

闸宽 （cm）	上游水深 （cm）	上下游水头差 （cm）	过闸流量 （m³/s）	主要工程量			钢筋 （kg）
				混凝土（m³）			
				预制	现浇	合计	
60	60～70		0.25～0.64	1.1	0.5	1.6	35
70	60～90	2～12	0.32～1.13	1.2～1.7	0.6～0.7	1.8～2.4	37～43
80	80～90		0.48～1.35	1.8	0.8	2.6	46

四、耦合式闸门浇筑

一般构件混凝土浇筑方法介绍从略。耦合式闸门要求精度高，其浇筑工艺介绍如下。

耦合式闸门是依靠闸门与涵洞进口面紧贴止水，因此要求接触面平整光滑。先将浇好的涵管进口段口朝天平放在地上，使口四周成一水平面（可用水倒入涵管的水平面校准），然后将口四周表面的3cm厚磨石子层磨平磨光。浇闸门时，可在磨光的涵管口涂上黄油，并盖上略大于涵口内径的钢板作为闸门的底模，外面套上铁框边模（见图4），这样浇好的闸门，与涵管进口紧密不会漏水。此外对闸门与涵管进口统一编号，注明上下，安装时要相互匹配，不能弄错；否则，闸门与涵口可能不密合而漏水。

五、安装中应注意的问题

1. 闸门槽必须铅直

安装管式分水闸进口构件①、②、③时（见图2），要使闸门槽在一条铅直线上，以保证启闭闸门方便，并不漏水。如发现保持闸门槽铅直与门槛水平有矛盾时（门框预制未能做成矩形），也应以门槽铅直为准，门槛可用砂浆抹平。由于安装构件④（两侧翼墙）时容易碰撞已安好的门框，所以翼墙板安好后，要重新检查构件①、②、③的位置是否变位，如有变位，要调整以后，才能用螺栓和现浇混凝土固定。

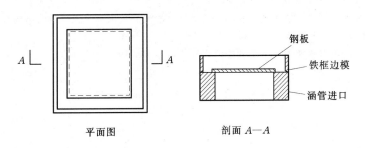

图4 闸门浇筑方法示意图

2. 构件的拼接型式

圆管构件一般采用套接型式，如涵管对接，最好外加二钢筋混凝土套圈，套圈与涵管间缝隙用麻刀浸油底子塞紧。尤其在砂性土中埋管，更应注意构件接缝的处理。如果渗径

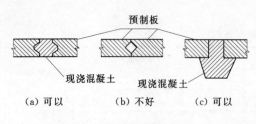

图 5　平放构件拼接型式

形成"短路"，则易发生管涌，导致建筑物破坏。

平放构件的拼接型式，按设计要求如图 5（a）所示。缝内现浇混凝土要捣实，安装时切不可误安成图 5（b）型式，缝内灌不进混凝土，易形成渗经"短路"。图 5（c）的型式也可以采用，其优点是预制板结构简单，沿建筑物地下轮廓渗径增长；缺点是挖基时拼接处要多挖一条槽沟。

3. 构件与地基接触及回填土要求

装配式建筑物遭到破坏，往往由于构件与地基接触不紧密或者建筑物四周回填土没有夯实，不能保证应有的有效渗径长度，引起管涌现象，造成建筑物的沉陷、构件的倾倒等。在砂性土壤地基更易发生此类现象。

为了使构件与地基接触紧密，可采用以下几种方法：①基础面上铺一薄层水泥砂浆（地基表面应洒水，不使砂浆迅速失去水分），然后把构件安放上；利用构件自重挤压砂浆，充满构件与地基表面间的空隙；②预制板安放就位后，用平板振捣器放在构件上；利用振动使构件与基础紧密结合；③用水泥土或三合土代替水泥砂浆铺在地基表面，使构件与地基结合在一起。

4. 注意分水墩与"W"形槛的预制与安装

分水墩与"W"形槛要求尺寸和位置准确，符合试验要求，否则达不到预期消能效果。因此预制与安装时应特别注意。一般分水墩与 W 形槛先分别预制好，在浇出口底板时，再把预制好的分水墩与 W 形槛埋入，使之形成一整体。

参 考 文 献

[1]　金永堂，李明湖，等. 灌溉渠系分水闸结构型式试验研究，水利水电科学研究院科学研究论文集（第 10 集）. 灌溉、排水，1982. 12.

[2]　金永堂，朱加英，等. 灌溉渠系节制闸结构型式试验研究. 渠系水工建筑物结构型式. 1982. 12.

[3]　金永堂. 灌溉渠系闸下消能工. 水利学报. 1982（5）.

[4]　金永堂. 管式陡坡过水能力与下游效能. 水利水电技术. 1981（9）.

二峰电站灌区装配式建筑物试点经验[*]

摘要： 根据水科院水利所灌区建筑物合理型式的试验研究成果，在安徽省天长县二峰灌区进行了混凝土装配式建筑物的试点工程。本文介绍采用的装配式建筑物结构型式、设计原则、构件预制、运输和安装，以及建筑物运行情况。并通过与老式砌石建筑物的比较，说明了新型式建筑物具有节省投资、劳力和缩短工期等优越性。

一、概况

二峰电站灌区位于安徽省天长县境内，灌溉面积 16 万亩，总干渠长 48km，支渠 16 条总长 77km，斗渠 58 条总长 100km。因为过去在干支渠上修建的建筑物数量不多，而且由于规划不当，设计不合理，管理维修差，建筑物残缺不全，损坏严重（如灌区分水闸无门控制，缺农桥影响生产交通，倒虹吸断裂，跌水下游严重冲刷等），影响了灌溉效益和农业生产，急需重新进行建筑物配套，以满足灌区节约用水和按水量收费的需要。由于配套各类建筑物数量很大，需要投资很多，原来的老式的砌石建筑物，工程最大，造价高，为了节省材料和投资，需合理设计建筑物。

水电部水利水电科学研究院（以下简称水科院），安徽省水电厅农水处、滁县行署水电局于 1981 年在天长县二峰电站灌区开展渠系装配式建筑物试点。由水科院水利所提供经过试验推荐的合理型式，滁县行署水电局负责设计，天长县二峰电灌站负责施工，水科院派人参加。第一批节制闸、分水闸等 298 座各类建筑物已建成，经过放水运行，情况基本良好，已在推广应用中。

二、设计依据与原则

（一）设计依据

二峰电站灌区装配式建筑物的进出口型式和下游消能结构是根据水利水电科学研究院水利所的试验成果[1~4]设计的。节制闸进口型式采用隔墙加 30° 小切角，出口采用隔墙加 "W" 形消力槛（见图 1）；涵管式分水闸和陡坡进口型式采用八字墙，出口采用分水墩加 "W" 的消能结构。

上述结构型式具有以下优点：

---

[*] 本文作于 20 世纪 80 年代。本试点工程是在安徽省水电厅、农水处、科技室、滁县行署水电局、天长县水利局和二峰电站各级领导支持下，具体在王焕金、王慰曾、金永堂等同志指导下完成的。报告执笔人：金永堂、张衍恭、严家适。

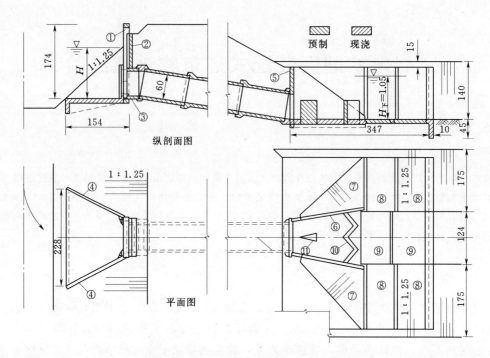

图 1　涵管式分水闸布置图（单位：cm）

（1）工程量较省。一方面由于所采用的进出口翼墙较一般圆弧、扭曲面等型式的翼墙减少很多工程量；另一方面由于其消能结构比常用的消力池型式可大大缩短下游护砌长度。造价分析详见后面。

（2）结构简单，较圆弧、扭曲面等过去常用型式便于施工，节省模板，缩短工期。

（3）建筑物经过模型试验，有较准确的水位流量关系曲线，故在灌区可兼作凉水之用，不比另作量水建筑物。

（二）设计原则

采用上述型式额装配式建筑物是根据下列原则设计的：

（1）建筑物的构件数量度尽量少，这样可以减少构件的接缝，使建筑物有较好的整体性。

（2）构件的结构型式越简单越好，便于模板加工、构件的预制和运输。

（3）构件的类型越少越好，使大量构件同一类型可以提高模板的使用率，从而节省材料和投资。

（4）构件的结构型式和尺寸，尽量与民用和交通部门的预制构件通用，例如本设计中圆管用得较多。

（5）构件的结构型式应考虑运输与安装时不易损坏。

（6）构件的每块重量要适应运输和安装的机具（或人力）的能力。考虑当工地主要由板车和拖拉机运输、人工抬运与安装，因此规定每块构件一般不超过 300kg，以 4～6 人能抬运为原则。

（7）管式建筑物过设计流量时尽可能采用压力流流态，适当降低进出口高程，避免半压力流时水位波动剧烈的不利情况。

（8）尽量减少混凝土现场浇筑工程量，增加预制装配比重；加快安装进度。

（9）建筑物设计除考虑安全可靠、节省投资和施工简易等要求外，还适当考虑建筑缝的造型美观，与周围环境的协调和谐。

三、建筑物设计

设计考虑了当地土质为黏性土壤和冰冻现象不严重等具体条件。第一批装配式建筑物主要有 2 种尺寸鹅涵管式分水闸和 3 种不同口门宽度开敞式节制闸。涵管式分水闸也可以用做有跌差的节制闸，只是进口型式应改为隔墙式（见图 2）。下面介绍涵管式分水闸和开敞式节制闸的设计情况。

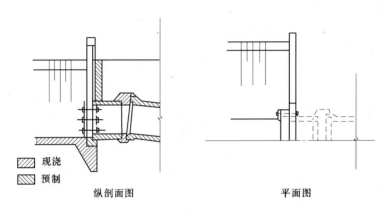

图 2 涵管节制闸进口

（一）涵管式分水闸

进口型式采用水科院试验推荐的对称或不对称八字墙[1]，出口采用分水墩加 W 形的消能结构[4]。建筑物由包括管子在内的 12 种构件装配而成，涵管直径分下列两种：

（1）管径 60cm。采用混凝土管，内径 60cm。上游水深 $H=0.8\sim1.3$m，水头差 $\Delta h=5\sim160$cm 时，流量 $Q=0.22\sim1.26$m³/s，下游淹没水深 $H_\mathrm{F}=1.05$m，上级渠道边坡 1:1.25，出口处渠道边坡 1:1.25，渠底宽 1.24m，用渐变段与下游渠道正常断面相接。

（2）管径 45cm。采用混凝土管，内径 45cm。上游水深 $H=0.6\sim1.0$m，水头差 $\Delta h=5\sim160$cm，流量 $Q=0.13\sim0.71$m³/s，下游淹没水深 $H_\mathrm{F}=0.8$m，上游渠道边坡 1:1.25，出口处渠道边坡 1:1，渠底宽 0.94m，用渐变段与下游渠道正常断面相接。

（二）开敞式节制闸

进口型式采用水科院试验推荐的隔墙式[2]，出口采用 W 形消力槛[3]，建筑物由 11 种类型构件装配而成。其进水口门宽度分表 1 中所列 3 种。表 1 中还列出不同水位差时的流量，建筑物主要工程量见表 2。

表1　　　　　　　　　　　　　　过　闸　流　量　　　　　　　　　单位：m³/s

B (cm)	H (cm)	上下游水位差（cm）					
		2	4	6	8	10	12
60	60	0.25	0.33	0.38	0.43	0.45	0.48
	70	0.34	0.44	0.52	0.58	0.61	0.64
80	60	0.32	0.39	0.46	0.51	0.55	0.62
	70	0.37	0.52	0.62	0.69	0.74	0.83
	80	0.42	0.61	0.71	0.8	0.85	0.9
	90	0.53	0.76	0.89	1.01	1.08	1.13
100	80	0.48	0.67	0.81	0.91	0.95	1.01
	90	0.6	0.97	1.06	1.2	1.26	1.35

表2　　　　　　　　　　　　　　主　要　工　程　量

B (cm)	H (cm)	混凝土（m³）			钢筋 (kg)
		预制	现浇	合计	
60	60	1.1	0.5	1.6	35
	70	1.1	0.5	1.6	35
80	60	1.2	0.6	1.8	37
	70	1.2	0.6	1.8	37
	80	1.7	0.7	2.4	43
	90	1.7	0.7	2.4	43
100	80	1.8	0.8	2.6	46
	90	1.8	0.8	2.6	46

四、构件的预制、运输与安装

（一）构件的预制

预制场位置的选择、预制厂设备的选用和浇筑质量的好坏，直接影响建筑物的投资大小和建筑物能否正常运行。因此，构件预制是装配式建筑物施工中的重要环节。

二峰电灌区的构件预制厂是考虑交通方便、距砂石料较近，附近有电源和水源，接近灌区建筑物分布的中心等条件选择在关塘公社附近。

预制厂浇筑场地面积980m²，部分是露天，部分搭有工棚。厂内设备有混凝土拌和机、水磨机、平板振捣器、插入式振捣器、双轮斗车、简易预应力张拉设备等。预制构件曾采用木模和钢模。实践表明，本模容易变形，尺寸不能保证，且重复利用次数少，立模拆模也不方便，稍后来全采用钢模浇制。钢模有着很明显的优点：周转率高，重复使用次数多，构件表面光洁，尺寸准确。

一般构件混凝土浇筑方法介绍从略。耦合式闸门要求精度高，其浇筑工艺介绍如下：

耦合式闸门是依靠闸门与涵洞进口面贴紧止水，因此要求接触面平整光滑。浇筑工艺是：将浇好的涵管进口段口朝天平放在地上，使口四周乘以水平面（可用水倒入涵管以水平面校准），然后将口四周表面的 3 里面厚石子层磨平磨光。洗闸门时，可在磨光的涵管口涂上黄油，并盖上略大于口内径的钢板作为闸门的底模，外面套上铁框边模（见图 3），这样浇好的闸门，与涵管进口紧密无间，不会漏水。此一对闸门与涵管进口统一编号，注明上下，安装时要互相匹配，不能弄错，否则，闸门与涵管不密合而漏水。

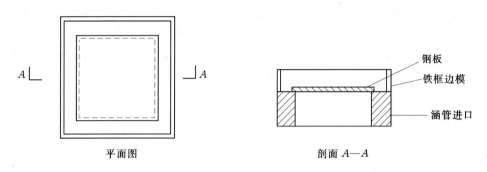

平面图　　　　　　　剖面 A—A

图 3　闸门浇筑方法示意图

构件浇筑后盖草垫浇水养护。拆模时进行编号，并注明浇筑日期，对左右对称但不能互换使用的构件，应注明左右，以避免运输时摘错，到现场不能安装。构件堆放场地应事先规划好；不同规格的构件堆放地点要便于运输时上车。构建硬件应可能立放，叠放容易损坏。不得以叠放时，要选好支撑点，上下板支撑点应在一直线上。

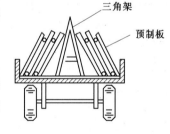

图 4　预制板装车示意图

（二）构建的运输

构件的运输也是装配式建筑物施工中的重要环节。牵涉到构件的运费和构建的损坏率，这都会影响到建筑物的造价。

二峰灌区大部分构件的运输采用手扶拖拉机，当采用大中型拖拉机或汽车时，由于车厢较高，为了方便装卸构件，宜随车带跳板，装卸时可沿跳板拖上或滑下。最好有汽车吊或其他吊装设备担负构件的装卸工作。

为了减少构体运输过程中的损坏率，构建在车厢内的放置方法要合理，例如平板型构件，切忌水平堆放，这样在路途颠簸过程中，下面的构件容易断裂。较好的放置办法是在车厢中间先放一个三脚架，两侧依次斜靠构件，把构件与三脚架及车厢绑成一体（见图 4），这样运输就不容易损坏构件。

（三）构件的安装

把构件在现场安装成建筑物，这是装配式建筑物的最后一个环节。关系到建筑物能否安全运行，因此，安装时应有技术人员指导，细心进行施工。

1. 安装工具准备

安装工地现场应准备下列工具：经纬仪、水平仪、直尺、大小钢尺、水平尺、90°大角尺、钢撬棍、平铲、铁锹、木夯、铁锤、木杠、麻绳、拌和铁板、灰刀等。

2. 安装程序

安装前先放样和开挖基础。挖基尽量避免超挖。如局部超挖，用土回填，应注意夯实，少量的可用混凝土或砂浆回填。埋涵管的基础长度应该是单节涵管长度的倍数，出口位置就根据这一要求确定。

建筑物安装应按一定的程序进行。例如涵管式节制闸和分水闸，一般先安好混凝土涵管，使其中心线与渠道中心线重合，然后安装进出口部分。进口部分按构件编号①、②、③、④顺序安装，出口部分按⑤、⑥、⑧、⑦顺序进行。进出口部分安装既可同时进行，也可先后进行。

开敞式节制闸可先安装下游⑩、⑧构建，作为现浇混凝土和砂浆的拌和场，然后按构件⑨、⑧、⑦、⑥顺序进行，再把构件⑤临时安在构件⑥上做标准样板，依次安装①、②、④构件，放入闸门后，最后安装构件③，见图1。

3. 安装过程中几个应特别注意的问题

（1）闸门槽必须铅直。安装管式分水闸进口构件①、②、③时，要使闸门槽铅垂在一条直线上，以保证启闭闸门方便，并不漏水。如果发现保持门槽铅直与门槛水平有矛盾时（门框预制时未能做成矩形），也应以门槽铅直为准，门槛可用砂浆抹平。由于安装构件④（两侧翼墙）时容易碰撞已安好的门框，所以翼墙板安好后，要重新检查构件①、②、③的位置是否变位，如有变位，要调整以后，才能用螺栓和现浇混凝土固定。

（2）构件的拼接型式。圆管构件一般采用套接型式［见图5（a）］，如涵管对接，最好外加一钢筋混凝土套圈［见图5（b）］，套圈与涵管间缝隙用麻刀浸油底子塞紧。尤其在砂性土中埋管，更要注意构件接缝的处理。如果渗径形成"短路"，则易发生管涌，导致建筑物破坏。

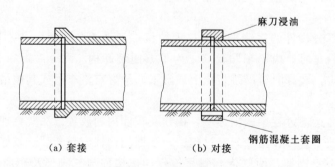

（a）套接　　　　　　（b）对接

图5　涵管拼接

平方构件的拼接方式，按设计要求见图6（a）。缝内现浇混凝土要捣实，安装时切不可误安装成图6（b）型式，缝内灌不进混凝土，易形成渗径"短路"。图6（c）的型式也可以采用。与图6（a）比较，其优点是预制板结构简单，沿建筑物地下轮廓渗径增长；其缺点是挖基时，拼接处要多挖一条槽沟。

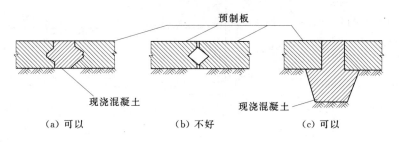

图 6　平放构件拼接型式

装配式建筑物遭到破坏，往往由于构件与地基接触不紧或者建筑物四周回填不夯实，不能保证应有的有效渗径长度引起管涌现象，造成建筑物的沉陷、构件的倾倒等。在砂性土壤地基更易发生此类现象。

为了使构件安于地基接触紧密，可采用以下几种方法：①基础面铺一薄层水泥砂浆（地基表面应洒水，不使砂浆迅速失去水分），然后把构件安装上，利用构件自重挤压砂浆，充满构件与地基表面间的空隙；②预制板安放就位后，用平板振捣器放在构件上，利用震动使物件与基础紧密结合；③用水泥土或三合土代替水泥浆铺在地基表面，使构件与地基结合在一起。

建筑物两侧，翼墙的背后，回填土最好是黏性土，除去草皮树根，等杂质，并保证其含水量接近最优含水量，然后用木夯或铁锤细心夯击密实。

（3）分水墩与 W 形槛的预制与安装。分水墩与 W 形槛要求尺寸和位置准确，符合试验要求，否则达不到预期消能效果。因此预制与安装时要特别注意。一般分水墩和 W 形槛先分别预制好，在浇出口底板时，再把预制好的分水墩和 W 形槛埋入，使形成一整体。

五、装配式建筑物与砌石建筑物的造价比较

当地区采石比较方便，因此老式建筑物的翼墙、进出口护砌等大部分采用砌石结构，由于装配式建筑物采用合理的进出口型式和新型的下游消能结构，其造价比老式砌石建筑物低得多，为了说明问题，兹举例对同一类型和同样大小的两种不同结构型式的建筑物进行造价比较。

（一）比较建筑物的类型和尺寸

比较建筑物采用管式分水闸，流量为 $1.0\mathrm{m^3/s}$，上下游水头落差为 $1.0\mathrm{m}$，涵管内径为 60cm，装配式结构如图 1，砌石结构如图 7。

（二）单价分析

钢筋混凝土构件预制和现浇混凝土每立米单价分析见表 3。

钢筋混凝土构件的运输和安装单价分析见表 4。表 4 中 200 号水泥砂浆为勾缝用，运距按 10km 计。

直径为 60cm 的混凝土管预制单价 15.6 元/m，运输和安装单价分析见表 5。表 5 中 200 号水泥砂浆用于勾缝用，运距按 10km 计。

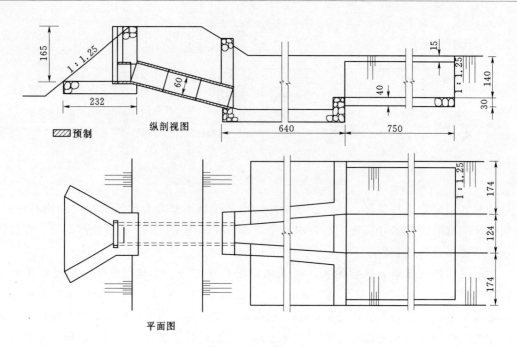

图 7　涵管砌石分水闸布置图（单位：cm）

表 3　　　　　　　　　钢筋混凝土预制构件和现浇混凝土单价分析　　　　　　　单位：元/m³

材料、劳力等费用名称	单位	250 号钢筋混凝土预制构件			250 号现浇混凝土		
		数量	单价	复价	数量	单价	复价
碎石	m³	0.836	15.64	13.08	0.85	20.10	17.09
白石子	kg	14	0.35	4.90			
黄砂	m³	0.561	13.50	7.57	0.60	17.90	10.61
水泥	t	0.35	97.50	34.13	0.35	97.50	34.13
钢筋	t	0.037	300.00	29.60			
铁件	kg	1.3	1.5	1.95			
铁丝	kg	0.4	1.5	0.60			
其他材料				1.00			
钢模摊销费				2.50			
机械使用费				5.10			
模工	工日	0.88	1.45	1.28			
钢筋工	工日	2.59	1.45	3.76			
混凝土工	工日	4.0	1.45	5.80	1.88	1.45	2.73
水磨石面工	工日	1.47	1.45	2.13			
杂工	工日	2.55	1.45	3.70	3.76	1.45	5.45
间接费				13.31			6.45
合计			130.41			76.55	

注　表中用工都是折合成一级工工日数，故单价为一级工单价。

表 4	预制构件运输与安装单价分析			单位：元/m³
费用名称	单位	数量	单价	复价
运费	t·km	25	0.6	15
200 号水泥砂浆	m³	0.025	80.00	2
技工（折成一级工）	工日	3.45	1.45	5
普工	工日	2.9	1.45	4.36
间接费				7.49
合计				33.85

表 5	直径为 60cm 的涵管运输与安装单价分析			单位：元/m
费用名称	单位	数量	单价	复价
运费	t·km	3.1	0.6	1.86
200 号水泥砂浆	m³	0.01	80.00	0.80
技工（折成一级工）	工日	0.5	1.45	0.73
普工	工日	0.5	1.45	0.73
间接费				1.16
合计				5.28

浆砌和干砌块石工程单价分析见表 6。表 6 中块石、黄砂、水泥单价都按运到工地计算。

表 6	砌 石 工 程 单 价 分 析						单位：元/m
材料、劳力费用名称	单价	80 号浆砌块石（1m³）			干砌石块（1m³）		
		数量	单价	复价	数量	单价	复价
块石	m³	1.15	17.25	19.84	1.15	17.25	19.84
黄砂	m³	0.35	17.69	6.19			
水泥	t	0.1	97.5	9.75			
技工	工日	1.9	1.45	2.76	0.83	1.45	1.12
普工	工日	1.9	1.45	2.76	1.67	1.45	2.41
间接费				2.76			1.81
合计				44.03			25.24

（三）造价比较

根据以上单价，得管径为 60cm 的装配式分水闸每座造价见表 7。管径为 60cm 的砌石分水闸每座造价见表 8。

表 7　　　　　　　　　　　**管径为 60cm 的装配式分水闸造价**　　　　　单位：元/座

费用名称	单位	数量	单价	复价
250 号钢筋混凝土构件	m³	1.7	130.41	221.7
250 号钢筋混凝土构件运输与安装	m³	1.7	33.85	57.55
250 号现浇混凝土	m³	0.9	76.55	68.9
直径为 60cm 的预制涵管	m	4	15.6	62.4
涵管运输与安装	m	4	5.28	21.12
启闭机购置与安装	台	1	100	100
合计				531.67

表 8　　　　　　　　　　　**管径为 60cm 的砌石分水闸造价**　　　　　　单位：元/座

费用名称	单位	数量	单价	复价
250 号钢筋混凝土预制构件	m³	0.28	130.41	36.45
预制构件的运输与安装	m³	0.28	33.85	9.48
直径为 60cm 的预制涵管	m	4	15.6	62.4
涵管运输与安装	m	4	5.28	21.12
浆砌块石	m³	18.55	44.03	816.76
干砌块石	m³	12.74	25.24	321.56
启闭机购置与安装	台	1	100	100
合计				1367.77

　　两者造价之比 1：2.6，这表明老式建筑要比新式装配式建筑物造价贵得多。而且上述造价分析中尚未计入负担构建装卸、土方开挖与回填的农民用工，装配式建筑物每座为 15 工日，砌石建筑物每座为 50 工日，如果计入农民劳动报酬，则砌石建筑物的造价就更高了。

　　我们分析两者造价所以相差较大的原因，主要是建筑物进出口的型式与下游消能型式的合理与否，从图 9 和 10 对比可以看出，采用分水墩如 W 形槛的消能工，下游护砌长度很短，而采用消力池型式，下游护砌长度要长得多。由此可见，如果砌石结构也采用水科院通过试验建议的进出口型式和消能结构，则砌石建筑物的造价也可以减低一些。

六、存在问题和改进意见

　　装配式建筑物在二峰电灌区的试建，通过运行，总的来看是成功的，节省投资劳力和加快进度等方面的意义也是大的。但由于预制安装的技术力量薄弱，又缺乏经验，所以也存在以下一些问题有待改进。

　　(1) 个别渠道纵坡较陡，建筑物出口不能形成足够淹没水深，以致水流过 W 形槛时形成二次跌水，这对下游渠道冲刷不利。遇到这种情况，应当具体分析原因，如果渠道本身因坡降大，平均流速超过允许流速，则应改缓渠道坡度，或护砌整个渠道。

　　(2) 大部分构件与地基接触未按要求处理，有的挡土墙背后回填土未夯实，因此发生渗漏现象，个别形成渗流通道。避免此类现象发生，只能仔细夯实回填土和处理好构件与地基的接触。在砂壤土和轻壤土地区更应如此。必要时，还应适当增加渗径长度。

（3）根据原试验要求，W形槛后面还有一条尾槛[4]，对减小渠道中底流速有显著作用，在今后的设计和施工中应采用。

（4）有的节制闸进口型式没有采用试验建议的隔墙型式，而套用分水闸潜没水下的八字墙型式，致使有效渗径过短，引起建筑物两侧浇渗。因此节制闸进口应采用翼墙顶超出上游水位的隔墙式（见图2）。

（5）耦合闸门预制时一般都能做到不漏水，但安装上启闭机后，有的就漏水了，说明螺杆轴位置不当，故安装时应特别小心。

（6）启闭螺杆因暴露在露天，很快锈蚀。应当做一铁皮或塑料套子加以保护，并经常涂油维护。

七、说明和建议

（1）二峰电灌区装配式建筑物试点的这一经验介绍是初步的，有些结构型式尚待改进，其他类型装配式建筑物正在试建，希望得到各方面的指教和支持。

（2）本设计适用于淮河以南气候条件下的黏性土地区，较寒冷地区和砂性土质地区采用时，要适当改变设计和加强施工质量控制。例如适当增加渗径长度，并做好构件与地基的接触以及仔细夯实回填土；特别注意加强涵管的接头；在建筑物上游渠道前加一段护砌，其长度约等于上游水深。

（3）平原灌区过闸允许水头落差小，宜选用开敞式节制闸和分水闸，丘陵区允许过闸水头损失较大，特别是有跌差时，宜采用涵管式分水闸和节制闸，工程量和投资较少，而且便于结合道路。

（4）渠系建筑物具有数量很大，工程地点分散，同类型建筑物众多，特别适合于采用装配式结构，设计定型化，预制工厂化，运输安装机械化，可以节省大量投资、人力、材料和时间。在国外很多国家都已做到，而我国采用却并不多，不仅由于我国农田水利技术落后，也由于过去农田基本建设的方针不当。例如"以大型为主"，结果造成重骨干、轻配套的恶果；"以社办为主"，结果不重视科学技术的指导，以致不仅建筑物型式落后，工程少慢差费，而且绝大部分灌区建筑物不配套，浪费很大，效益很差。二峰电站的装配式建筑物试点，虽然刚刚开始，尚未做到工厂化，机械化，但已显示出装配式结构的巨大经济意义，同样大小的建筑物，与老式建筑物相比，可节省投资62%。随着工作的深入、设计水平的提高、预制设备的完善、运输安装机械化的实现，装配式结构的优越性会得到更大程度的发挥，因此，希望有关部门重视这一工作的开展。建议各省市水科所展科学研究，设计院担负起装配式建筑物定型设计的任务，并建议大型灌区建立规模较大的预制构件厂，成立专业化、机械化施工队伍，以便用较少的投资，较少的人力，较短的时间把灌区渠系建筑物配套起来，扩大灌溉效益。

参 考 文 献

[1] 金永堂，李明湖，等．灌溉渠系分水闸结构型式试验研究，水利水电科学研究院《科学研究论文

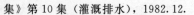
集》第 10 集（灌溉排水），1982.12.

［2］ 金永堂，朱嘉英，灌溉渠系节制闸结构型式试验研究. 渠系水工建筑物结构型式. 1982.12.

［3］ 金永堂. 灌排渠系闸下消能工. 水利学报，1982（5）.

［4］ 金永堂. 管式陡坡过水能力与下游消能. 水利水电技术，1981（9）.

灌溉渠系分水闸结构型式试验研究[*]

摘要：目前生产实践中，分水闸结构型式种类很多，使定型化、装配化带来困难；另外有些结构型式的流态不好，用料较多。我们通过试验研究和技术经济比较，推荐两种比较经济合理的进口不对称的结构型式［见图 7（h）、（j）］和两种较好的分水闸带节制闸的联合型式［见图 10（e）、（f）］。试验并为以上各型式提出了较精确的水力计算方法。

一、引言

30 年来，我国灌溉事业有了很大的发展，但绝大部分灌区渠系建筑物配套不全。据初步统计，全国至少还需要修建上千万座斗渠以上的各类建筑物。如何使这样庞大数量的建筑物做到经济合理，是一项很有实际意义的研究课题。

分水闸是渠系建筑物中最多的一类，在灌区分水配水中起着重要的作用。其结构型式是否合理，不仅影响工程量大小和施工难易，而且影响灌区的管理。目前国内外文献中尚缺乏对这类建筑物结构型式的系统介绍和研究，特别是对各地在实践中创造的各种各样的结构型式，没有进行过研究比较和总结提高。

据国内灌区的调查，渠系分水闸有对称进口型式、不对称进口型式和带节制闸三种不同类型。每一种类型又有各自不同的进出口型式，见图 1、图 7 和图 10。过去对这些型式没有进行过对比试验，故不知哪种型式过水能力大、工程量少、结构简单；另外也没有比较精确的水力计算方法。同时，由于型式种类过多，使建筑物定型化和装配化困难，材料和投资浪费，施工复杂。过水能力相同的建筑物，由于采用型式不同，工程量的差别往往相差很大，有的差好几倍。因此通过一定的模型试验研究和技术经济比较，对实践中采用的型式进行全面的研究分析，选出合理的型式，并提出较精确的计算方法，将能简化建筑物的设计和节省工程材料与投资。

二、对称进口分水闸结构型式的试验研究

以前，分水闸的进口型式绝大部分都是对称的。常见的如图 1 所示。试验中对这些型式的研究和比较主要从过水能力、工程量、施工难易（例如采用装配式结构应便于构件的预制与安装）三方面来考虑。研究比较的内容和步骤如下。

---

* 本文原载于《水利水电科学研究院文集》（第 10 集），1982 年。合作者：李明湖等。

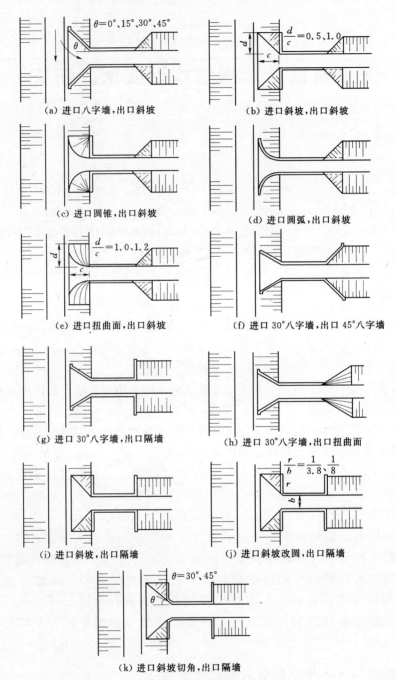

图1 对称进口分水闸不同结构型式

（一）过水能力试验比较

1. 八字墙进口不同张角对过水能力的影响

试验中采用不同张角（0°、15°、30°、45°），当出口均为斜坡型式时，试验所得不同张角的八字墙进口分水闸的流量系数 ϕ 值（引自公式2）见图2。

由图2可知最优张角 $\theta \approx 30°$。当分水闸通过设计流量时，不同张角八字墙进口的 ϕ 值可列成表 1。

表 1 不同张角八字墙进口 ϕ 值

八字墙张角 θ（°）	流量系数 ϕ	比直墙式提高比例（%）	八字墙张角 θ（°）	流量系数 ϕ	比直墙式提高比例（%）
0（即直墙式）	0.64	—	30	0.80	24.0
15	0.75	18.6	45	0.78	21.3

2. 不同进出口型式对过水能力的影响

为了检验进口型式对过水能力的影响，试验中是采用同一斜坡出口型式，将进口改变为扭曲面、圆弧、30°八字墙、圆锥、斜坡与直墙等型式来进行比较。试验结果：当过设计流量时 ϕ 值如表 2。

表 2 过设计流量时 ϕ 值

进口型式	流量系数	扭曲面 ϕ 值高于其他形式（%）
扭曲面（$d/c=1.0$）	0.83	—
扭曲面（$d/c=0.5$）	0.83	—
圆弧	0.80	3.75
30°八字墙	0.80	3.75
圆锥	0.74	12.2
斜坡（$d/c=0.5$）	0.72	15.2
斜坡（$d/c=1.0$）	0.69	20.3
直墙	0.64	29.6

由表 2 可知，扭曲面、圆弧和 30°八字墙进口型式的 ϕ 值最大，直墙式最小。过水能力的影响相当显著。

为了检验出口型式对过水能力的影响，试验是采用了相同进口型式（30°八字墙），不同出口型式（隔墙、45°八字墙、扭曲面）进行比较。试验结果表明：当过设计流量时，较好的扭曲面出口型式与较差的隔墙出口型式 ϕ 值只相差 1.2%，这说明出口型式对过水能力影响不大。

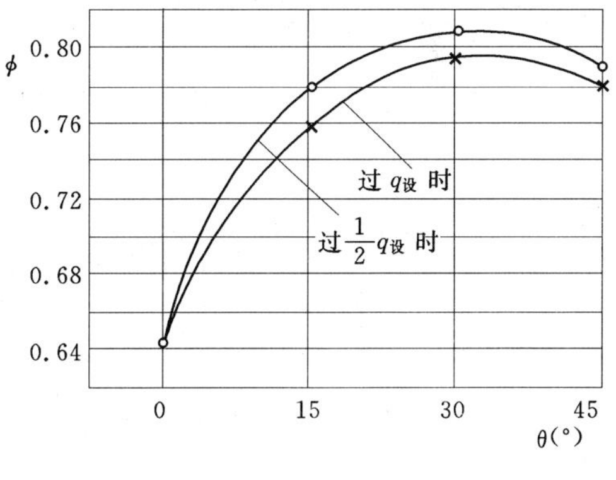

（二）进口型式的比较和改进试验

根据以上试验，从过水能力方面看：扭曲面、圆弧和 30°八字墙三种进口型式较好；圆锥与斜坡型式次之；直墙型式最差。但选择型式还应考虑工程量的大小与施工难易的情况。

不同进口型式的工程量大小主要指进口翼墙和护坦部分。现将几种主要进口型式估算的工程量比值列于表 3。直墙式因过水能力最差未列入比较。

从施工难易方面比较，扭曲面、圆锥和圆弧等结构型式施工比较复杂。特别是采用装

图 2　八字墙张角 θ 与 ϕ 值关系

配式结构,不仅构件种类多,而且形状复杂。30°八字墙与斜坡型式则施工比较方便。

根据以上过水能力、工程量、施工难易三方面的初步比较,可提出如下看法:

(1) 30°八字墙的进口型式各方面都比较好,可作为较合理的进口型式加以肯定;圆锥的进口型式各方面都比较差,可以否定;扭曲面与圆弧的型式虽然过水能力较大,但工程量较多,施工较复杂,故不能认为是理想的进口型式;至于斜坡的型式,施工较简单,工程量亦不大,只是过水能力较小,如能改善这一缺陷,则也可算作合理的进口型式。

(2) 从过水能力方面比较(见表 2)可看出:不同进口型式的过水能力最多相差 30%左右,这说明如果采用合理的进口型式,将可减小闸宽,从而节省闸身底板及上下游护坦的工程量。

(3) 从工程量比较(见表 3)可看出:不同进口型式,进口部分的工程量相差 2.5~4倍,说明在实践中如采用不合理型式,将会造成工程投资和材料方面的巨大浪费。

为了提高斜坡进口型式的过水能力,进行了一系列型式的改进试验。从观察前面试验时进口的流态得知:对过水能力起很大影响是进口翼墙与闸墙的衔接角度与型式。从这点出发,我们采取提高斜坡进口过水能力的措施是改变进口翼墙与闸墙连接的 90°直角,使其成下列型式:

表 3　　　　　　　　　　　工 程 量 比 较 情 况

进口形式	工程量比较		进口形式	工程量比较	
	混凝土结构	砖石结构		混凝土结构	砖石结构
30°八字墙	1	1	圆锥	2.5	2.6
圆弧	1.3	1.3	扭曲面 ($d/c=1$)	2	4
斜坡 ($a/c=0.5$)	1.3	1.8			

1) 进口直角改成小圆弧形(简称斜坡改圆),令 $\frac{r}{b}=\frac{1}{8}$、$\frac{1}{3.8}$ [见图 3(a)]。

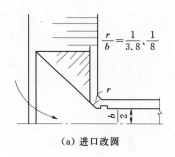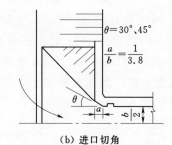

(a) 进口改圆　　　　　　　　　　(b) 进口切角

图 3　斜坡进口改进型式

2) 进口直角改成 30°或 45°切角(简称斜坡切角),令 $\frac{a}{b}=\frac{1}{3.8}$ [见图 3(b)]。

试验结果表明:改进型式的过水能力有显著提高,其中进口 30°切角的方案提高最多。当过设计流量时,其过水能力比原来斜坡进口提高 16%左右(见表 4)。斜坡及其改进型式过不同流量的 ϕ 值见图 4。

表4 不同改进形式过 Q 设时的 ϕ 值

进口形式	ϕ 值	ϕ 值比斜坡形式高（%）
斜坡（$d/c=1$）	0.7	—
斜坡改圆（$r/b=1/8$）	0.78	11.4
斜坡改圆（$r/b=1/3.8$）	0.78	11.4
斜坡45°切角（$a/b=1/3.8$）	0.79	12.9
斜坡30°切角（$a/b=1/3.8$）	0.81	15.7

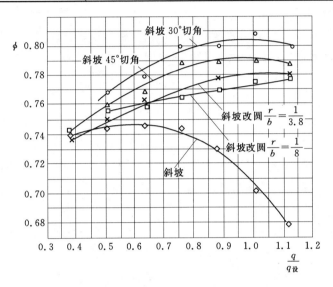

图4 斜坡进口及其改进型式 ϕ 值与流量关系

根据以上试验，斜坡30°切角 $\left(\dfrac{a}{b}=\dfrac{1}{3.8}\right)$ 的进口型式过水能力已提高到与30°八字墙差不多；其结构简单；工程量不大。故与30°八字墙一样可选为合理的进口型式，建议在实践中采用。

（三）出口型式的选择

由于出口型式对过水能力的影响不大，选择时，可以主要考虑工程量大小和施工难易两方面。

工程量的比较，应该包括翼墙、护坡及护坦之出口部分的工程量。按模型试验例子设计，隔墙、斜坡、45°八字墙和扭曲面4种不同出口型式的工程量比值见表5，以隔墙最省。

表5 不同出口形式的出口部分工程量比值

出口形式	工 程 量 比 值		出口形式	工 程 量 比 值	
	混凝土结构	砖石结构		混凝土结构	砖石结构
隔墙	1	1	扭曲面	1.3	1.1
斜坡	1.5	0.9	45°八字墙	2	2

从施工难易方面看，也以隔墙型式结构最简单；斜坡与八字墙次之；扭曲面最复杂。因此可选隔墙作为合理的出口型式，建议在实践中采用。

（四）选出型式分水闸的过水能力计算方法

过去不少文献中介绍及多数实际中采用的计算分水闸过水能力公式为

$$Q = \phi b h_\delta \sqrt{2g(H_0 - H_\sigma)} \tag{1}$$

式中　ϕ——考虑摩阻损失、侧向收缩和转弯损失在内的流量系数；

　　　b——闸宽；

　　　H_0——闸前水深与行近流速水头之和；

　　　h_δ——下游水深。

上式不合理处在于忽略了闸后恢复水深，以下游水深替代闸内收缩水深。在淹没度不很大的情况下，由此而引起的误差很大。间合理的计算公式为

$$Q = \phi b h_c \sqrt{2g(H_0 - H_\delta)} \tag{2}$$

式中　h_c——闸内收缩水深；

其他符号意义同前。

为了获得式中 ϕ 与 h_c 值，试验中进口分别采用 30°八字墙和斜坡 30°切角两种选出的合理型式；出口采用隔墙型式。试验结果表明：h_c 值与进口型式、淹没度及过水流量等因素有关，见图 5。试验所得 ϕ 值见图 6。当过设计流量时，30°八字墙进口型式 $\phi = 0.82$，斜坡 30°切角进口型式 $\phi = 0.81$。

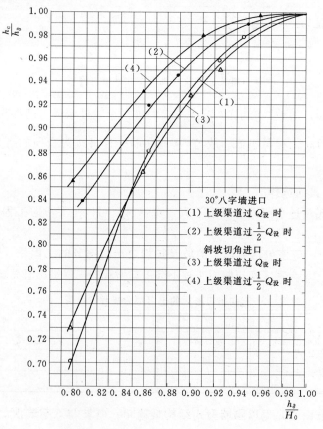

图 5　隔墙出口不同进口型式的 h_c 值

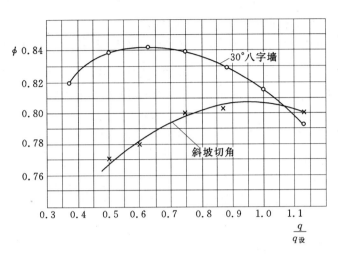

图 6　隔墙出口不同进口型式的 ϕ 值

三、不对称进口分水闸结构型式试验研究

我国有些灌区，群众采用了不对称进口型式的分水闸，目前国内外一般参考书中未见介绍。这种不对称进口型式是否比对称进口型式分水有利？那几种不对称进口型式最合理？其水力计算方法如何等问题尚需通过试验比较才能回答。

（一）进出口型式的比较及其对过水能力的影响

试验中采用了不同不对称的进口型式（见图 7），隔墙与斜坡两种出口型式。

试验先比较不同进口型式在出口均为斜坡型式下的过水能力。试验所得 ϕ 值见表 6。

表 6　　　　　　　　　　　　不同不对称进口型式的 ϕ 值

编号	1	2	3	4	5	6	7	8	9
进口形式	15°八字墙—直墙	30°八字墙—直墙	45°八字墙—直墙	圆弧—直墙	斜坡切角—直墙	圆锥—直墙	扭曲面—直墙	扭曲面—直墙	扭曲面—扭曲面
ϕ 值	0.83	0.88	0.86	0.88	0.86	0.82	0.90	0.89	0.89

表中 ϕ 值表明：

（1）不同角度的八字墙中以 30°八字墙—直墙的型式最好。

（2）上游一侧均为扭曲面，改变下游一侧为直墙、圆弧和扭曲面等型式（见表 6 编号 7、8、9），以扭曲面—直墙的型式最好。

（3）从过水能力方面看，以扭曲面—直墙的进口型式最好。

但是，如果同时考虑施工难易与工程量大小，则以 30°八字墙—直墙和斜坡切角—直墙这两种型式较好。

为了试验出口型式对过水能力的影响，进口分别采用上述较好型式，改变出口为隔墙与斜坡两种型式，试验结果所得 ϕ 值很接近，说明出口型式对过水能力影响不大。

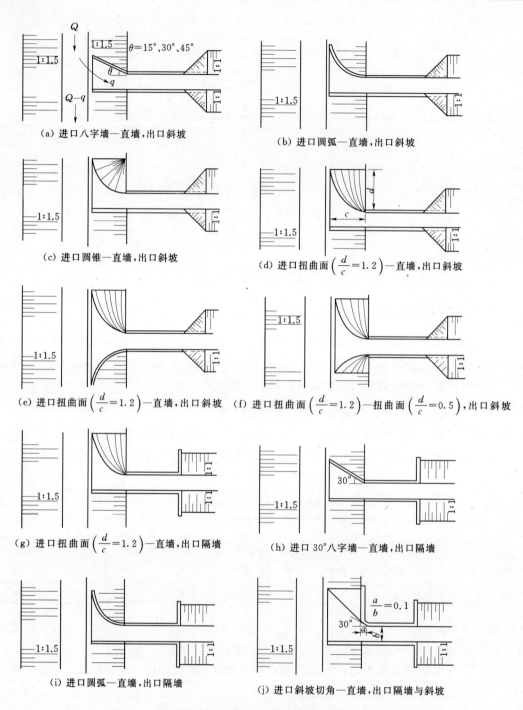

图 7　不对称进口分水闸不同结构型式

（二）选出型式分水闸的过水能力试验与计算方法

根据以上试验结果比较，较好的进口型式有 30°八字墙—直墙、扭曲面—直墙和斜坡切角—直墙等三种；较好的出口型式为隔墙。为了求得这些型式分水闸的过水能力计算方法，需要通过试验确定式（2）中的 ϕ 与 h_c 值。通过不同流量的三种不同进口型式的 ϕ 值见图8，h_c 值见图9。

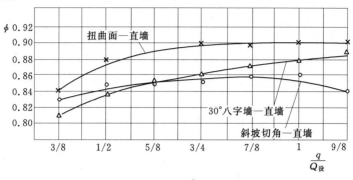

图 8　三种不对称进口型式分水闸的 ϕ 值

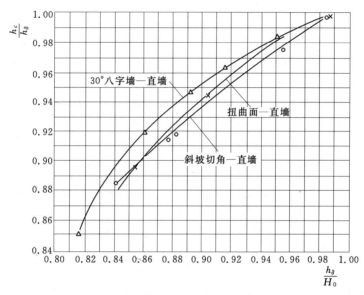

图 9　三种不对称进口型式分水闸的 h_c 值

（三）与对称进口分水闸过水能力比较

由于在对称进口分水闸试验中 ϕ 值采用测针测得，而在不对称进口分水闸试验中采用测压管量得。因此比较过水能力时不能比 ϕ 值的大小，而应该采用各自试验所得 ϕ 与 h_c 值算出流量来直接比较。

【例题】

设上级渠道过设计流量时，水深 $H=1.2\mathrm{m}$，平均流速口 $v_0=0.63\mathrm{m/s}$，闸宽 $b=1.5\mathrm{m}$，假定过闸水头落差为 $0.05\mathrm{m}$ 与 $0.08\mathrm{m}$，试比较对称与不对称进口分水闸过水能力。

1. 对称进口分水闸过水能力

（1）设进口型式采用 $30°$ 八字墙，出口悉用隔墙。当落差为 $0.05\mathrm{m}$ 时，$h_\delta/H_0=0.942$，查图5得：$h_c/h_\delta=1.12\mathrm{m}$，查图6得：$\phi=0.82$，由此算得流量为

$$Q=0.82×1.5×1.12×4.43\sqrt{1.22-1.12}=1.93（\mathrm{m^3/s}）$$

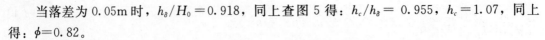

当落差为 0.05m 时，$h_\delta/H_0 = 0.918$，同上查图 5 得：$h_c/h_\delta = 0.955$，$h_c = 1.07$，同上得：$\phi = 0.82$。

算得流量为

$$Q = 0.82 \times 1.5 \times 1.07 \times 4.43\sqrt{1.22 - 1.07} = 2.25 \ (\text{m}^3/\text{s})$$

（2）设进口形式采用斜坡切角，出口形式采用隔墙。当落差为 0.05m 时，$h_\delta/H_0 = 0.942$，查图 5 得：$h_c/h_\delta = 0.97$，$h_c = 1.115$，查图 6 得：$\phi = 0.81$，算得 $Q = 1.95\text{m}^3/\text{s}$。

2. 不对称进口分水闸过水能力

（1）设进口型式采用 30°八字墙—直墙，出口采用隔墙。当落差为 0.05m 时，$h_\delta/H_0 = 0.942$，查图 9 得：$h_c/h_\delta = 0.978$，$h_c = 1.123$，查图 8 得：$\phi = 0.88$，算得

$$Q = 0.88 \times 1.5 \times 1.123 \times 4.43\sqrt{1.22 - 1.123} = 2.04 \ (\text{m}^3/\text{s})$$

当落差为 0.08m 时，$h_\delta/H_0 = 0.918$，查图 9 得：$h_c/h_\delta = 0.964$，$h_c = 1.079$，查图 8 得：$\phi = 0.88$，算得

$$Q = 0.88 \times 1.15 \times 1.079 \times 4.43\sqrt{1.22 - 1.123} = 2.37 \ (\text{m}^3/\text{s})$$

（2）设进口型式采用斜坡切角—直墙，出口采用隔墙。当落差为 0.05m 时，$h_\delta/H_0 = 0.942$，查图 9 得：$h_c/h_\delta = 0.97$，$h_c = 1.115$，查图 8 得：$\phi = 0.88$，算得

$$Q = 0.86 \times 1.5 \times 1.115 \times 4.43\sqrt{1.22 - 1.115} = 2.06(\text{m}^3/\text{s})$$

当落差为 0.08m 时，$h_\delta/H_0 = 0.918$，查图 9 得：$h_c/h_\delta = 0.953$，$h_c = 1.065$，查图 8 得：$\phi = 0.86$，算得 $Q = 2.40 \ (\text{m}^3/\text{s})$。

设不对称与对称进口分水闸过水能力之比为 $\alpha = Q_{不对称}/Q_{对称}$，其值见表 7。

表 7　　　　　　　不对称与对称进口分水闸过水能力的比值 α

不对称进口形式水头落差（m）	30°八字墙—直墙	斜坡切角—直墙
0.05	1.05	1.055
0.08	1.05	1.05

表中 α 值说明不对称进口分水闸的过水能力大于对称进口型式约 5%，另外由于不对称进口下游一侧翼墙（直墙）较短，故工程量比对称进口型式少。由此我们建议在今后实践中，90°引水的分水闸可以采用不对称进口型式，代替目前常用的对称进口型式。

（四）与节制闸过水能力比较

与节制闸比较过水能力的目的在于，寻求水流由于 90°引水转弯儿引起水头损失对过水能力的影响。

节制闸试验选出的隔墙切角的进口形式与分水闸中斜坡求教的进口形式条件类似，出口均为隔墙形式，故可作流量比较。

根据节制闸结构型式试验研究介绍的计算方法术算得进口为隔墙切角的节制闸过水能力：当落差为 0.05m 时，$Q = 2.48\text{m}^3/\text{s}$；当落差为 0.08m 时，$Q = 2.86\text{m}^3/\text{s}$。

设 Q_1、Q_2 分别为对称与不对称进口分水闸的过水能力，Q 为节制闸的过水能力；又令 $\xi_1 = Q_1/Q$，$\xi_2 = Q_2/Q$ 分别为对称与不对称进口分水闸的侧引流量损失系数，则其值见表 8。从表中 $\xi_2 > \xi_1$ 也可以判定不对称进口型式优于对称进口型式。

四、带节制闸分水闸结构型式的试验研究

为了施工和管理运用上的方便，同时也为了节省工程量，渠系上的分水闸常和上一级渠道上的节制闸连接在一起。这种枢纽式的分水闸结构型式是否合理，也影响过水能力、工程量大小和施工难易。据灌区调查，带节制闸的分水闸不仅进出口型式很多，而且连接的方式也不一样。大多数都未经过模型试验和技术经济比较，故既不知哪种结构合理，也没有较精确的水力计算方法。为了寻求合理的结构型式和水力计算方法，在单独对节制闸与分水闸的试验研究基础上，选出几种较好和有代表性的型式，采取不同连接方式进行了试验研究。试验中分水闸进口采用 30°和 45°八字墙、圆弧、斜坡与斜坡切角等型式，出口采用隔墙型式；节制闸进口采用 45°八字墙、圆弧和隔墙切角等型式，出口采用 30°八

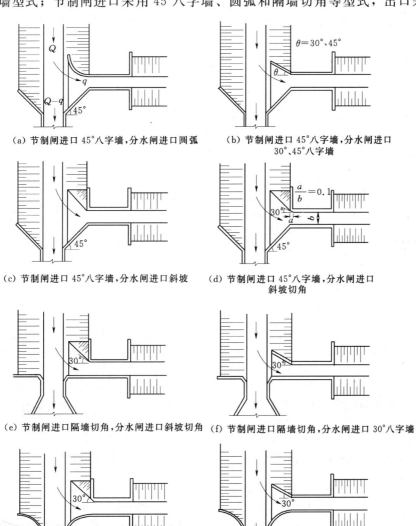

（a）节制闸进口 45°八字墙，分水闸进口圆弧　　（b）节制闸进口 45°八字墙，分水闸进口 30°、45°八字墙

（c）节制闸进口 45°八字墙，分水闸进口斜坡　　（d）节制闸进口 45°八字墙，分水闸进口斜坡切角

（e）节制闸进口隔墙切角，分水闸进口斜坡切角　　（f）节制闸进口隔墙切角，分水闸进口 30°八字墙

（g）节制闸进口圆弧，分水闸进口斜坡切角　　（h）节制闸进口圆弧，分水闸进口 30°八字墙

图 10　带节制闸的分水闸不同连接型式

字墙型式。共组成图 10 所示的不同连接型式。

（一）试验条件

各种连接型式的建筑物都在下列不同水流条件下进行了试验。

（1）节制闸全关，上级渠道中流量全部由分水闸引进下级渠道。试验流量组次分下级渠道的设计流量 $q_设$、$\frac{3}{4}q_设$、$\frac{1}{2}q_设$ 和 $\frac{1}{4}q_设$ 四组。

（2）上级渠道来量为其设计流量（$Q_设$）的 $\frac{2}{3}$，节制闸部分开启或全开，分进下级渠道的流量组次分别为 $q_设$、$\frac{3}{4}q_设$、$\frac{1}{2}q_设$ 和 $\frac{1}{4}q_设$。

（3）上级渠道来量为 $Q_设$，节制闸部分开启或全开，分向下级渠道的流量组次同上。

（二）试验结果

1. 分水闸进口型式试验比较

试验中固定节制闸进口型式为 45°八字墙，改变分水闸进口型式为圆弧、30°八字墙、45°八字墙、斜坡与斜坡切角等五种。不同水流条件下试验所得 ϕ 值见图 11、图 12 和图 13。

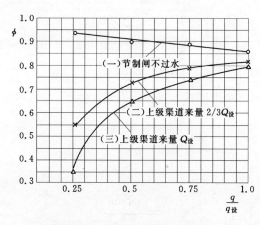

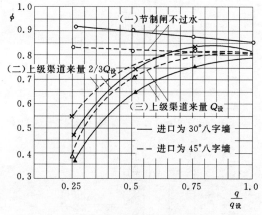

图 11　节制闸进口为 45°八字墙，　　　　　图 12　节制闸进口为 45°八字墙，
分水闸进口为圆弧时的 ϕ 值　　　　　分水闸进口为 30°、45°八字墙的 ϕ 值

试验表明：带节制闸的分水闸侧向引水时，影响流量系数 ϕ 值的因素不仅只与进口型上级渠道中流速的比值等因素有关。从以上图中曲线也可说明这个情况。

参见图 13 进口为斜坡切角的一组曲线，当引水流量 $q=\frac{1}{4}q_设$ 时，节制闸全开，上级渠道来量为 $Q_设$，引水流量比例为 $\frac{q}{Q_设}=\frac{1.36}{16.28}\approx\frac{1}{12}$，此时 $\phi=0.39$，当上级渠道来量为 $\frac{2}{3}Q_设$ 时，引水量比例为 $\frac{q}{\frac{2}{3}Q_设}=\frac{1.36}{10.86}\approx\frac{1}{8}$，此时 $\phi=0.52$。另外当上级渠道来量为 $Q_设$，节制闸闸门

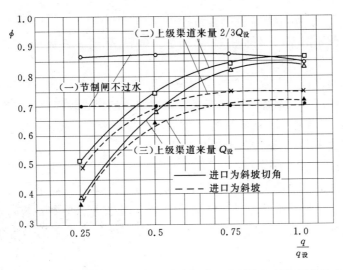

图 13　节制闸进口为 45°八字墙，分水闸进口为斜坡和斜坡切角的 ϕ 值

全开，引水流量为 $\frac{1}{2}q_设$ 和 $\frac{1}{4}q_设$ 时，引水比例分别为 $\frac{1}{6}$ 和 $\frac{1}{12}$，ϕ 值分别为 0.69 和 0.39。这说明引水流量比例影响 ϕ 值很明显。比例增大，ϕ 值亦增大。

试验中尚能看到：当分水闸引水流量大时，过节制闸的流量就减小，故节制闸开启度小，闸前发生壅水现象，流速因而减小，这样引水流速与闸前上级渠道中流速比值就增大，此时 ϕ 值亦增大；反之，当分水闸引入流量减小，过节制闸流量增大，节制闸开启度大，闸前的流速加大，引水流速与闸前流速比值减小，ϕ 值亦减小。这恰好说明在流速大的渠道上引水是比较困难的。

从以上分析来看，影响 ϕ 值的因素很多。而一般参考书上没有考虑这些因素，采用一个固定的 ϕ 值这是不恰当的。有时误差会超过 1 倍。例如：斜坡切角进口型式当引水流量为 $q_设$ 时，$\phi=0.84$（上级渠道来量为 $Q_设$）；而引水流量为 $\frac{1}{4}q_设$ 时，$\phi=0.39$。两者差 1 倍多。

为了便于对不同进口型式的比较，则把图 11、图 12 和图 13 改绘成图 14、图 15 把不同型式的 ϕ 值集中在相同的水流条件下，加以比较。

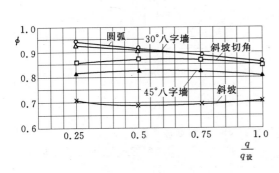

图 14　节制闸不过水时分水闸
不同进口型式的 ϕ 值

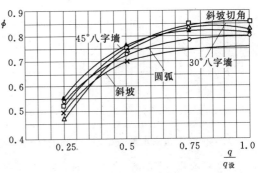

图 15　上级渠道来量 $\frac{2}{3}Q_设$ 时
分水闸不同进口型式的 ϕ 值

在分水闸过 $q_设$ 的情况下，可以看到：

（1）当节制闸不过水时（见图14），圆弧、30°八字墙和斜坡切角三种进口型式具有较大的 ϕ 值，而且相互接近。

（2）当节制闸部分开启或全开时，斜坡切角的进口型式具有较高的 ϕ 值；30°八字墙和圆弧的次之。所以从过水能力方面考虑，斜坡切角的型式较好。从工程量方面考虑，如前所述，以 30°八字墙最小；从施工角度考虑，两者差不多。故从三方面总的看来，分水闸的进口型式可选 30°八字墙与斜坡切角两种型式。

2. 节制闸进口型式试验比较

试验时分水闸进口采用选出的斜坡切角与 30°八字墙的型式，改变节制闸进口为隔墙切角与圆弧的型式。把其试验结果与已试验的 45°八字墙型式进行比较。

（1）当节制闸进口改为隔墙切角的型式时，当节制闸全关时；30°八字墙型式具有较高的 ϕ 值；节制闸部分开启时，斜坡切角的型式具有较高 ϕ 值。在实际工程中，当支渠上开斗门时，节制闸经常全关，故分水闸进口宜采用 30°八字墙型式；当干渠上开斗门时（越级开渠），节制闸经常过水，故宜采用斜坡切角的型式。这一情况值得设计人员考虑。

（2）当节制闸进口改为圆弧型式时，按不同水流条件绘成图16、图17 和图18。

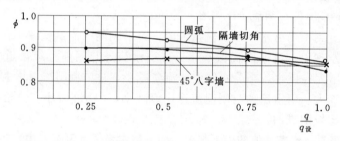

图 16　节制闸不过水，分水闸进口同为斜坡切角，节制闸不同进口型式的 ϕ 值

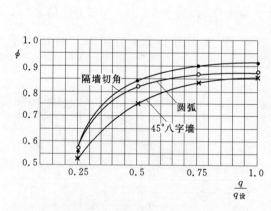

图 17　上级渠道来水量 $\frac{2}{3}Q_设$ 分水闸进口同为斜坡切角节制闸不同型式的 ϕ 值

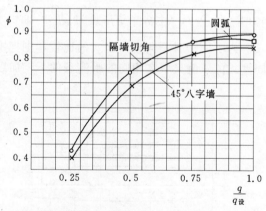

图 18　上级渠道来量 $Q_设$，分水闸进口同为斜坡切角，节制闸不同进口型式的 ϕ 值

在分水闸过 $q_设$ 情况下，从图中可看到：

（1）节制闸不过水时，三种不同节制闸进口形式所得分水闸的 ϕ 值差不多，圆弧略好

（见图 16）。

（2）当上级渠道来量为 $2/3Q_设$ 和 $Q_设$ 时（节制闸部分开启或全开），隔墙切角的形式 ϕ 值最大（见图 17 和图 18）。

分水闸进口均为 30°八字墙时，比较不同节制闸进口型式，与上述相同结果。

因此，从过水能力方面考虑，节制闸的进口形式以隔离切角与圆弧为好；可是从工程量与施工方面考虑，则隔墙切角的形式由于圆弧。由此可见节制闸的进口选隔墙切角的型式最合适。

节制闸与分水闸的连接形式最后做了两种不同相对位置的实验，一种是把节制闸进口与分水闸进口下游一侧翼墙平齐，见图 10（e）；一种是把节制闸往下游移动一定距离（实验中下一相当于节制闸扎款的距离），这是一种目前常见的连接型式。实验结果两种不同连接型式的 ϕ 值相同。但从工程量方面看，前一种连接型式工程量少，因为有一边翼墙为公用。

根据以上实验研究结果可以建议，当分水闸与节制闸组成联合建筑物时，节制闸的进口可采用隔墙切角的型式，分水闸的进口可采用 30°八字墙或斜坡切角（越级开渠时）的型式；同时相互紧联一起，使其一边翼墙公用，以节省工程量。

（三）带节制闸的分水闸过水能力计算

带节制闸的分水闸过水能力计算仍可采用式（2），式中 ϕ 与 h_c 值应通过试验求得。根据上述试验，当节制闸进口采用隔墙切角的型式，分水闸进口采用斜坡切角与 30°八字墙的型式，分水闸引设计流量（$q_设$）时，不同水流条件下的 ϕ 值见表 8。

应用图 19 和图 20，就可进行分水闸过水能力的计算。

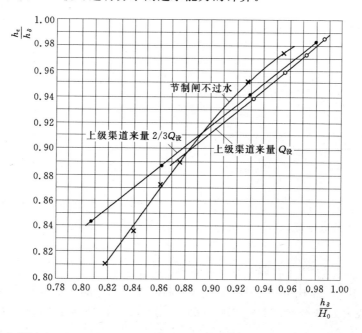

图 19　节制闸进口为隔墙切角，分水闸进口为 30°八字墙，不同水流条件下的 h_c 值

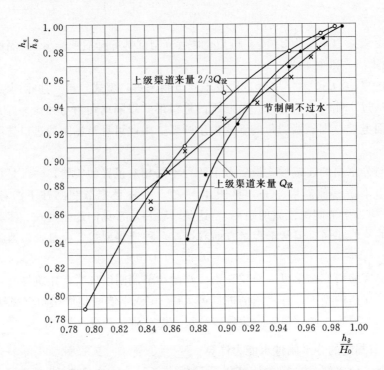

图 20 节制闸进口为隔墙切角、分水闸进口为斜坡切角时
不同水流条件下的 h_c 值

表 8   节制闸进口为隔墙切角时不同分水闸进口形式的 ϕ 值

分水闸进口形式	水 流 条 件	ϕ 值
	1. 节制闸不过水	0.85
斜坡切角	2. 上级渠道来量为 $2/3Q_设$，节制闸部分开启或全开	0.92
	3. 上级渠道来量为 $Q_设$，节制闸部分开启或全开	0.90
	1. 节制闸不过水	0.92
30°八字墙	2. 上级渠道来量为 $2/3Q_设$，节制闸部分开启或全开	0.88
	3. 上级渠道来量为 $Q_设$，节制闸部分开启或全开	0.78

【例题】

设上级渠道 $Q_设=2.1\mathrm{m^3/s}$，下级渠道 $q_设=0.7\mathrm{m^3/s}$，闸前水深（从分水闸底高算起）$H=1.2\mathrm{m}$，上级渠道中流速 $v_0=0.7\mathrm{m/s}$，闸后水深（下级渠道水深）$h_\delta=1.12\mathrm{m}$，设计闸宽。

计算：$H_0=1.2+0.72/2g=1.225\mathrm{m}$，$h_\delta/H_0=0.915$。

（1）分水闸进口采用 30°八字墙型式（节制闸进口采用隔墙切角型式）：

查图 18 或表 8 得 $\phi=0.78$，查图 22 得 $h_c/h_\delta=0.924$，$h_c=1.035\mathrm{m}$，算得闸宽

$$b=\frac{0.7}{0.78\times1.035\times4.43\sqrt{1.225-1.035}}=0.45\ (\mathrm{m})$$

（2）分水闸进口采用斜坡切角型（节制闸进口同前）：

查图 18 或表 8 得：$\phi=0.78$，查图 22 得：$h_c/h_\delta=0.924$，$h_\delta=1.035m$，算得闸宽 $b=0.4m$。

上述计算尚未结束，还应校核上级渠道流量为 $q_{设}$ 时，节制闸全关，全部流量引入下级渠道。

校核：$v_0=0.23m/s$，$H_0=1.203m$，$h_c/H_0=0.93$。

（1）分水闸进口采用 30°八字墙型式：

查表 8 得：$\phi=0.92$，查图 22 得：$h_c/h_\delta=0.959$，$h_c=1.073m$，算得闸宽 $b=0.44m$（与上面算得相近），可采用 0.5m。

（2）分水闸进口采用斜坡切角型式：

查表 8 得：$\phi=0.85$，查图 20 得：$h_c/h_\delta=0.95$，$h_c=1.065m$，算得闸宽 $b=0.475m$（大于上面算得的数值），可采用 0.5m 或 0.55m。

五、结论

（1）90°引水、对称进口型式的分水闸，通过模型试验研究与技术经济比较，考虑了过水能力、工程量和施工等方面，对十余种不同分水闸结构型式作了较全面的分析比较，指出其优缺点，认为下列几种型式比较合理：进口型式：30°八字墙与斜坡切角；出口型式：隔墙，见图 1（g）、（k）。这些型式结构简单，过水能力较大（比直墙型式高 25%），工程量较少（只有扭曲面的 1/2~1/3）。

（2）通过试验，建议对称进口型式的分水闸过水能力可采用式（2）计算。式中 ϕ 值见图 6，h_c 值查图 5。同时指出，过去以下游水深代替闸内收缩水深的计算方法是不合理的。

（3）90°引水、不对称进口型式的分水闸，是群众创造的型式，通过模型试验研究和技术经济比较，得到了总结和提高。试验表明：斜坡切角—直墙［见图 7（j）］和 30°八字墙—直墙［见图 7（a）］两种不对称进口型式在过水能力、工程量和施工方面都比较优越。建议在生产实践中采用。

（4）通过不对称和对称进口型式的比较，不对称进口型式不仅过水能力比对称高 5% 左右，而且工程量较小（因不对称型式有一边翼墙较短），建议采用不对称进口型式。

通过分水闸与节制闸过水能力的比较获得：在 90°引水的条件下，对称进口型式分水闸的侧引损失系数 $\xi_1=0.8$；不对称进口型式分水闸的侧引损失系数 $\xi_2=0.83$。

（5）90°引水不对称进口型式分水闸的过水能力仍按式（2）计算，式中 ϕ 值与 h_c 值根据试验应分别查图 8 与图 9。

（6）带节制闸的分水闸，通过近 10 种不同布置型式的试验比较，提出节制闸进口采用隔墙切角与分水闸进口采用斜坡切角或 30°八字墙组成的两种连接型式较优越，见图 10（e）、（f），建议在实践中采用。由于当节制闸过水时，分水闸以斜坡切角的进口型式 ϕ 值较大，故宜采用越级开渠的引水口（如干渠上开斗门，支渠上开农门等）。因为越级开渠时，引水比例小，节制闸一般都过水。当节制闸不过水时，30°八字墙的进口型式 ϕ 值与前者差不多，但工程量较少，故宜采用于一般分水闸上。

（7）带节制闸的分水闸模型试验表明：影响侧向引水时流量系数 ϕ 值的因素很多。除不同水位、流量、进口型式等以外，尚有引水比例、引水流速与上级渠道中流速的比值等因素。在不同上述因素的影响下，ϕ 值往往出入很大，因此，不能如一般文献中采用固定 ϕ 值来计算过水能力。

（8）带节制闸的分水闸过水能力计算仍采用式（2），式中 ϕ 值查表 9，h_c 值查图 19 和图 20。计算时应校核不同引水比例的情况（见文中例题）。

灌溉渠系节制闸结构型式的试验研究[*]

节制闸是灌溉渠系数量最多的建筑物之一，其结构型式是否合理不仅关系到建筑物的工程量大小、施工难易，而且影响控制灌溉面积（因设节制闸增加了沿渠水头损失），以及节制闸本身的管理运用和安全。

目前，我国各灌溉渠系上比较常见的节制闸进出口结构型式有圆弧、扭曲面、30°或45°八字墙、隔墙、斜坡和凹圆锥等型式。这些不同结构型式的节制闸，不仅具有不同的工程量和过水能力，而且要求不同的施工技术。

在实践中，有的节制闸上设有启闭桥与公路桥，闸身较长，当 $\delta>(2\sim3)H$（δ 为闸身长，H 为闸前水深）时，过闸水流属于宽顶堰流；有的节制闸上只设有启闭桥，闸身较短，当 $0.67H<\delta<(2\sim3)H$ 时，过闸水流属于实用堰流；也有在小型渠道上不设桥的插板式节制闸，δ 常小于 $0.67H$，其过闸水流则常属于尖顶堰流。我们按这 3 种不同水流情况对节制闸结构型式进行了如下的试验研究。

一、长闸身节制闸结构型式的试验研究

（一）不同进出口型式过水能力比较试验

为了检验各种不同进、出口型式（图

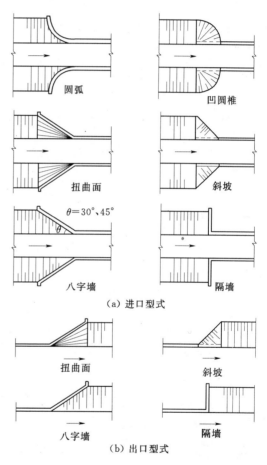

图 1　节制闸进、出口结构型式

1）对节制闸过水能力的影响，首先对出口型式为斜坡式，进口型式分别为圆弧、扭曲面、30°八字墙、45°八字墙、凹圆锥、斜坡与隔墙等 7 种情况的过水能力进行对比试验，试验

---

* 原载于《水利水电技术》1984 年第 6 月。合作者：朱嘉英。参加本项试验的还有张枚、曲秉耀等同志。

结果见图2。

由图2可见：当闸通过设计流量时，圆弧进口的流量系数 ϕ 值最大；扭曲面与30°八字墙次之，隔墙与斜坡再次，凹圆锥的 ϕ 值最小。

其次，采用同一进口型式（30°八字墙），改变出口型式（斜坡、扭曲面、30°八字墙和隔墙）进行了试验，以便检验出口型式对过水能力的影响。试验结果表明：出口型式对过水能力的影响极微。由图3可见，当通过设计流量时，ϕ 值几乎同为0.96。

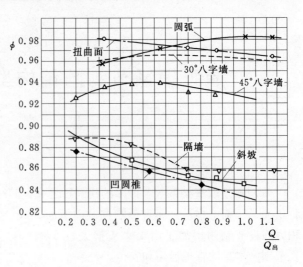

图2　相同斜坡出口型式在不同进口型式下的流量系数 ϕ 值

（二）进、出口型式的选择

1. 进口型式的选择

选择节制闸进口型式主要从过水能力、施工难易以及工程量等方面考虑。从上述的对比试验判断，各种进口型式过水能力大小的次序及施工难易的（从简单到复杂）次序见表1。

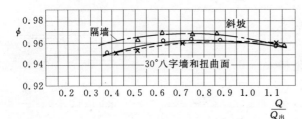

图3　相同30°八字墙进口型式在不同出口型式下的流量系数 ϕ 值

再从翼墙工程量方面比较，其相互比值见表2。由表2可见，不论采用砖石或混凝土结构，隔墙型式都是最省的一种，而工程量最多与最少的比值竟达2～3倍，这说明在实践中采用不合理型式会造成很大的浪费。

表1　　　　　　　　　　进口型式比较

优劣次序／进口型式／比较项目	隔墙	圆弧	30°八字墙	45°八字墙	斜坡	扭曲面	凹圆锥
过水能力	5	1	3	4	6	2	7
工程量	1	4	6	3	2	5	—
施工难易	1	4	2	2	3	5	—

表2　　　　　　　　　各种进口型式翼墙工程量比较

工程量比值／进口型式／结构型式	隔墙	斜坡	45°八字墙	圆弧	扭曲面	30°八字墙
砖石结构	1	1.5	1.7	1.7	2.0	2.3
混凝土结构	1	1.5	2.7	3.3	2.0	3.6

综上所述，隔墙式工程量虽少，结构简单，但过水能力差；圆弧形、扭曲面和30°八字墙过水能力虽较好，但工程量大，结构亦较复杂，为解决上述矛盾，需寻求一种满意的进口型式，我们从减少30°八字墙的工程量和提高隔墙式过水能力两方面着手，做了一系列试验。

在减少30°八字墙工程量的试验中，采取逐步缩短八字墙长度的办法［图4（a）］，令 a/L 分别等于 1、1/2、1/4、1/8和1/16，试验结果见表3。从表3可见：当 $a/L=1/16$ 时，翼墙长度缩短47%（工程量亦相应减少），而流量系数 ϕ 值比原来只减小2.1%。

在提高隔墙式过水能力的试验中，将隔墙的进口直角改成小切角［图4（b）］和1/4椭圆的型式进行了试验。当 a/b 分别等于 0、0.07、0.10、0.14 时，其相应的 ϕ 值见表3。由表3可知，把隔墙进口改成30°小切角或椭圆形时，流量系数 ϕ 值都能增加8%～9%，但改成椭圆形的较改成30°小切角的施工复杂。通过以上试验分析，认为节制闸进口采用隔墙改成30°小切角的型式既具有工程量少，结构简单的优点，又消除了过水能力差的缺点，故建议在今后的实践中采用这种型式。

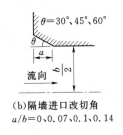

（a）缩短八字墙长度
$a/L=1、\dfrac{1}{2}、\dfrac{1}{4}、\dfrac{1}{8}、\dfrac{1}{16}$

（b）隔墙进口改切角
$a/b=0、0.07、0.1、0.14$

图4　节制闸进口型式的改进试验方案

表3　　　　　　　　　　**进口型式与流量系数 ϕ 值的关系**

进口型式	流量系数 ϕ 值	ϕ 值减小（%）	ϕ 值增加（%）	翼墙长度缩短（%）
30°八字墙$\left(\dfrac{a}{L}=1\right)$	0.96	0		0
30°八字墙$\left(\dfrac{a}{L}=\dfrac{1}{2}\right)$	0.95	1.0		25
30°八字墙$\left(\dfrac{a}{L}=\dfrac{1}{4}\right)$	0.94	2.1		37.5
30°八字墙$\left(\dfrac{a}{L}=\dfrac{1}{8}\right)$	0.94	2.1		44
30°八字墙$\left(\dfrac{a}{L}=\dfrac{1}{16}\right)$	0.94	2.1		47
隔墙$\left(\dfrac{a}{L}=0\right)$	0.87	9.4		50
隔墙（直角）	0.87		—	
隔墙进口改切角$\left(\dfrac{a}{b}=0.07\right)$	0.94		8	
隔墙进口改切角$\left(\dfrac{a}{b}=0.1\right)$	0.94		8	
隔墙进口改切角$\left(\dfrac{a}{b}=0.14\right)$	0.94		8	
隔墙进口改椭圆$\left(\dfrac{a}{b}=0.07\right)$	0.94		8	
隔墙进口改椭圆$\left(\dfrac{a}{b}=0.14\right)$	0.95		9.2	

2. 出口型式的选择

选择出口型式时，主要考虑工程量大小、施工难易和对下游流态影响等 3 方面。为了弄清出口型式对下游流态的影响，我们对不同出口型式的下游流速分布进行了测验，测验结果表明，以扭曲面和 30°八字墙等两种出口型式的下游水流条件较好，隔墙与斜坡式的较差，但不很显著。考虑到节制闸下游一般都设有消能工，因此出口型式主要决定于工程量的大小和施工难易这两个条件。从这两个条件考虑，隔墙型式是节制闸出口的较好型式。

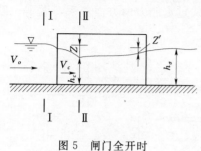

图 5　闸门全开时

3. 过水能力的试验与计算方法

当闸门全开时，渠道上的节制闸常为淹没流（图 5）。

取断面 Ⅰ—Ⅰ 与 Ⅱ—Ⅱ，可列出方程式：

$$V_c = \phi h_c \sqrt{2g(H_0 - h_c)} \tag{1}$$

$$Q = \phi b h_c \sqrt{2g(H_0 - h_c)} \tag{2}$$

式中　Q——过水流量；

V_c——闸身内收缩断面的平均流速；

h_c——闸身内收缩断面平均水深；

b——闸宽度；

ϕ——流量系数；

H_0——闸前水深 H 与行近流速水头 $\dfrac{V_0^2}{2g}$ 之和。

通常上、下游水深为已知数，h_c 为未知数。过去参考书中介绍闸过水能力的计算时，常忽略了出口处的恢复水深 Z'，以下游水深 h_σ 代替闸内收缩水深 h_c，这是不合理的。当淹没度不很大时，忽略 Z' 值算得的过水能力其误差很大。为了使式（2）应用于实践，必须通过试验求得不同进口型式的 ϕ 值和 h_c 值。不同进口型式的 ϕ 值见表 4。

表 4　　　　　　　　　　不同进口型式的 ϕ 值

进口型式	圆弧形	扭曲面	30°八字墙	隔墙进口改 30°小切角	45°八字墙	隔墙	斜坡	凹圆锥
ϕ	0.98	0.97	0.96	0.94	0.93	0.87	0.85	0.84

试验表明，闸内收缩水深 h_c 值不仅与进出口型式有关，而且与淹没度有关，试验结果见图 6。图 6 中 A、B、C 3 条曲线是进口型式同时为隔墙切角（$a/b = 0.1$），出口型式同时为隔墙的条件下，其过闸流量分别为 $Q_设$、$3Q_设/4$、$Q_设/2$ 时所得，这说明 h_c 值与流量大小亦有一定的关系。

二、短闸身节制闸结构型式的试验研究

由于节制闸的一些进出口型式已在长闸身结构的试验研究中作了试验比较，因此，在短闸身的试验中，仅选择工程量较少，结构较好的圆弧、30°八字墙、隔墙和隔墙进口改

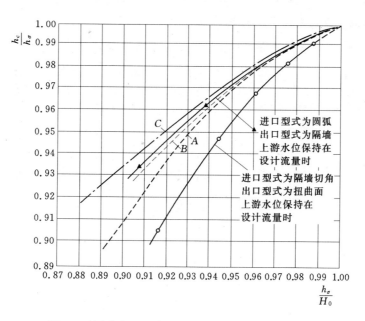

图 6　不同进出口型式的 h_c 值与上下游水深的关系

30°小切角等 4 种型式作下列比较试验。

（一）不同进出口型式过水能力试验

短闸身节制闸的长度一般在实用堰的范围内，故其过水能力应按下列公式计算。

自由出流：
$$Q = mb\sqrt{2g}H_0^{3/2} \tag{3}$$

淹没出流：
$$Q = \sigma mb\sqrt{2g}H_0^{3/2} \tag{4}$$

式中　σ——淹没系数；

　　　m——自由出流时的流量系数。

通过试验求得不同进出口型式的 m 和 σ 值，不仅可供计算过水能力之用，而且能够比较出各种型式对过水能力的影响。

1. 流量系数 m 与进口型式的关系

试验表明，m 值与进口型式有关，与流量大小无关。当闸通过设计流量时，不同进口型式的 m 值见表 5。从表 5 可见，隔墙进口改成 30°小切角的型式，其 m 值仅略小于圆弧或 30°八字墙型，但因其工程量最省，结构简单，故设计短闸身节制闸时，应优先采用这种型式。

表 5　　　　　　　　　　　　　　　**不同进口型式的 m 值**

进口型式	流量系数 m	比 $m_{最大}$ 减少值（%）
圆弧	0.37	0
30°八字墙	0.37	0
隔墙进口改 30°小切角	0.36	2.7
隔墙	0.34	8

2. 淹没系数 σ 值与进口型式的关系

淹没系数 σ 值与淹没度有关，不同进口型式的淹没系数与淹没度的关系见图 7。

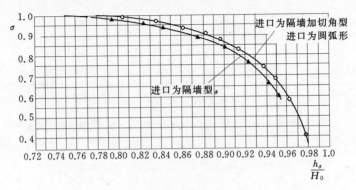

图 7　不同进口型式的淹没系数与淹没度的关系

○—进口为隔墙式，而上游水位为分别通过 $Q_设$、$\frac{5}{8}Q_设$ 时的试验点；

▲—进口为圆弧式，而上游水位为分别通过 $Q_设$、$\frac{5}{8}Q_设$ 时的试验点

从图 7 曲线可以看出，淹没系数主要取决于淹没度的大小，与不同进口型式及流量大小的关系均很小。由图 7 中尚可看出，自由出流与淹没出流的临界淹没度 $h_\sigma/H_0 =$ 0.75～0.77。

通过上述试验，不仅获得计算节制闸过水能力所需要的 m 值与 σ 值，而且选出隔墙进口改成 30°小切角的型式（即令 $a/b=0.1$）仍为短闸身节制闸的合理进口型式。

（二）不同闸宽对过水能力的影响

为了研究在相同进出口型式的条件下，不同闸宽对过水能力的影响，令 b/b'（b' 为渠道底宽）分别等于 0.67、0.8、1.0、1.2 等进行了试验。试验中，进口型式采用隔墙改成 30°小切角式，出口型式为隔墙式。试验结果表明，在相同进口型式下，不同相对闸宽对流量系数无多大影响（$m=0.36$）；但是对淹没系数与淹没度的关系有一定的影响（图 8）。从图 8 可见，当淹没度大时（$h_\sigma/H_0 \geqslant 0.95$），相对闸宽对淹没系数与淹没度关系的影响很小，故曲线接近重合；当淹没度减小时，曲线有些离开，说明有一定的影响。在实际工程中，特别是在平原灌区，一般过闸水流的淹没度较大（$h_\sigma/H_0 \geqslant 0.95$），闸门过水能力的计算可以不考虑相对闸宽。如果过闸水头落差较大，淹没度较小，计算过水能力就需要考虑相对闸宽的影响，σ 值应从图 8 中相应的曲线求得。

三、插板式节制闸的试验研究

插板式节制闸一般用于小型渠道上，不需要启闭桥，插板靠部分插入土中稳定。启闭闸门时，人站在插板顶端的悬臂梁上（图 9）。

由于插板厚度不大，故过闸水流属于尖顶堰流。溢流形状不受板厚的影响。

插板式节制闸的过水能力计算仍采用式（3）和式（4）。但式中流量系数 m 与淹没系数 σ 值与短闸身的不一样，应通过试验重新确定。试验中闸的进口采用图 10 中所示的①、

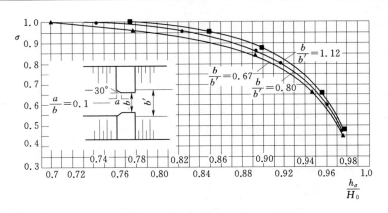

图 8 不同相对闸宽的淹没系数与淹没度关系

②、③等 3 种型式。采用型式②的目的是为了知道闸门改成 30°小切角后过水能力的增加情况；采用型式③是为了减薄型式②插板所需的厚度，并看过水能力是否降低。

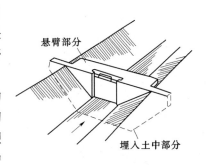

图 9 插板式节制闸

通过不同水位与流量在自由流态的试验，得出的 m 值见表 6。试验结果表明，闸门型式②改成 30°小切角后能提高过水能力 5％，闸门型式③的过水能力与型式②相同，但插板厚度小，工程量省，建议在实践中采用。而当插板式节制闸较小时，宜采用型式①。

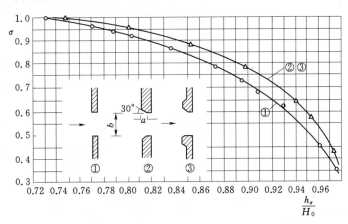

图 10 插板式节制闸淹没系数与淹没度关系

表 6　　　　　　　　　　　　插板式节制闸的 m 值

闸门型式	流量系数 m	比 $m_{最小}$ 增加值（％）
①	0.37	0
②	0.39	5
③	0.39	5

通过不同淹没度的淹没流试验，得淹没系数的 σ 值见图 10。

四、结语

（1）通过试验研究，既明确了目前生气实践中常采用节制闸各种进、出口型式的优缺点，同时又获得了隔墙进口加 30°小切角的改进型式，不仅工程量省，施工容易，而且流量系数较大，建议今后在实践中采用，出口采用隔墙型式。

（2）经试验证明了过去计算过水能力时，常不分闸身长短，不分进出口型式和假定下游水深等于闸内收缩水深等，是不合理的。试验成果提出了比较合理的计算方法，并附必要的图表，可供实际应用。

（3）上述试验成果，已在安徽省六安地区淠史杭灌区和天长县二峰灌区得到了应用。

灌排渠系闸下的新消能工

根据笔者在全国广大灌区的调查，一个严重的问题是：数量众多的灌排水闸，由于闸下消能不好，下游渠道被冲深、冲宽，影响两岸耕地、道路交通和本身建筑物的安全，不得已加长护砌，但工程量又很大，往往占建筑物总工程量百分比很大。据一些设计资料和实际工程的调查统计，小型闸占 50%～70% 左右。可见，研究闸下结构简单、消能效果好的合理消能工，是一项具有很大经济意义的课题。下面介绍一种通过定床和动床模型试验，又经过初步工程实践的 W 形消力槛，结构简单，施工方便，较一般消力池可缩短护砌长度 3/4，供设计者采用。

一、定床试验

试验是在 1：10 的模型上完成的。闸的出口型式采用图 1 所示隔墙式，这是经过模型试验和技术经济比较选出的最合理型式，下游是 $m=1.25$ 的梯形渠道。

试验按以下步骤进行。

（1）闸下游只有普通消力池，观测渠道中水流流态与流速分布。

（2）闸下游安设不同结构型式和尺寸的消力槛，在不同位置上进行对比试验。

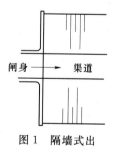

（3）观测闸下游渠道上有代表性断面的流速分布，选出较好的消能型式。然后，对选出的较好消能型式在不同的水流条件（不同水位和流量）下进行试验，确定消力槛的合理尺寸和位置，并确定所需护砌长度。

图 1　隔墙式出口型式

试验结果如下。

第 I 组试验是当闸下游只有普通消力池，而没有其他消能设施时（某设计单位的定型设计），在各种不同流量（$Q=4.1\mathrm{m^3/s}$、$2.1\mathrm{m^3/s}$、$1.03\mathrm{m^3/s}$）情况下，下游都出现了折冲水流，见图 2。渠底流速即使离闸下 $18h_\sigma$（h_σ 为下游渠道中水深）处仍大于允许流速，说明下游渠道需要护砌的长度很大。

为了消除折冲水流，改善水流情况，在第 II 组试验中，采用了 5 种不同结构型式的消力槛进行对比试验。

在试验 II－1 中，下游用"一"字型消力槛 [图 3 (a)]，虽然消除了下游水流的折冲现象，但水流波动剧烈，底流速也偏大，故消能效果不太理想。

＊　原载于《水利学报》1982 年第 5 期。

163

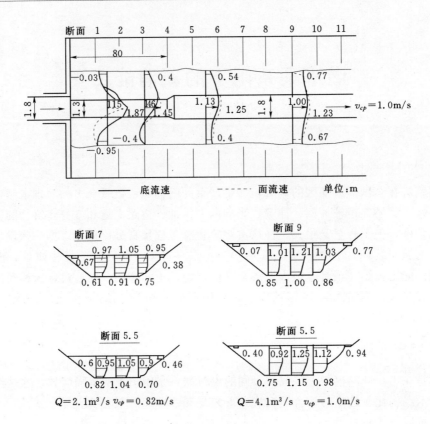

图 2　第Ⅰ组试验情况

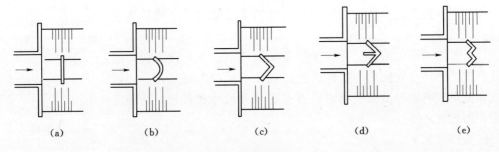

图 3　消力槛型式

在试验Ⅱ—2 中，用弧形底槛［图 3（b）］代替，效果也不好。槛不够高时，连水流折冲现象也不能完全消除。

在试验Ⅱ—3 中，采用"人"字型消力槛［图 3（c）］，下游渠道中的折冲水流消失，流速分布对称，水流脉动现象亦减弱，但底流速仍偏大。

在试验Ⅱ—4 中，用图 3（d）所示的消力槛型式进行试验，由于中间凸出部分均匀地把水流扩散，不仅消除了折冲现象，也大大改善了流速平面和垂直方向的分布，使消力槛下游渠底流速小于允许不冲流速，达到了基本满意的程度。

为了寻找更为满意的消能型式，在试验Ⅱ—5 中，用 W 形消力槛［图 3（e）］进行了试验，结果甚为满意。水流比上一种型式更为平稳，因此被选为合理型式。在下一步试验中，通过各种水流情况确定其合理尺寸和位置，以及必要的护砌长度。

在第Ⅲ组试验中，采用不同槛高、不同位置和不同消力池长度，进行对比试验，结果获得合理的槛高为 $0.3 \sim 0.35 h_\sigma$；槛的合适位置是在离出口 h_σ 的距离处，消力池长度由原来的8m缩短到4m。在此情况下，建筑物通过各种流量时，水流平稳，流速分布均匀，渠底与边坡上的流速都小于允许流速，见图4。

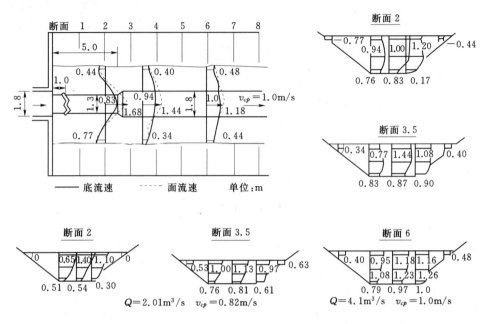

图4　第Ⅲ组试验情况

比较图2和图4，可以看出，在没有 W 形消力槛的情况下，即使在离出口 $18h_\sigma$ 的下游渠道上底流速仍大于平均允许流速，而有 W 形消力槛时，即使在离出口 $4h_\sigma$ 的下游渠道上，底流速已小于平均允许流速。说明"W"形底槛的消能效果很好，比一般消力池可以缩短 3/4 的护砌长度。

二、动床试验

为了检验定床模型试验的可靠性，我们又进行了动床冲刷模型试验。

试验在同一模型上进行，只是下游渠道在护砌段后面改用可以冲刷的模型砂做渠床。

第Ⅰ组试验是在下游有8m长的消力池，而没有消力槛的情况下进行。结果由于产生折冲水流，消力池后的冲刷坑不对称，渠底边坡都被冲刷，见图5。

试验时测得消力池中主流处的单宽流量为平均单宽流量的1.6倍，说明下游渠道将遭严重冲刷，情况与定床模型试验成果相符。

第Ⅱ组试验是在下游有同样长度的消力池，而且有 W 形消力槛的情况下进行。试验表明，在不同流量下，下游渠道都无显著冲刷现象，消力池和护砌长度都还可考虑缩短。

第Ⅲ组试验是在下游消力池长度缩短一半（由8m缩为4m）情况下进行。下游冲刷情况亦不严重，冲刷坑为对称，说明已无折冲水流现象，见图6。

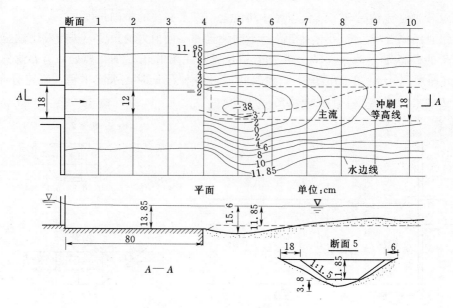

图 5 第Ⅰ组试验冲刷情况

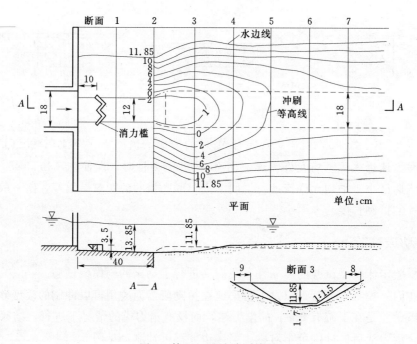

图 6 第Ⅲ组试验冲刷情况

应当指出，边坡的稳定，不仅与流速有关，而且与水流脉动及土壤颗粒组成有关。流速是可以用模型相似律使模型与原型找到一定关系，但是脉动与土壤颗粒对边坡稳定影响无法使模型与原型做到一致，因为模型与原型边坡是一样的（为了几何相似），而脉动与土壤颗粒在模型与原型中是不一致的，所以边坡稳定在模型中不能反映原型中的实际情况，除非模型比尺为 1∶1。

根据定床与动床模型试验，可得如下结论。

（1）当闸下只有普通消力池没有其他消能设施时，下游渠道中水流出现折冲现象，主流左右摆动，流速分布不均。即使离闸出口 $18h_\sigma$ 的渠道断面上，渠底流速仍大于平均允许不冲流速，故实践中有时护砌长度很大，下游渠道仍难免被冲刷。

（2）当闸下有 W 形的消能底槛时，可消除下游水流的折冲现象，流速分布很快恢复正常状态，使原来的消力池长度可缩短一半，下游护砌长度可减少近 3/4。

（3）W 形消力槛的合适高度为 $0.3 \sim 0.35h_\sigma$，合理位置在离出口相当于下游水深 h_σ 的距离处，底槛布置见图 7。

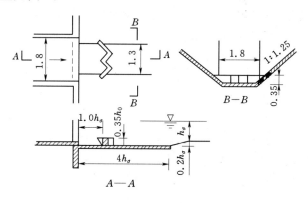

图 7　底槛布置情况

三、实践检验

建议的 W 形消力底槛，结合装配式建筑物试验 1966 年曾在北京市郊区灌区的实践中应用。经过数年运行之后，1969 年北京市政设计院、水科院水利所等有关单位的同志曾到现场观测，没有发现建筑物下游有明显的冲刷，说明消能效果是良好的。

管式陡坡过水能力与下游消能试验研究[*]

渠道经常会经过地形较陡的地段，为了使渠道纵坡不至于太陡，一般需要修建连接建筑物，陡坡或者跌水。在一些斜坡地形的灌区里，这类建筑物的数量往往很大，有时约占渠系建筑物总数量的一半左右。因此对其结构型式的研究是很有必要的。

过去陡坡一直采用矩形或梯形的开敞型式。通过试验研究和实践，现在国外有些灌区已广泛采用管式陡坡。其优点如下。

（1）工程量少，造价较低。据统计，压力管式陡坡比开敞式陡坡节省 25％～50％。

（2）管式陡坡便于和穿过建筑物的道路相结合，不像开敞式那样需要修建桥面。

（3）便于采用装配式结构。因为其主要构件是混凝土管，可与工业、民用和交通部门需要的管子通用。预制、运输，以及安装都比较方便。

（4）开挖土方与占地面积比开敞式少。

管式陡坡虽然有上述优点，但通过实际运用，需要进一步完善过水能力的计算方法和选择下游有效的消能结构型式。笔者通过试验研究，对这两个问题提出了如下解决方案，供设计人员参考。

一、管式陡坡过水能力计算方法

管式陡坡中最常见的水流状态为：进出口不淹没的明流；进出口淹没的半压力流和压力流。下面分别介绍这 3 种水流状态的公式推导与模型试验成果。

（一）过水能力计算公式的推导

1. 进出口不淹没的明流

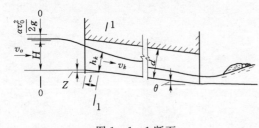

图 1　1—1 断面

这种水流状态上游进口处的水深往往大于临界水深，而管内大部分范围水深都小于临界水深，因此临界水深 h_k 必然发生在管的进口附近的斜坡上，具体位置应由试验确定。兹推导其过水能力公式如下。

如图 1 所示，取上游渠道中水面尚未明显下降的 0—0 断面和出现 h_k 的 1—1 断面写出伯努力方程式：

　＊　原载于《水利水电技术》1981 年第 9 期。

$$H+\frac{\alpha_0 v_0^2}{2g}+z=h_k\cos\theta+\frac{\alpha_1 v_k^2}{2g}+\xi_{ax}\frac{v_k^2}{2g} \qquad (1)$$

式中　H——上游水深；

　　　v_0——行近流速；

　　　h_k——临界水深；

　　　v_k——临界流速；

　　　ξ_{ax}——进口水头损失系数；

　z、θ——见图1。

令 $\alpha_0=\alpha_1=\alpha$，由式（1）可得

$$v_k=\sqrt{\frac{1}{\alpha+\zeta_{ax}}}\sqrt{2g(H_0+z-h_k\cos\theta)} \qquad (2)$$

或

$$Q=m\omega_k\sqrt{2g(H_0+z-h_k\cos\theta)} \qquad (3)$$

$$H_0=H+\frac{\alpha_0 v_0^2}{2g}$$

式中　m——流量系数；

　　　ω_k——管内临界水深处过水断面积；

其他符号意义同前。

欲使式（3）能够在实际中应用，需通过试验确定流量系数 m 值和 h_k 发生的位置。

2. 进出口被淹没的半压力流（管内有负压）

试验和野外实践都证明：当水流在半压力流的状态，由于管内产生负压，不时地（断断续续地）从上游面吸入空气到管内，因此引起上游渠道中水面的上下波动。但是，当采取措施，不让空气进入负压区时，或者设一通气管将空气不断地通入负压区时，水流就都变成稳定的了。但这两种情况的过水能力是不相同的。下面推导空气没有被通入管内负压区时的过水能力公式〔当连续通入空气时的过水能力可按式（8）计算〕。

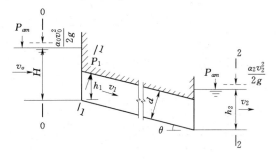

图2　0—0断面～2—2断面

见图2，先列出断面0—0和1—1的伯努力方程式（1—1断面为管内负压最大处）：

$$\frac{P_{am}}{\gamma}+H+\frac{\alpha_0 v_0^2}{2g}=\frac{P_1}{\gamma}+d\cos\theta+\frac{\alpha_1 v_1^2}{2g}+\zeta_{ax}\frac{\alpha_1 v_1^2}{2g} \qquad (4)$$

令

$$\frac{P_{am}-P_1}{\gamma}=h_{\beta uk}, \quad \alpha_0=\alpha_1=\alpha$$

由式（4）可得

$$v_1=\sqrt{\frac{1}{\alpha+\zeta_{ax}}}\sqrt{2g(H_0+h_{\beta uk}-d\cos\theta)}=\psi\sqrt{2g(H_0+h_{\beta uk}-d\cos\theta)} \qquad (5)$$

或

$$Q=m\omega\sqrt{2g(H_0+h_{\beta uk}-d\cos\theta)} \qquad (6)$$

式（6）中 h_{aik} 为管内负压水头，其值可由式（4）与断面1—1、断面2—2的伯努力方程式联解求出：

先由式（4）求得

$$\frac{\alpha_1 v_1^2}{2g} = \frac{H_0 + h_{aik} - d\cos\theta}{1 + \zeta_{ax}}$$

再列出断面1—1和2—2的伯努力方程式为

$$\frac{\alpha_1 v_1^2}{2g} = \frac{H_2 - z - d\cos\theta + h_{aik}}{1 - \sum\zeta}$$

联解以上两式得

$$h_{aik} = [d\cos\theta(\zeta_{ax} + \sum\zeta) - H_0(\sum\zeta - 1) + (z - H_2)(\zeta_{ax} + 1)]/(\zeta_{ax} + \sum\zeta) \tag{7}$$

其中

$$H_2 = h_2 + \frac{v_2^2}{2g}$$

式中　z——进出口渠底高差；

　　$\sum\zeta$——除进口水头损失系数外，其他局部水头损失之和。在目前这种场合，管子不长也没有转弯损失，$\sum\zeta \approx \zeta_{ablx}$，$\zeta_{ablx}$ 值视出口与消能型式而定。

3. 进出口被淹没的压力流（管内无负压）

当式（7）中 h_{aik} 值等于零或大于零，则水流进入没有负压现象的压力流，其过水能力可按大家所熟知的下列公式计算

$$Q = m\omega\sqrt{2g(H_0 + z - h_2)} \tag{8}$$

$$m = \frac{1}{\sqrt{\zeta_{ax} + \zeta_{noa} + \zeta_{mp} + \zeta_{ablx}}} \tag{9}$$

进口水头损失系数 ζ_{ax} 当管口淹没时其值为一常数（在一定的进口型式下）。转弯与摩擦水头损失 ζ_{bno} 和 ζ_{mp} 在这里可略去不计。可是出口水头损失 ζ_{ablx} 值很明显是随下游淹没程度不同而异，其值应由试验而定。

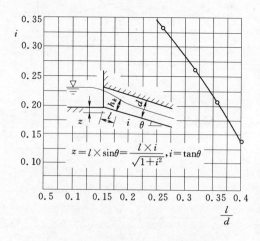

图3　临界水深位置与管坡关系曲线

（二）模型试验成果

管式陡坡模型是由 10cm 直径的石棉水泥管和梯形木槽组成，木槽相当于梯形断面渠道（底宽 25cm，边坡 1：1）。模型比尺为 1：10。试验项目如下。

1. 当明流时临界水深位置的确定

为了确定临界水深的发生位置，在试验中曾把管子安置不同的坡度，并通过不同的流量进行试验。试验表明：临界水深发生的位置，随管的安置坡度不同而变化，而与流量没有显著关系。图3表示临界水深发生位置与管坡的关系。由图3可以看出：当管坡

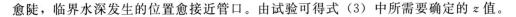

愈陡，临界水深发生的位置愈接近管口。由试验可得式（3）中所需要确定的 z 值。

$$z = l\sin\theta = \frac{li}{\sqrt{1+i^2}} \tag{10}$$

式中 i 为管的坡度，$i = \tan\theta$。

2. 式（3）中流量系数和进口水头损失系数的确定

为了确定式（3）中 m 与 ζ_{ax} 值，曾进行了一系列不同流量和不同管坡的试验，其结果列于表1。

表 1 不同流量与不同管坡试验结果

i	$Q(\text{m}^3/\text{s})$	$H(\text{m})$	$H_0(\text{m})$	$h_k(\text{m})$	$z(\text{m})$	$\omega\sqrt{2g(H_0+z-h_2)}$	m
	0.5	0.55	0.56	0.4		0.61	0.82
	0.7	0.663	0.668	0.48		0.81	0.86
0.137	0.965	0.805	0.811	0.57	0.0530	1.123	0.86
(1:7.3)	1.22	0.92	0.927	0.65		1.410	0.87
	1.42	1.02	1.027	0.70		1.65	0.86
							平均0.85
	0.5	0.54	0.544	0.4		0.634	0.79
	0.7	0.653	0.658	0.48		0.840	0.83
0.208	0.965	0.78	0.786	0.57	0.0715	1.130	0.85
(1:4.8)	1.22	0.895	0.902	0.65		1.408	0.87
	1.42	0.985	0.993	0.70		1.635	0.87
							平均0.84
	0.5	0.533	0.537	0.4		0.64	0.78
	0.7	0.645	0.650	0.48		0.848	0.83
0.264	0.965	0.782	0.788	0.57	0.0820	1.16	0.83
(1:3.8)	1.22	0.893	0.900	0.65		1.45	0.84
	1.42	0.972	0.980	0.70		1.63	0.87
							平均0.83
	0.5	0.53	0.534	0.4		0.65	0.77
	0.7	0.63	0.636	0.48		0.84	0.83
0.334	0.965	0.755	0.761	0.57		1.115	0.87
(1:3)	1.22	0.88	0.888	0.65		1.44	0.85
	1.42	0.962	0.970	0.70		1.66	0.86
							平均0.84
							总平均0.84

从试验结果可以看出：

（1）当流量增大时（即 H 加大），流量系数也有所增大，这是因为当进口处水深愈大，相对的管口边缘阻力愈小（即过水断面收缩相对地减小），因此流量系数有所增大。

（2）不同管坡，其平均流量系数出入不大（特别是当除去最小流量一项时），在实际应用时可采用平均值。

根据试验结果可以作出建议：当采用模型中的进口型式（垂直胸墙直接与上游渠道连

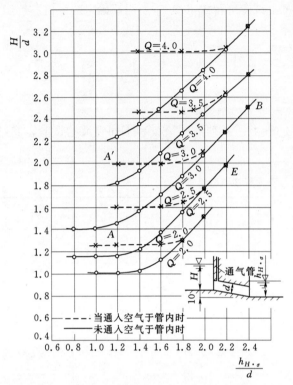

图 4 不同流量时上下游水位流量关系曲线

接，是一种最常采用的型式）时，流量系数可采用 $m \approx 0.84$。如果是另一种进口型式，m 值将有所不同，应由试验确定，或者参照他人试验成果选用。

模型中所采用进口型式的进口水头损失系数 $m = \dfrac{1}{\sqrt{\alpha + \xi_{ax}}} = 0.84$，此处，取 $\alpha = 1$，得 $\zeta_{ax} = 0.4$。

3. 当半压力流和压力流时流量系数的确定

为了确定建筑物在半压力流和压力流情况下的过水能力，曾进行了一系列不同流量和不同水位的试验。试验在下列两种情况下进行。

（1）有通气管把空气通入管内负压区。

（2）采取措施（上游水面盖有浮板）不让空气进入管内负压区。

试验结果绘成图 4。

图 4 中曲线表示建筑物在半压力流和压力流时水位与流量的关系。虚线表示当有空气通入真空区域时；实线表示未通入空气时，曲线里当虚线和实线重合的一段（即 $E—B$ 段），笔者认为是建筑物处于压力流状态（即管内满流而无负压区），其余的一段曲线（即 $A—E$ 和 $A'—E$）表示建筑物处于半压力流状态。

从这些曲线可以看出：在半压力流状态，当有空气通入管内负压区时，建筑物的过水能力要比没有空气通入时小得多。这是因为当没有空气进入负压区时，管内有负压现象，这种负压的产生，从式（6）中很明显可以看出加大了建筑物的过水能力，因为增加了一个负压水头 $h_{\partial x k}$。

实测式（8）中的流量系数 m 值均列于表 2。

表 2　　　　　　　　　　　　　流 量 系 数 m 值

Q (m^3/s)	$\dfrac{v_0^2}{2g}$ (m)	H (m)	H_0 (m)	z (m)	h_2 (m)	$\sqrt{2g(H_0+z-h_2)}$	ω (m^2)	$\omega\sqrt{2g(H_0+z-h_2)}$	m
2.0	0.005	1.52	1.525	0.95	2.0	3.06	0.785	2.4	0.83
2.5	0.003	1.97	1.973	0.95	2.2	3.77	0.785	2.96	0.84
3.0	0.003	2.30	2.303	0.95	2.2	4.55	0.785	3.57	0.84
3.5	0.002	2.82	2.822	0.95	2.4	5.20	0.785	4.08	0.86
4.0	0.002	3.26	3.262	0.95	2.4	5.96	0.785	4.68	0.86

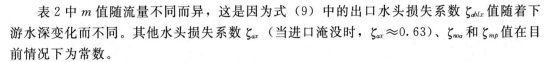

表 2 中 m 值随流量不同而异，这是因为式（9）中的出口水头损失系数 ζ_{oblx} 值随着下游水深变化而不同。其他水头损失系数 ζ_{ox}（当进口淹没时，$\zeta_{ox} \approx 0.63$）、ζ_{noa} 和 ζ_{mp} 值在目前情况下为常数。

4. 出口水头损失系数 ζ_{oblx} 值的确定

出口水头损失系数应该与出口型式，出口处的消能设备及下游水位有关。现在前两者因素已固定（因出口型式与消能设备已定），故 ζ_{oblx} 值显然和下游水深及消力槛高度有关。试验得 ζ_{oblx} 值可由式（11）确定：

$$\zeta_{oblx} = -0.16\left(\frac{h_{H \cdot \sigma}}{P}\right) + 1.22 \qquad (11)$$

式中 $h_{H \cdot \sigma}$——下游水深；

P——消力槛高。

5. 小结

（1）在进出口不淹没的明流状态，管式陡坡的过水能力可以按式（3）计算。式（3）中流量系数当进口型式为垂直胸墙时，$m = 0.84$。临界水深 h_k 的发生位置可查图 3 而得。

（2）在进出口淹没的半压力流状态，其过水能力可按式（6）计算。式中负压水头 h_{aak} 值可以由式（7）确定；m 值则由式（9）确定。其中 $\zeta_{ox} = 0.63$，ζ_{noa} 和 ζ_{mp} 值可从一般参考书上查得，ζ_{oblx} 值由式（11）确定。

（3）在进出口淹没的压力流状态，其过水能力可按式（8）计算。m 值确定同前。

二、管式陡坡下游消能结构型式的试验研究

（一）消能结构型式的设计

管式陡坡出口流速大，需要有效的消能措施。合理的消能结构型式除要求有较好的消能效果之外，还要求结构简单。前一要求目的是使下游护砌长度最短；后一要求目的为了便于施工。

作者设计的消能结构型式见图 5，这种结构型式是由分水墩和弧形槛联合组成。其消能原理是：水流从管口流出，被分水墩分成两股，各沿弧形槛相向流动，在中间互相对冲，达到消能的目的。

分水墩和消力槛的合理位置、尺寸和形状，都应由试验确定。

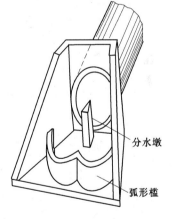

分水墩

弧形槛

图 5　消能结构型式

（二）消能结构型式的试验

1. 模型基本情况

试验是在前述 1：10 的模型中进行。模型由圆形断面的石棉管和梯形断面的木槽组成，附有进水回水系统和量水堰等设备。模型律以重力相似准则为依据。

模型与原型的相应水力条件见表 3。

表 3 模型与原型水力条件

原 型						模 型					
Q (m^3/s)	v (m/s)	h_σ (m)	R (m)	n	Re	Q (m^3/s)	v (cm/s)	h_δ (cm)	R (cm)	n	Re
1.07	0.462	0.69	0.494	0.013	2.28×10^5	3.4	14.6	6.9	4.94	0.01	7.200
2.08	0.555	1.00	0.660	0.013	3.0×10^5	6.6	17.5	10.0	6.6	0.01	9.450
3.0	0.590	1.25	0.785	0.013	4.6×10^5	9.5	18.7	12.5	7.85	0.01	14.700
4.0	0.623	1.475	0.965	0.013	4.87×10^5	12.64	19.5	14.75	9.66	0.01	15.300

模型中用精度达 0.1mm 的测针测水位，测流量是用经过校核的梯形堰，测流速是用装有精度达 0.1mm 比压计的毕托管。用彩色小纸片配合摄影观测水流表面流态，观察底部水流流态用比重略大于 1 的彩色橡皮泥做的小球。

2. **不冲流速的测定**

渠道是否会被冲刷，决定于底流速的大小和流速沿水深方向的分布是否正常（脉动程度），所以在模型中两者都要测量。一般渠道不冲流速是指平均流速，故应根据测底流速的位置找出不冲底流速与不冲平均流速之间的关系，一般按正常流速分布公式计算。

在试验中，测渠底流速的位置离渠底 1cm 的高度。相当于离渠底 $(0.07 \sim 0.145)$ h_σ 处（h_σ 为渠道中水深）。

正常的流速分布经验公式为

$$\frac{U}{U_B} = \left(1 + \frac{1}{m}\right) \eta^{1/m} \tag{12}$$

式中　η——相对深度；

　　　U——离渠底某处的流速；

　　　U_B——平均流速；

　　　m——随 Re 值的增加而增大的参数，按柯鲁依尔公式 $m = \dfrac{0.15}{n}$ 计算，其中 n 为糙率。

在试验中 $n = 0.013$，$m = 11.5$，$\eta = 0.07 \sim 0.145$，代入式（12）得底流速与平均流速之比值为

$$\frac{v_{\infty H}}{v_{cp}} = \frac{U}{U_B} = 0.86 \sim 0.92$$

或

$$\frac{v_{\infty H}}{v_{cp}} \approx 0.9$$

这就是说，在流速沿水深方向分布正常情况下，如果测得的渠底流速小于 $0.9 v_{cp}$，则渠道将不会被冲刷。

3. **试验步骤**

试验按下列步骤进行。

（1）下游无消能措施。

（2）下游布置各种不同消能结构型式进行对比试验。

（3）根据上述试验选出的合理型式，进行详细试验确定消能结构各部分的位置和尺寸。

4. 试验经过

第一步骤：在没有消能措施的试验中，进行了不同流量和水深的试验，在所有情况下，下游渠道中都产生折冲水流，见图6。主流的流速10倍于平均流速，就是回流区的流速也大大超过平均流速。流态见图6。流速分布恢复正常的断面要到距管子出口20倍管子直径以外的地方。说明渠道需要护砌的长度很大。如果不采取消能措施，这样做是很不经济的。

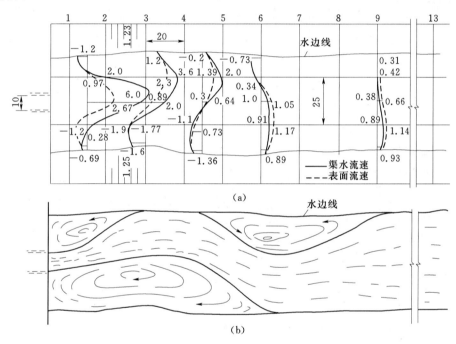

图6　下游渠道中的折冲水流

第二步骤：在试验中对4种不同消能型式进行对比试验，参看表4。

表4　　　　　　　　　　不同消能型式对比试验结果

试验组别	消能结构型式	结构尺寸	试验结果						允许渠底流速（m/s）
			流速分布与最大渠底及边坡上流速						
			断面 4			断面 5.5			
			流速分布	最大渠底流速	最大边坡流速	流速分布	最大渠底流速	最大边坡流速	
1	断面1 2 3 4	槛高：3.5cm	0.78 0.48 0.4 0.51 0.46	0.46	0.78	0.69 0.54 0.51 0.37 0.51	0.51	0.69	0.43

续表

试验组别	消能结构型式	结构尺寸	试验结果						允许渠底流速(m/s)
			流速分布与最大渠底及边坡上流速						
			断面 4			断面 5.5			
			流速分布	最大渠底流速	最大边坡流速	流速分布	最大渠底流速	最大边坡流速	
2		槛高：3.5cm 分水墩：长8cm 宽3cm 高8cm	0 / 0.4 / 0.5 / 0.53 / 0.94 / 0.41 / 0.53 / 0	0.94	0	0.31 / 0.46 / 0.42 / 0.53 / 0.63	0.63	0.31	0.42
3		槛高：4cm 分水墩：长6cm 宽4cm；横底槛高：1cm	0.28 / 0.59 / 0.42 / 0.64 / 0.24 / 0.6 / 0.42	0.42	0.28	0.34 / 0.56 / 0.42 / 0.51 / 0.41	0.42	0.34	0.42
4		尺寸同3 90°	0.22 / 0.66 / 0.28 / 0.73 / 0.31 / 0.7 / 0.3 / 0.2	0.31	0.22	0.4 / 0.48 / 0.42 / 0.59 / 0.42 / 0.51 / 0.42	0.42	0.42	0.42

注 实线为渠底流速；虚线为表面流速。

在第一组试验中先只安设了弧形槛，虽然下游水流的折冲现象消失了，但流速分布不太好。渠底和边坡上的流速都大于允许流速（见表4方案1），而且下游水流脉动也较剧烈。

在第二组试验中，弧形槛前加设了一个分水墩。由于分水墩使水流分成两段，在弧形槛前相互对冲的结果，消失了大部分能量。下游水流的脉动减弱了，流速分布也得到了改善，但下游渠底流速还没有小于允许流速（见表方案2）。

为了克服渠底流速偏大的不良现象，在第三组试验中，在弧形槛后面适当距离加设一道横向底槛，结果使下游渠道中流速全部低于允许流速（见表4中方案3）。

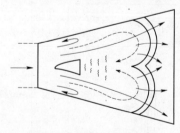

图 7 弧形槛前消能情况

在这一组试验中，除了观测流速大小和分布情况进行对比外，还采用彩色小纸片和橡皮泥做的小球对流态进行观察。图7中实线表示表面水流的流向，虚线表示底部水流的流向。由图7也可以看出水流在弧形槛前的消能情况。

为了简化弧形槛的结构，在第四组试验中，采用了W形槛代替弧形槛。试验结果表明，渠道下游流速大小和分布情况基本和方案 3 相同（见表 4 中的方案 4），说明这样做是可以的。

第三步骤：为了检验选出的消能结构型式在不同水流条件下的消能效果，进行了 10 组不同流量和不同水深的试验。即：$Q = Q_设 = 12.64 \text{L/s}$ 时，下游水深分别为：$h_\sigma = 14.75 \text{cm}$、$11.0 \text{cm}$、$13.0 \text{cm}$、$17.0 \text{cm}$ 和 19.0cm；当 $Q = \frac{3}{4} Q_设 = 9.5 \text{L/s}$ 时，$h_\sigma = 12.5 \text{cm}$；$Q = \frac{1}{2} Q_设 = 6.6 \text{L/s}$，$h_\sigma = 10.0 \text{cm}$、$8.0 \text{cm}$ 和 12.0cm；$Q = \frac{1}{4} \times Q_设 = 3.4 \text{L/s}$ 时，$h_\sigma = 6.9 \text{cm}$。

试验完成如下任务。

（1）分水墩位置与尺寸的确定。分水墩是一个断面为等腰三角形的柱体。其厚度（即三角形底宽）在模型中采用 2.0cm、3.0cm、3.5cm 和 4.0cm 等 4 种不同尺寸。当分水墩宽度为 2cm 时，由于分开的两股水流很快就合并，相互对冲不明显，消能效果不好。当分水墩厚度为 4cm 时，两股水流过分地分向两边，使下游渠道的边坡流速太大。试验表明较合适的厚度为 3.0cm 或 3.5cm。试验还表明，分水墩断面的顶角与翼墙的夹角（图 8）有一定关系。合适的比值 $\frac{\psi}{\theta} = 1.2 \sim 1.4$。试验中采用 $\theta = 18°$，$\psi = 21°$。

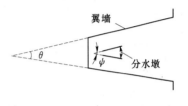

图 8　分水墩断面顶角与翼墙夹角关系

分水墩沿水流方向的长度与管的直径有关，太短了，两股水流的消能效果不好；太长了，会使下游渠道的护砌长度增加。试验获得分水墩的合适长度为 $0.6d$（d 为管出口直径）。

分水墩的高度，自由流时不应低于出口处收缩水深 h_{cok}；淹没流时取 $0.8d$。

至于分水墩的位置，试验表明：在管内明流状态分水墩离管口的远近关系不大，从缩短出口段长度来说，离管口愈近愈好，但靠管口太近，管口容易被长漂浮物所堵塞，而且不易清除，所以应离管口有一定距离。建议放在离管口 $0.2 \sim 0.3d$ 处。

（2）W 形槛位置与尺寸的确定。为了确定 W 形槛的合适位置，试验中曾采用距离口 $2d$；$2.3d$ 和 $2.5d$ 不同位置，试验表明较合适的位置是在 $2.3 \sim 2.5d$ 处。

W 形槛的高度很大程度上与下游水深有关，其原因是：当槛太低时，水流没有经过对冲消能就越过槛进入下游渠道，这样就会增加下游的护砌长度，但如果槛太高了，则水流越槛时，又会形成跌水现象，对下游流速分布不利，而且还会影响建筑物的过水能力。

通过采用不同槛高的对比试验表明：W 形槛

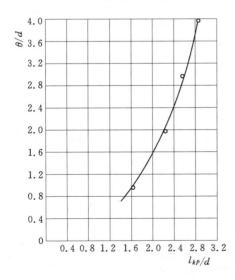

图 9　$\theta/d - l_{kp}/d$ 关系曲线

的合适高度为 $0.6h_\delta$，但不超过 $0.8d$。

（3）横底槛位置与高度的确定。横底槛的作用在于减小渠道的底部与边坡流速，其合适位置（离 W 形槛的距离）不同流量见图 9。

由于试验中使横底槛后面渠道中水流完全恢复正常稳定状态（即不会发生冲刷），所以 W 形槛与横底槛的距离实际上就是所需要的护砌长度，横底槛后只要有一段干砌块石的海漫就可以了。

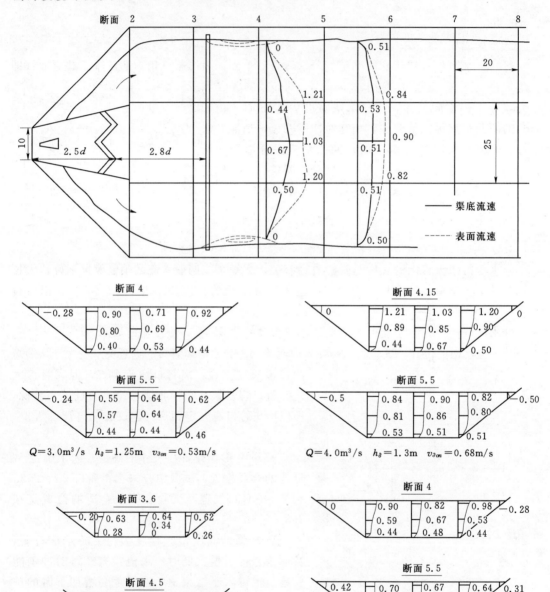

图 10　不同流量不同水深情况下流速分布

经过试验确定，横底槛的合适高度应为 $0.15h_{\sigma}$。

当管式陡坡下游有建议的消能结构时，不同流量的下游流速分布见图10。所有情况渠底与边坡流速都小于允许流速，证明渠道不会被冲刷，消能结构是合适的。

为了评价所建议的消能结构型式的优越性，兹对比没有消能措施时或采用其他消能结构型式时所需要的下游护砌长度如下。

假定渠道中流量 $Q = 2m^3/s$，陡坡落差为 1m，管径为 1m。各种情况下的护砌长度如下：

（1）采用作者所建议的消能结构型式。根据图9得护砌长度 2.2m，加 20% 的安全度取 2.65m。

（2）没有消能措施时，根据图6需要护砌长度 20m。

（3）按苏联中亚灌溉研究所的经验公式需要护砌长度：

$$l_{kp} = 3.5\left(\frac{v_0}{v_{cp}} + 1\right)d \tag{13}$$

其中　$v_0 = 2.55m/s$（管出口处平均流速）；

　　　$v_{cp} = 0.53m/s$（渠道中平均流速）；

　　　$d = 1.0m$（管出口直径）。

代入式（13）得

表 5　　　　　　　　　　　　有消能措施与无消能措施护砌长度对比情况

编号	流量 (m³/s)	跌差 (m)	建议人或单位	消能结构型式	护砌长度 (m)	对比 (%)
1	2.08	1.0	笔者	消力墩加 W 形槛和横底槛	2.65	100
2	2.08	1.0		无消能措施	20.0	750
3	2.0	1.0	苏联中亚灌溉研究所	叠梁式消能工	13.3	502
4	2.36	1.0	全苏水利设计院	静水池，池深 0.9m	12.6	475
5	1.8	1.0	全苏水利设计院	静水池加"人"字消力墩 纵剖 平面	6.0	226

$$l_{kp} = 3.5\left(\frac{2.55}{0.53} - 1\right) \times 1 = 13.3(m)$$

（4）全苏水利设计院定型设计，开敞式陡坡，用静水池消能，池深 0.9m，护砌长度为 12.5m。

（5）全苏水利设计院定型设计，管道井式跌水，静水池加"人"字形消力墩消能，池深 0.5m，护砌长度为 6.0m。

没有消能措施和采用不同消能结构型式的护砌长度对比见表 5。

表中对比数字说明：采用笔者建议的消能结构型式比采用其他型式渠道下游护砌长度可缩短 2.26～5.02 倍。

5. 小结

（1）通过试验研究，建议一种新的管式陡坡出口消能结构型式，它由消力墩、W 形槛和横底槛组成。其消能原理是：由分水墩分出两股水流在 W 形槛前对冲达到消能目的。横底槛的作用是使水流在较短距离内使水流尽快恢复正常流态。

（2）通过与其他消能结构型式的比较，建议的消能结构型式消能效果较好，下游护砌长度可缩短 2.26～5 倍。

评《灌区水工建筑物丛书》*

  我国有不少灌区建筑物配套不齐，不能有效控制用水，无法实行计划用水、节约用水和科学用水，也不便于执行按水量收费的政策。

  为了节约灌溉用水，首先要搞好灌区建筑物的配套工作。灌区建筑物担负着分水、配水和量水的任务，如何使建筑物投资省，又能很好地担负上述任务，需要有合理的规划、设计、施工和管理。这项工作，大都由地、县两级的水利技术人员承担。鉴于这两级水利技术人员专业不配套，又较难得到系统的专业参考资料，水利电力出版社组织编写和出版了一套《灌区水工建筑物丛书》是非常必要和及时的。

  这套丛书分《渠首工程》、《水闸》、《闸门与启闭机》、《渡槽》、《倒虹吸管》、《涵洞》、《隧洞》、《跌水与陡坡》、《农桥》、《地下排灌工程》共 10 个分册，从 1980 年起已陆续出齐，很受广大读者欢迎。鉴于灌区量水的迫切需要，笔者认为，再加上水利电力出版社1984 年 3 月出版的《灌区量水工作手册》就基本上包括灌区全部重要建筑物类型了。

  笔者读了这套丛书，收获良多，觉得这套丛书有如下特点，值得赞赏。

  首先，这套丛书具有既是专业书又是工具书的特点。它按建筑物类型分册，分别介绍其作用、使用条件、工程布置、结构型式、水力与结构计算，施工和管理办法等。让读者在掌握系统的专业知识基础上，能按照书中列出的计算公式、图表和常用数据具体进行设计；能根据书中介绍的施工和维修管理经验，对各类建筑物进行施工和维修管理。这样，可以减少基层水利工作者需要查阅很多有关资料的困难与麻烦。

  其次，丛书内容深入浅出地讲述基本原理和设计原则，全面详尽地探讨结构型式和计算方法，简明扼要地介绍施工要点和管理经验，丛书还普遍列举实例，介绍各类建筑物的整个设计过程和步骤，引导基层水利人员正确应用专业知识，解决具体生产问题。

  丛书编写的第三个特点是以实用为主。所介绍的技术都可供基层水利工作者直接应用于生产。它着重介绍生产中经过实践检验的建筑物结构型式和施工管理经验，但也吸收通过科学试验推荐的合理结构型式和计算方法。因此，只要基层水利工作人员根据具体情况应用得当，一般技术上是可靠的，经济上是合理的。

  因为丛书内容有以上特点，所以很适合基层水利干部的需要，丛书出版后，多数很快就销售一空。这是丛书组织者和编写者值得欣慰的。

  但是，我个人认为这套丛书尚有如下不足之处，提出来与编者商榷，希望再版时能考虑补充修改，进一步提高质量。

---

* 原载于《中国水利》1985 年第 12 期。

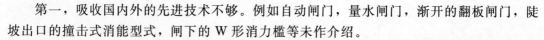

第一，吸收国内外的先进技术不够。例如自动闸门，量水闸门，渐开的翻板闸门，陡坡出口的撞击式消能型式，闸下的 W 形消力槛等未作介绍。

第二，介绍结构型式时，偏重求全，重点突出不够。我觉得完全可以删去一些复杂不常见的型式和淘汰一些过时不合理的型式。

第三，丛书中有些内容尚有不妥之处，宜修改或删去。例如，《渠首工程》中提到李冰父子修都江堰，其实二郎帮父修堰是传说，正史上并无记载。又如丛书中介绍钢丝网闸门、钢丝网倒虹吸等。实践证明，用钢丝网做闸门、渡槽、倒虹吸等水工建筑物不耐久，钢丝会很快被锈蚀而招致破坏。笔者在灌区目睹不少这样的事例。

第四，丛书中有的插图质量较差。例如《倒虹吸管》中图 2-12（a）、（d）和图 2-18，侧视和剖面图对不上号；《地下排灌工程》中图 4-6 不合透视原理，《水闸》中图 6-57 右边图看不出是平面还是剖面；《渠首工程》中图 2-13，工业引水渠穿飞沙堰的虚线漏掉未绘等。

总之，丛书再版时应当精简篇幅，提高质量，以满足当前灌区配套的急需，为灌区实行计划用水和科学用水发挥应有的作用。

渠道衬砌防冻材料与结构型式的试验研究[*]

摘要：本文在总结过去渠道衬砌防冻胀破坏试验及工程实践的基础上，提出了 14 种不同材料不同结构型式的防冻害措施，并进行了现场试验。根据大量气温、地温、冻深、冻胀量、基土含水量等项目的观测数据对比分析结果，推荐了一种技术简单、效果显著、经济合理的防冻害措施——聚苯乙烯泡沫塑料保温垫层衬砌型式。

一、前言

随着国民经济的发展，水资源供需矛盾日益突出。而目前占总用水量 80％以上的农业用水主要靠明渠输送，渠道中的水量损失达引水量的 40％～60％，浪费了许多宝贵的水资源。渠道防渗作为提高水的利用率的有效措施日益受到重视，我国北方属于旱、半干旱地区，降雨量小，水量供需矛盾更加突出，进行渠道衬砌，提高水的利用率尤为重要。然而北方气候寒冷，广泛分布着季节冻土区，在这些地区，渠道衬砌遭到严重冻害，出现裂缝、错位、翘起、滑塌等各种冻胀破坏现象，不仅影响了衬砌的防渗功能和使用寿命，而且每年要花费大量的人力、物力、财力用于维修管理，造成巨大的经济损失。因此，在北方地区，如何解决衬砌抗冻害问题以提高衬砌防渗效果，减少输水损失，达到节约用水的目的，是渠道防渗研究的重要课题。

二、目前渠道衬砌的一些防冻措施及其评价

在我国，目前采用的防冻害措施主要是换填基土法，即把天然地基的冻胀敏感性强的基土（黏、壤土）换成非冻胀性土或弱冻胀性土（砂砾料），以削弱或基本消除地基土的冻胀。根据基土土质不同、地下水位不同，换填厚度有所差别。一般换填厚度大于冻深的 50％，根据甘肃经验，在地下水位埋藏较浅、土质为壤土、换填比（即换填厚度加衬砌厚度的和与冻层厚度之比）大于 70％时，线留冻土层内仍有冻胀。按甘肃省水科所提出的相关公式计算，当冻胀率在 0～2％时，坡上换填比为 80％以上，坡下部分和渠底均为 100％，说明要基本控制冻胀须将冻土层全部换成砂砾料。对于东北、西北（冻深达 1.0m 以上）及华北大部分地区（冻深在 0.8m 左右），如采用此法，将需要大量砂砾料，而且还要增加大量的开挖和回填工程量。此外，对于砂砾料还需要控制含土量小于 10％，若采用风积砂，含土量不得超过 2％，否则不仅残留冻土层内会有冻胀。换填的砂砾料本身也会产生冻胀。因此，这种办法只能适用于砂砾料丰富、单价低廉，而且换填深度比较小的地区。

---

* 原载于《水利水电科学研究院论文集》（第 11 集），1990 年 合作者：邓湘汉、武文凤、杜向润。

河北省水利科学研究所利用静止的空气作为隔热保温材料，采用半圆形混凝土空气保温板进行渠道衬砌。试验结果表明：空气保温板下的温度比一般混凝土板下高出 2～3℃，可以部分削减冻胀，但仍有 25％的保温混凝土板因冻胀产生裂缝，显然不能完全满足实际工程要求，而且施工太复杂。

有些单位在混凝土板下用塑料薄膜做封闭层来防冻害。该法是将一定厚度的土层用塑料薄膜封闭，使得下部土壤水分的转移被切断，上部渠水又渗不进封闭层，保持封闭体中土壤含水量小于土体起始冻胀含水量，从而削减冻胀量。实践证明：这种措施施工复杂，工程量大，抗冻害效果亦不显著，因为在施工中很难确保薄膜不被刺穿孔，一旦产生洞孔，水进入封闭体后就很难排出，从而使封闭体中土体含水量增加，达不到削减冻胀的目的。

此外，在许多工程实践中，还采用了混凝土板下铺塑料薄膜、沥青混凝土衬砌、弧形渠底等抗冻害措施，虽然都可以取得一定的防冻害效果，但都存在不同程度的冻害，满足不了工程要求。

三、新材料与结构型式防冻害试验及观测结果

为了探求技术简便、经济合理、效果显著的防冻害措施，我们于 1985～1987 年在山西省潇河灌区南干渠上进行了不同措施衬砌抗冻害效果的对比试验。

1. 试验段基本情况

试验段位于潇河灌区南干渠修文段，地处山西晋中盆地，属于大陆性气候，干旱少雨，冬季最低温度为－20℃，最大冻土深度为 0.8m，冻结持续时间 3～4 个月，地下水埋深为 2～5m。气候条件与华北大部分地区大致相同，具有一定的代表性。该段渠道设计流量为 22.8m³/s，渠底宽 5.5m，边坡比为 1：1.25，渠深 3.4m，渠道纵坡为 1/3000。图 1 为试验段平断面和明测点布置。

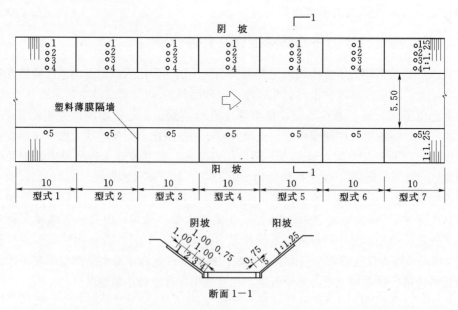

图 1　试验段平断面及观测点布置（单位：m）

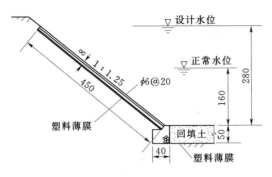

图 2 型式 1：8cm 现浇钢筋混凝土（单位：cm）

2. 初步试验方案

1985～1986 年首先进行了 7 种不同类型的新材料和新结构型式的防冻害试验。

型式 1：8cm 现浇钢筋混凝土板下铺 0.1mm 厚聚氯乙烯薄膜 1 层，钢筋直径为 6mm，渠坡下部间距 20cm，上部间距 40cm（见图 2）。

型式 2：槽型钢筋混凝土预制板架空形成 20cm 空气保温层，槽型板尺寸 90cm×200cm×26cm，板厚 6cm，槽深 20cm，顺渠向铺放在混凝土梁上，梁的断面为 20cm×20cm（见图 3）。

型式 3：槽型板尺寸为 90cm×200cm×16cm，槽深 10cm，架空形成 10cm 空气保温层，其余同型式 2。

型式 4：8cm 厚预制混凝土板下铺 20cm 砂砾料垫层，板与垫层之间铺 1 层 0.1mm 聚氯乙烯薄膜。

型式 5：8cm 厚预制混凝土板下铺 1 层 5cm 厚聚苯乙烯泡沫塑料板（以下简称聚苯板），聚苯板尺寸为 100cm×150cm×5cm（见图 4）。

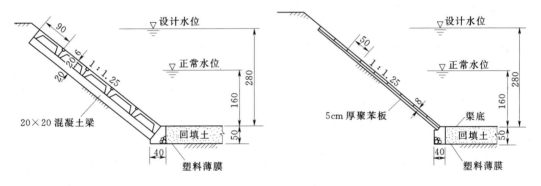

图 3 型式 2：槽型钢筋混凝土板架空形成 20cm 空气保温层（单位：cm）

图 4 型式 5：5cm 聚苯板加 8cm 混凝土板（单位：cm）

型式 6：8cm 厚预制混凝土板下加 1 层塑料薄膜。

型式 7：8cm 厚预制混凝土板衬砌。

所用预制板尺寸均为 50cm×60cm×8cm，接缝为半缝型式，缝内浇加热的塑料油膏，然后用水泥砂浆抹平。

试验段各型式渠底均为 0.1mm 塑料薄膜 1 层，上覆 50cm 厚土。渠底坡角处设浆砌石齿墙，防止坡上刚性衬砌下滑。各型式试验段长 10m。

3. 初步试验结果与分析

从 1985 年 12 月初至 1986 年 4 月初，在整个冻融过程中进行了气温、地下水位、基土含水量、地温（分土面以下 0.1m、0.3m、0.5m 三种不同深度）、冻深、冻胀量等项目

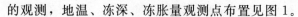

的观测，地温、冻深、冻胀量观测点布置见图 1。

（1）气温观测成果。该年度试验段地区冬季最低气温为 −18.2℃，出现在 1986 年 2 月初，冻结指数（最大累积负日平均气温值）为 373℃，冻结持续时间达 3 个多月。

（2）地下水位。整个冬季地下水位呈上升型，但变化幅度不大，距渠底埋深为 5.70～5.00m，因而可以认为地下水对冻胀影响不大。

（3）含水量。在未冻前测得的土壤含水量为 18.9％～32.9％；冻结期间冻土含水量为 20.56％～107％；冻土全部融通后土壤含水量为 18.8％～26.60％，与冻前土壤含水量值基本一样，说明土壤冻结过程中冻土层大量吸附下部土壤水分，使冻结层内水分积聚，在负温下形成冰透镜体，体积膨胀，从而产生冻胀。

（4）地温。地温受气温影响，其变化规律与气温相同。冬季各点不同深度最低地温观测成果见表 1。从表 1 可以看出：混凝土板下铺聚苯板衬砌型式（型式 5）地温最高，以第一观测点土上 0.1m 深处地温值为例，最低为 −2.0℃，与混凝土预制板衬砌（型式 7）最低温度 −10.6℃相比，提高 8.6℃，与保温效果较好的空气保温板（型式 3）和砂砾料换填型式（型式 4）最低温度 −5.3℃相比，亦提高 3.3℃。说明聚苯板用于混凝土板下作保温层效果是显著的。

表 1　　　　　　　　　各点不同深度最低温度观测结果　　　　　　　　单位：℃

型式编号	说　明	测　点　（阴坡）											
		1			2			3			4		
		地温表深度（m）											
		0.1	0.3	0.5	0.1	0.3	0.5	0.1	0.3	0.5	0.1	0.3	0.5
1	8cm 现浇钢筋混凝土	−9	−7.2	−4.8	−7.2	−5.6		−5.5	−2.5	−1.2			
2	槽型钢筋混凝土板架空形	−6.7	−3.7		−4.7	−3.0		−3.0	−2.0				
3	槽型钢筋混凝土板架空形	−5.3	−3.6	−3.3	−4.7	−3.0	−2.3	−4.5	−2.1	−1.2			
4	混凝土板加塑膜加 20cm	−5.3	−2.7		−2.2	−2.1		−2.5	−2.1				
5	5cm 聚苯板加 8cm 混凝土	−2.0	−0.7		−1.8	−0.1	0.9	−1.0	1.0	2.0	0	1.2	2.1
6	塑料薄膜加 8cm 混凝土	−10.1	−6.0	−3.8	−7.6	−4.1	−3.0	−6.8	−3.8	−1.0			
7	8cm 预制混凝土板	−10.6	−7.2	−5.1	−9.8	−7.3	−4.6	−9.0	−6.4	−3.5			

（5）冻深。不同衬砌型式各测点的最大冻深值见表 2。从表 2 可以看出：混凝土板下铺聚苯板型式（型式 5）冻深最小。与混凝土板衬砌（型式 7）相比，在渠坡上部（测点 1）冻深由 0.995m 减少到 0.265m，减少了 0.730m，占 73.4％；在渠坡中下部（测点 3），冻深值由 0.623m 减少到 0.092m，减少了 0.531m，占 85％。与抗冻效果较好的空气保温板（型式 3）相比，渠坡上部冻深由 0.690m 减小到 0.265m，减少 0.425m，占 62.6％；渠坡中部冻深由 0.255m 减小到 0.092m，减少 0.163m，占 64％。可见聚苯板减少冻深的效果也是显著的。

表 2　　　　　　　　　　　**各测点最大冻深观测结果**　　　　　　　　　　　单位：m

型式编号	型　式　说　明	1	2	3
1	8cm 现浇钢筋混凝土	0.893	0.801	0.628
2	槽型钢筋混凝土板架空形成 20cm 空气保温层	0.690	0.565	0.328
3	槽型钢筋混凝土板架空形成 10cm 空气保温层	0.690	0.573	0.255
4	混凝土板加塑料薄膜加 20cm 砂砾垫层	0.588	0.430	0.331
5	5cm 聚苯板加 8cm 混凝土板	0.265	0.133	0.092
6	塑料薄膜加 8cm 混凝土板	0.894	0.755	
7	8cm 预制混凝土板	0.995	0.767	0.623

（6）冻胀量。土体冻结后，体积膨胀，产生冻胀。对于同一地点，冻深越大冻胀量也越大。不同衬砌方案各测点的最大冻胀量值见表 3。从表 3 中可以看出：混凝土板下铺袋苯板衬砌（型式 5）冻胀量最小，测得的最大冻胀量仅为 0.48cm。而测得的混凝土板衬砌（型式 7）最大冻胀量达到 12.3cm（因渠道输水进行冬灌，测点 3 被水淹没，未摊得冻胀量最大值，实际的最大值还要大）。两者相比，聚苯板作保温层至少可以削减冻胀量 11.8cm，占测得的混凝土板衬砌型式最大冻胀量的 96%。这是因为聚苯板具有良好的保温性能，使得板下温度显著提高，冻深大幅度减少。另外，聚苯板本身还具有一定的弹性，能适应少量的冻胀变形，因此使得混凝土板面冻胀量显著减小。

表 3　　　　　　　　　　　**各测点最大冻胀置观测值**　　　　　　　　　　　单位：cm

型式编号	型　式　说　明	阴　坡				阳坡
		1	2	3	4*	5*
1	8cm 现浇钢筋混凝土	4.08	8.58	9.85*	6.80	
2	槽型钢筋混凝土板架空形成 20cm 空气保温层	2.48	5.11	3.25*		
3	槽型钢筋混凝土板架空形成 10cm 空气保温层	1.58	6.05	4.95		
4	混凝土板如塑膜加 20cm 砂砾垫层	0.45	3.73*'	11.15*	4.70	
5	5cm 聚苯板加 18cm 混凝土板	0.48		0.40		
6	塑料薄膜加 8cm 混凝土板	1.35	5.61	14.00*	5.30	2.15
7	8cm 预期混凝土板	1.65	8.01	12.30*	5.85	2.25

注　有"*"的表示该点因水淹未测到冻胀量最大值。

（7）衬砌表面裂缝情况。不同型式裂缝情况见表 4。从裂缝出现位置看，均发生在冻胀量差值最大的两测点之间，说明裂缝是由于较大的不均匀冻胀变形所引起的。由于混凝土板下铺聚苯板衬砌（型式 5）冻胀量小，不均匀冻胀变形十分微弱，因此衬砌表面完好无损。而其他型式均发生裂缝，最大裂缝宽（混凝土预制板衬砌型式）达 1.58cm，从而使衬砌破坏。

（8）渠道阴、阳坡结果对比。由于阴、阳坡受日照的不同，形成阴、阳坡冻胀条件的差异。从冻胀量最大时衬砌表面直观看出：阳坡衬砌均无裂缝产生，而阴坡除聚苯板垫层衬砌型式外，其他型式都出现了裂缝或错位。

表 4　　　　　　　　　　　　各衬砌型式裂缝情况

型式编号	说　明	裂缝位置	裂缝宽（cm）	出现裂缝时的冻胀量（cm）			出现裂缝时间（年.月.日）	相对错位（cm）
				1	2	3		
1	8cm 现浇筑混凝土	测点 2 下部	0.58	0.55	1.7	1.05	1985.12.9	
2	槽型钢筋混凝土板架空形成 20cm 空气保温层	测点 2 上、下部	1.22	0.68	0.92	0.51	1985.12.13	2
3	槽型钢筋混凝土板架空形成 10cm 空气保温层	测点 2 上、下部	0.79	0.35	0.75	0.25	1985.12.9	2.5
4	混凝土板加塑膜20cm 砂粒垫层	测点 3 上、下部	0.62	0.32	1.56	1.94	1985.12.13	
5	5cm 聚苯板加 8cm 混凝土板	测点 3 下部	0	0	0	0		
6	塑料薄膜加 8cm 混凝土板	测点 3 下部	0.97	0.78	2.78	3.5	1985.12.9	
7	8cm 预制混凝土板	测点 3 下部	1.58	1.05	3.22	3.35	1985.12.9	

（9）初步结论，初步试验表明：

1）预锯混凝土板下铺 5cm 聚苯板（型式 5）的防冻保温效果最好，比预触混凝土板衬砌（型式 7）提高地温 8.6℃，减小冻深 73.4%～85%，减小冻胀量 11.8cm（96%），未发生任何裂缝，但造价较高。

2）现浇钢筋混凝土因其强度较大，整体性较好；槽型钢筋混凝土板架在混凝土梁上，一般不应发生冻胀或裂缝，而且密闭空气的导热系数要比聚苯板略好[0.02kcal/（m·℃·h）]。因此，这两种抗冻胀衬砌结构型式有必要进一步试验其抗冻胀破坏效果。

3）砂砾垫层保温效果虽没有聚苯板显著，但也属效果较好的一种，在砂砾料很多地区，可与聚苯板通过经济比较选用。

4）塑料薄膜加预制混凝土板形式（型式 6）比预制混凝土板型式（型式 7）不仅仅抗冻性好，而且防渗效果好，造价也贵不了多少，宜采用于渠道阳坡。

4. 补充试验方案

根据上述试验初步成果，拟定补充试验目标为：

（1）减少聚苯板的用量，从而降低渠道衬砌全断面平均每平米造价。

（2）进一步试验比较槽型架空混凝土板、现浇钢筋混凝土和其他衬砌方案的抗冻效果，进行经济比较。

根据以上补充试验目的，1986～1987 年补充做了如下试验型式。

型式 8：聚苯板只做渠道阴坡。通常水位以下部分采用厚 4cm 聚苯板，上部采用 2cm 厚聚苯板作保温层，渠面仍用 8cm 厚预制混凝土板（见图 5）。

型式 9：渠道阴坡，通常水位以下部分用 5cm 厚聚苯板保温层加 8cm 预制混凝土板，渠坡上部只用 8cm 预制混凝土板。

型式 10：渠坡水深 1.6m 以下为 3cm 厚聚苯板加 8cm 预制混凝土板，一渠坡上部为塑膜加 8cm 预制混凝土板。

型式 11：聚苯板厚采用 2cm，其他同型式 10。

型式 12：渠坡水深 1.6m 以下为槽型钢筋混凝土板架空形成 20cm 密闭空气保温层，渠坡上部为塑膜加 8cm 预制混凝土板（见图 6）。

型式 13：渠坡水深 1.6m 以下为浆砌石，厚度由上至下为 3.0～50cm，渠坡上部为 8cm 预制混凝土板。下垫一层塑膜（见图 7）。

型式 14：将尺寸为 50cm×60cm×8cm。（宽×长×厚）的预制混凝土板，放在间距为 60cm 的混凝土横梁上（渠坡上挖槽现浇）。断面为 10cm×20cm（宽×高）（见图 8）。

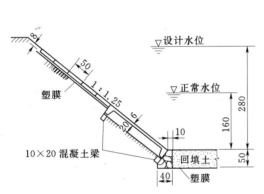

图 5　型式 8：渠坡上部 2cm 聚苯板加混凝土板渠坡下部 4cm 聚苯板加混凝土板（单位：cm）

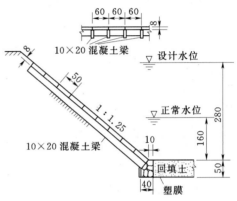

图 6　型式 12：渠坡上部塑膜加混凝土板渠坡下部 20cm 空气保温槽型板（单位：cm）

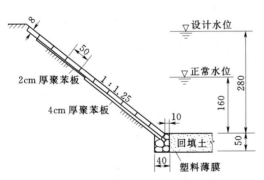

图 7　型式 13：渠坡上部塑模加混凝土板渠坡下部塑模加浆砌石（单位：cm）

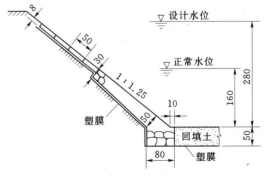

图 8　型式 14：混凝土板架于混凝土梁上（单位：cm）

观测项目与观测手段同 1985 年、1986 年，主要有气温、地温、土体含水量、冻土深、冻胀量等。

5. 补充试验结果与分析

(1) 气温观测成果。1986年12月中旬曾出现寒流天气,最低气温下降到－20℃。因为寒流历时短暂,对最大冻深和冻胀量影响不大;1987年1月底2月初,冻深和冻胀量达到最大值,当时最低气温为－15.5℃,持续时间较长,但比1986年春气温略高(1986年2月初最低气温－18.2℃),气温变化规律相本相同。

(2) 地温观测成果与分析。各衬砌型式地温观测成果列于表5。

表5   0.1m深处地温观测值   单位:℃

型式编号	型 式 说 明	最低平均地温(1987年1月5日~1987年2月4日)			最低地温			备 注
		测 点			测 点			
		1	2	3	1	2	3	
2	槽型钢筋混凝土板架空形成20cm空气保温层	－4.30	－3.52	－1.49	－6.50	－5.00	－3.20	1985年原有型式
5	5cm聚苯板加8cm混凝土板	－0.36	－0.24	－0.04	－1.50	－1.10	－1.00	
6	塑料薄膜加8cm混凝土板	－5.67	－5.69	－3.85	－8.20	－8.00	－6.60	
8	渠坡上部2cm聚苯板加混凝土板;渠坡下部4cm聚苯板加混凝土板	－3.73		－0.75	－6.00		－1.20	1986年11月中施工
9	渠坡上部混凝土板;渠坡下部5cm聚苯板加混凝土板	－4.44	－5.14	－0.3	－7.90	－7.30	－1.00	1986年8月施工
10	渠坡上部塑膜加混凝土板;渠坡下部3cm聚苯板加混凝土板			－0.56			－1.00	
11	渠坡上部塑膜加混凝土板;渠坡下部2cm聚苯板加混凝土板			－1.29			－2.00	
12	渠坡上部塑膜加混凝土板;渠坡下部20cm空气保温槽型板			－1.90			－2.90	
14	混凝土板架于混凝土梁上			－1.49			－2.40	

注   1、2测点在渠坡上部;3测点在渠坡下部。

比较表5中测点1的0.1m深处地温可看出:5cm厚的聚苯板(型式5)下地温相对最高,最低平均地温－0.36℃,最低地温－1.50℃,与塑膜加混凝土板型式(型式6)相比,相应提高5.31℃和6.70℃;与2cm聚苯板加混凝土板(型式8)相比,相应提高3.37℃和4.50℃,说明聚苯板的保温效果是很好的,而且越厚保温效果越好。从表5中还可看到,型式10测点3(3cm厚聚苯板)的最低平均地温和最低地温,反而比型式8测点3(4cm厚聚苯板)高,似乎不合理,这可能是由于型式8在冬季施工,原始地面较低的缘故。由此可以提出一个重要的建议,渠道衬砌最好在较暖和的季节进行,以保持最高的地温。型式6与型式9比较,测点2的最低平均地温和最低地温值,相差不大,在测量误差范围内,说明塑膜基本无保温效果。

槽型混凝土板架空型式 12，利用密闭空气保温的设想是好的，因为密闭空气的导热系数只有 0.02（kcal/cm·℃·h），比聚苯板的导热系数还小，可能因为密闭不严，未能充分发挥其保温作用，表 5 中其测点 3 的最低平均地温和最低地温值（－1.90℃，－2.90℃）均低于 2cm 的聚苯板（－1.29℃，－2.00℃），说明保温效果不及后者，今后需要研究空气密闭方法和简化槽型板结构，以提高保温效果和降低造价。

空梁板型式 14，保温效果差，也存在空气密闭不好的问题。

以上观测结果分析再一次证明聚苯板是一种保温防冻很理想的材料，国外应用于机场和公路上防冻害是成功的，我们应用于渠道衬砌上防冻害也是很理想的。

（3）冻深观测成果与分析。表 6 为各测点最大冻深观测值。冻深值较上一年同期有所减小，但冻结过程与规律均与上一年相似。

表 6	最 大 冻 深 观 测 值				单位：m	
型式编号	型 式 说 明	阴 坡			阳坡	备 注
		1	2	3		
2	槽型钢筋混凝土板架空形成 20cm 空气保温层	0.52	0.485	0.395		1985 年原有型式
5	5cm 聚苯板加 8cm 混凝土板	0.17	0.12	0.10		
6	塑料薄膜加 8cm 混凝土板	0.72	0.62	0.55	0.18	1986 年 11 月中施工
	渠坡上部 2cm 聚苯板加混凝土板；渠坡下部 4cm 聚苯板加混凝土板	0.40		0.15		
9	渠坡上部混凝土板；渠坡下部 5cm 聚苯板加混凝土板	0.735	0.555	0.105	0.19	1986 年 8 月施工
10	渠坡上部塑膜加混凝土板；渠坡下部 3 cm 聚苯板加混凝土板			0.16		
11	渠坡上部塑膜加混凝土板；渠坡下部 2 cm 聚苯板加混凝土板			0.23		
12	渠坡上部塑膜加混凝土板；渠坡下部 20cm 空气保温槽型板			0.475		
14	混凝土板架于混凝土梁上			0.455		

注 1、2 测点在渠坡上部，8 测点在渠坡下部。

从表 6 可看到：

1）5cm 厚聚苯板（型式 5）下的冻深值最小，测点 1 为 0.17m，比型式 6（塑膜加混凝土板）冻深（0.72m）减小 0.55m，即减小 76％；测点 3 减小冻深 81％（由 0.55m 减到 0.10m），与 1985～1986 年观测结果一致。

2）2cm 厚的聚苯板下的冻深值，测点 1（型式 8）为 0.40m，比型式 6 减小冻深 0.32m，即减小 44％；测点 3 的冻深从 0.55m（型式 6）减到 0.23m（型式 11），即减小 58％。

3）从测点 3 冻深看，型式 10（3cm 聚苯板）比型式 6 减小冻深 0.39m（由 0.55m 减到 0.16m），即减小 71％。比较型式 10 与型式 11，说明 3cm 的聚苯板要比 2cm 的聚苯板减小冻深幅度大，前者 71％，后者 58％；而比较型式 5 与型式 10，说明 5cm 的聚苯板比 3cm 的聚苯板减小冻深幅度大，前者 81％，后者 71％。

4）比较型式 6（塑膜加混凝土板）与型式 9（混凝土板）测点 1 的冻深值，两者很近，说明塑膜不能减小冻深，这与前面说到的塑膜不起保温作用的结论是一致的。

5）型式 12 和 14 可能由于空气密闭不好，保温作用不大，因而减小冻深不显著。

（4）冻胀量成果与裂缝现象分析。冻胀量观测值见表 7。

表 7　　　　　　　　　　　　冻 胀 量 观 测 值

型式编号	型 式 说 明	阴 坡			阳坡	备　　注
		1	2	3	3	
1	8cm 现浇钢筋混凝土板	2.85	5.05	6.35		
2	槽型钢筋混凝土板架空形成 20cm 空气保温层	1.70	4.35	4.00		
3	槽型钢筋混凝土板架空形成 10cm 空气保温层	0.25	3.10	4.85		1985 年原有型式
4	20cm 砂砾垫层加塑膜再加 8cm 预制混凝土板	0.50	2.25	7.75		
5	5cm 聚苯板加 8cm 混凝土板	0.35	0.30	0.25		
6	塑料薄膜加 8cm 混凝土板	0.20	1.90	8.30	1.15	
8	渠坡上部 2cm 聚苯板加混凝土板；渠坡下部 4cm 聚苯板加混凝土板	0.55	0.45	0.45		
9	渠坡上部混凝土板；渠坡下部 5cm 聚苯板加混凝土板	0.55	3.55	1.15	1.25	
10	渠坡上部塑膜加混凝土板；渠坡下部 3cm 聚苯板加混凝土板			2.90		
11	渠坡上部塑膜加混凝土板；渠坡下部 2cm 聚苯板加混凝土板			4.40		1986 年补充型式
12	渠坡上部塑膜加混凝土板；渠坡下部 20cm 空气保温槽型板			5.95		
13	渠坡上部塑膜加混凝土板；渠坡下部塑膜加浆砌石			3.80		
14	混凝土板架于混凝土梁上			4.80		

表 7 中数据表明：

1）5cm 厚的聚苯板型式 5 在测点 3 测得冻胀量甚微（0.25cm），在水准测量误差范围之内，再一次证明其防冻胀效果很好。

2）测点 1 处的冻胀量，即使采用预制混凝土板时，一般也不大，说明渠坡上部铺厚的聚苯板防冻胀的必要性不大，可以减薄，以降低造价。

3）型式 8 测点 1、2、3 所测得的冻胀量都不大，也未发现任何裂缝，因此采用此型式（上部采用 2cm 厚的聚苯板，下部采用 4cm），以代替型式 5（全部用 5cm 厚聚苯板），是经济合理的。

4）型式 1 和型式 2 测点 1 测得的冻胀量较大，可能由于钢筋混凝土板刚度较大，当测点 3 附近冻胀量最大时，测点 1 也被抬起的缘故。

5）型式 9 渠坡上部为混凝土板衬砌，测点 1 的冻胀量不大（0.55cm），测点 2 的冻胀量较大（3.55cm），渠坡下部 5cm 聚苯板测点 3 的冻胀量为 1.15cm，超过型式 5（5cm 聚苯板）测点 3 的冻胀量（0.25cm），也超过型式 8 测点 3（4cm 聚苯板）的冻胀量（0.45cm），可能由于测点 2 冻胀量大，带动测点 3 隆起。由于测点 2 和 3 的冻胀量不均匀，导致有聚苯板垫层的渠坡下部与上部衬砌交接处产生细微裂缝。同样，型式 10 和型式 11（聚苯板厚各为 3cm 和 2cm），在上述交接处都出现 2～5mm 细小裂缝，说明渠坡中部不宜有衬砌结构型式的突变，采用型式 8 的渐变型式（聚苯板厚度由 4cm 变为 2cm）较为合适。

6）渠坡下部用槽型混凝土板架空型式（型式 12），本身刚度大，未发现裂缝，但在与渠坡上部混凝土板交接处，产生错位与裂缝现象。这一型式造价亦高，如不改进空气密闭技术和简化结构型式，不宜推广。

7）渠坡上部用混凝土板、下部用浆砌石的型式 13，虽然自重很大，但仍不能抵抗冬季冻胀变形，在测点 3 下部有 8～10mm 的裂缝，且造价也较高，故在石料不丰的地区不宜采用。

综上所述，抗冻胀效果最好、施工最方便的是采用聚苯板作垫层的衬砌结构型式，聚苯板的厚度可采用坡上部较薄（2cm）下部较厚（4cm）的型式 8。这是近 20 年来试验研究防冻胀措施的最优成果。

（5）土壤含水量与地下水位观测。1986 年入冻前土壤含水量观测结果见表 8。因 1986 年较干旱，含水量较 1985 年入冻前小。冬季地下水位有所下降，在渠底以下 6m 左右，可认为地下水不影响渠床土壤的水分补给。

表 8　　　　　　　　　　　　1986 年入冻前含水量观测值

型式编号	型式说明	阴　坡						阳　坡					
		1			2			3			4		
		取土深度（m）											
		0.1	0.4	0.8	0.1	0.4	0.8	0.1	0.4	0.8	0.1	0.4	0.8
2	槽型钢筋混凝土板架空形成 20cm 空气保温层	16.8	16.6	16.2	21.2	20.2	17.4	22.8	22.8	21.2			
5	5cm 聚苯板加 8cm 混凝土板	14.5	17.2	17.8	19.8	18.6	16.4	21.2	19.1	17.5			
6	塑料薄膜加 8cm 混凝土板	16.2	15.6	17.2	18.8	20.5	18.9	21.2	22.4	18.2	18.9	18.3	8.1
8	渠坡上部 2cm 聚苯板加混凝土板；渠坡下部 4cm 聚苯板	12.9	11.8	12.1	11.4	11.3	15.6	11.0	18.8	18.4			
9	渠坡上部混凝土板；渠坡下部 5cm 聚苯板加混凝土板	8.8	16.6	19.8	18.4	19.2	19.0	22.4	25.2	1718	17.6	20.8	18.0
10	渠坡上部塑膜加混凝土板；渠坡下部 3cm 聚苯板加混凝土板							19.1	21.6				

型式编号	型式说明	阴坡 1			阴坡 2			阳坡 3			阳坡 4		
		取土深度（m）											
		0.1	0.4	0.8	0.1	0.4	0.8	0.1	0.4	0.8	0.1	0.4	0.8
11	渠坡上部塑膜加混凝土板，渠坡下部 2cm 聚苯板加混凝土板							17.6	18.4				
12	渠坡上部塑膜加混凝土板，渠坡下部 2cm 空气保温槽型板							8.9	19.8				
14	混凝土板架于混凝土梁							19.8					

从含水量分布看，渠坡上部小下部大，与冻胀量分布规律相同。说明含水量的大小影响冻胀量，这主要是由于渠道冬季过水影响渠坡下部土壤水分变化。因为渠道衬砌有微小渗水，源源不断地渗入土壤使冻胀量增大。同时可看到，由于聚苯板的防渗效果也很好，其下部土壤含水量也较小。因此，其冻胀量亦小。

（6）阴、阳坡观测值的对比分析。从表 6 冻深结果看，原型式 6：加塑膜的混凝土板衬砌，阴坡第 3 测点冻深为 0.55m，阳坡同一位置冻深仅 0.18m，减少 0.37m。

从表 7 的冻胀量看，原型式 6 阴坡测点 3 的冻胀量为 8.3cm，阳坡仅为 1.15cm。经过两个冬季的运行，该衬砌型式阳坡均未出现裂缝，说明加塑料薄膜的混凝土板衬砌型式在气候及水文地质条件类似的地区，应用于渠道阳坡是合适的。由于日照的不同，形成阴、阳坡冻胀条件的差异。又鉴于输水渠道线路长，对阴阳坡分别采用不同衬砌型式，对降低渠道防渗衬砌的投资和提高其经济效益起很重要的作用。

表 9　　　　　　　　　　各衬砌型式单位面积造价

型式编号	型式说明	单位面积造价（元/m²）			备注
		阴坡	全断面	全断面单价与型式 6 比较	
1	8cm 现浇钢筋混凝土	24.90	14.22	1.17	
2	槽型钢筋混凝土板架空形成 20cm 空气保温层	35.00	17.36	1.43	
3	槽型钢筋混凝土板架空形成 10cm 空气保温层	29.00	15.49	1.27	
4	混凝土板加塑膜加 20cm 砂砾垫层	24.20	14.00	1.15	
5	5cm 聚苯板加 8cm 混凝土板	32.60	16.61	1.36	无任何裂缝
6	塑料薄膜加 8cm 混凝土板	18.30	12.17	1.00	
7	8cm 预制混凝土板	17.50			不宜采用
8	渠坡上部 2cm 聚苯板加混凝土板；渠坡下部 4cm 聚苯板加混凝土板	27.10	14.90	1.22	无任何裂缝
9	渠坡上部混凝土板；渠坡下部 5cm 聚苯板加混凝土板	25.90	14.53	1.19	

续表

型式编号	型 式 说 明	单位面积造价（元/m²）			备 注
		阴坡	全断面	全断面单价与型式6比较	
10	渠坡上部塑膜加混凝土板；渠坡下部3cm聚苯板加混凝土板	23.10	13.66	1.12	
11	渠坡上部塑膜加混凝土板；渠坡下部2cm聚苯板加混凝土板	21.50	13.16	1.08	
12	渠坡上部塑膜加混凝土板；渠坡下部20cm空气保温槽型板	27.60	15.06	1.24	
13	渠坡上部塑膜加混凝土板；渠坡下部5cm聚苯板加混凝土板	22.46	13.46	1.11	
14	混凝土板架于混凝土梁上	20.80	12.95	1.06	

四、工程造价分析

各衬砌型式工程造价见表9。从表9中可以看出：

（1）比较型式5与型式8可知，阴坡用5cm厚的聚苯板比改成上厚2cm、下厚4cm的苯板单价高20%，而抗冻效果相同，均无裂缝发生，因此应采用型式8。

（2）型式1造价比型式5、型式8低，虽有细微裂缝产生，但开春后就闭合，且在渠边坡不很长的情况下，如果钢筋位置适当，就不至于产生裂缝，亦可考虑采用。

（3）利用密闭空气保温的型式，有待进一步试验，改进密闭方法以提高防冻胀效果；改进结构型式，以降低造价。

（4）渠坡上部混凝土板，下部浆砌石衬砌（型式13）与3cm、2cm厚的聚苯板衬砌（型式10、11）单位造价相近，都较便宜，在冻胀较轻地区均可采用，而前者只能在石料充足的地区可以采用。

（5）20cm砂砾料垫层衬砌，从防冻效果与造价看，均不及3cm与2cm聚苯板衬砌（型式10、11），一般不宜采用。

应当说明：表9中所列造价是试验段施工时单独核算的，由于工程量不大、劳动组合差、技术不熟练、效率低、用工多，所以各种衬砌的单价偏高。

五、聚苯板的性能与应用

聚苯板作为保温隔热材料，常用于冰箱、房顶和墙壁隔热层等；作为防震防潮材料，常用于精密仪器的包装；作为抗冻胀材料，国外曾用于公路和机场跑道下面。以上主要利用它的导热系数小（隔热性能好）、具有压缩性（抗震性能好）、不吸水性（防潮防渗性能好）和自熄性（防火性能好）等特性。我们正是利用其前面几种性能防止渠道受冻胀的破坏。利用其导热系数小，不使冬季渠床地温降低过多，减小冻深；利用其压缩性，削减对衬砌的冻胀力；利用其吸水性差，防止渗水增加土层含水量而增大冻胀量。

试验所用的聚苯板的物理机械性能见表10。从表10中性能指标可看出，除其导热系数和吸水性小的性能满足渠道衬砌防冻胀外，其他性能也都符合要求。例如尺寸稳定在 70～－40℃范围，一般在混凝土板下面的聚苯板，夏天最高温度不会超过 70℃，冬季不会低于－40℃；又如压缩强度不小于 14.7N/cm²，相当于渠道中水深 15m 的水重，一般渠道水深都没有这么大。亦可根据具体情况与厂家协商生产满足要求的产品。

表 10   太原塑料二厂聚苯泡沫板物理机械性能

项　　目	单　　位	指　　标	
		普通型	自熄型
密度	kg/m³	≤30	≤35
吸水性	kg/m²	≤0.08	≤0.08
压缩强度 密度<20 （压缩50%）0.02～0.035	Pa	≥$1.5×10^5$ ≥$2.0×10^5$	≥$1.5×10^5$ ≥$2.5×10^5$
弯曲强度 密度<0.020 0.02～0.035	Pa	≥$1.8×10^5$ ≥$2.2×10^5$	≥$1.8×10^5$ ≥$2.2×10^5$
尺寸稳定性 （70～－40℃）	%	±0.5	±0.5
导热系数	W/(m²·K)	≤0.00442	≤0.00442
自熄性			2s内熄灭

聚苯板作为渠道防冻胀垫层时，具体施工工艺如下：将加热的聚氯乙烯油膏涂于聚苯板的四周，相互对接，并在接缝处涂 1 层加热的聚氯乙烯油膏，贴上 1 条 10cm 宽的塑料薄膜，以防接缝粘接不好而渗水．然后将连接好的聚苯板铺于修整好的渠坡上，上面用砂浆砌预制混凝土板。

六、结论

（1）通过 1985～1987 年的两个冬季试验观测，渠道阳坡采用塑料薄膜加预制混凝土板的衬砌型式，在该地区条件下不至于发生冻胀破坏，因而渠道不必全断面采用聚苯板作垫层。

（2）通过 1986～1987 年的 7 种不同防冻胀衬砌型式的补充试验、观测成果分析、冬季放水的考验，再一次证明聚苯板具有良好的保温防冻胀性能，而且通过补充型式 8 试验表明：聚苯板可采取坡上部厚 2cm、下部厚 4cm 的复合型式，以减少聚苯板的用量，从而降低衬砌造价。从表 9 中可看到：渠道抗冻胀衬砌（型式 8）每米长全断面平均单位面积造价比通常衬砌型式 6 只高 22%。

（3）通过补充试验说明：聚苯板的厚度应根据当地气温和土壤含水量等条件选择，坡长时可考虑采用不等厚的复合型式。

（4）渠道衬砌施工最好在暖和天气进行，以保持较高地温，降低冻深和冻胀量。

（5）渠坡上不宜用两种结构型式差异较大的衬砌，以防交接处产生裂缝。我们试验的型式中，除型式 1、5、8 以外，其他型式都发生了交接处的开裂或错位现象。

（6）在渠坡不太长的情况下，采用刚度较大的钢筋混凝土衬砌，如经济比较合理，可以考虑作为抗冻胀的衬砌型式。因为冻胀时整体抬起而不发生裂缝，化冻后仍能恢复原位。这一型式国外采用较多。

（7）利用密闭空气保温的设想是正确的，因为密闭空气的导热系数比聚苯板还小，所以今后试验要改进密闭方法和结构型式，以提高保温效果和降低造价。

（8）其他抗冻胀衬砌型式如砂砾换土、浆砌石等，应通过防冻胀效果和经济比较，因地制宜地选用。

七、附言

本成果已于 1987 年 4 月由水利电力部水利水电科学研究院和山西省水利厅联合在山西省榆次市召开鉴定会。委员们认为：该课题"密切结合我国当前渠道建设实际，具有重要现实意义"；"在聚苯乙烯保温板防治渠道冻胀方面，系国内首次应用，属国内领先"；"对解决我国北方地区渠道冻害，延长衬砌使用寿命、减少维修费用具有重要价值"。

混凝土渠槽最优断面型式的选择[*]

一、渠槽最优断面型式的选择原则

灌溉事业发展的早期，灌区往往在平原地区发展，渠道多数用人工开挖。为便于施工和保持渠道边坡的稳定，梯形断面是当时最常用的型式。以后，随着灌溉事业的发展，为了提高渠系利用系数，有些渗漏量大的土渠都采用了混凝土衬砌，但由于没有脱离人工施工，其断面型式还是以梯形为主。直到第二次世界大战以后，世界各国的灌溉事业发展很快，灌区由平原向丘陵区及山区发展，出现了大量的架空渡槽，同时渠道的标准也越来越高，许多国家如意大利、法国、日本、苏联、美国和北非一些国家，以及我国不少灌区的中小型渠道（流量小于 $10\mathrm{m}^3/\mathrm{s}$），都开始采用曲线形断面。如我国陕西省在近几年来试制成功了 U 形渠道的开挖机和混凝土衬砌机，使渠道的开挖和衬砌能采用机械施工，这不仅保证了工程的质量，而且还便于把渠道断面从梯形改进为 U 形断面，收到了减少渗漏、压缩占地、加大输水输沙能力、提高抗冻害能力、减轻管理维护工作等多方面的效果。

鉴于混凝土渠道和渡槽越来越被广泛地采用，如何选择其最优的断面型式已为当务之急。目前，国内外对如何选择最优的断面型式问题还停留在以半圆形和抛物线形为最优的这一观点。对此，笔者认为，应就三角形、矩形、梯形、半圆形、抛物线形、半椭圆形和悬链线形等各种断面型式，根据下列几方面的原则要求进行比较选择。

（1）从水流条件方面考虑，这不仅要求在相同的过水断面时，其水力半径为最大，而且还要使水流在渠槽中较为平稳和波动较小。

（2）从经济方面考虑，应是混凝土的用料最省，这就一方面要求断面的周长最短，另一方面要求断面的宽深比 B/h 较小，这样对架空的渡槽来说，其抗弯刚度就较大，可减少纵向钢筋。

（3）从结构观点考虑，除了要求渠槽的抗弯刚度较大外，还要求在运输安装时不致断裂，并能采用较大的跨度。

（4）从运行管理角度来看，要求当通过较小流量时，渠槽中有较大的水深，这样一方面可具有减少淤积的可能性，另一方面当渠道中水位高于地面时，便于从渠道中采用虹吸管引水到田间。

由于目前混凝土渠槽多采用钢模机械化施工，因而施工的难易对各种断面型式而言，其区别不是很大。

---

[*]　原载于《水利水电技术》1982 年第 10 期。

二、各种断面型式的水力最优断面

从水流条件考虑，混凝土渠道和渡槽都可以选用水力最优断面，不像土渠那样受到边坡稳定的限制，不容易做到。因此首先应知道各种断面型式的水力最优断面。关于三角形、矩形、梯形和半圆形这几种常见的断面型式的水力最优断面，在一般水力学参考书中都能找到，现仅对抛物线形、半椭圆形和悬链线形等断面型式的水力最优断面推算如下。

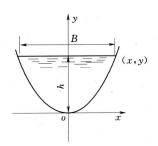

图 1　抛物线形断面型式

（一）抛物线形的水力最优断面

关于抛物线形的断面型式见图 1。抛物线公式为

$$x^2 = 2py$$

式中　p——抛物线焦点参数。

过水断面积为

$$\omega = \frac{2x^3}{3p}$$

湿周长为

$$\chi = p\left\{\frac{x}{p}\sqrt{1+\left(\frac{x}{p}\right)^2} + \ln\left[\frac{x}{p}+\sqrt{1+\left(\frac{x}{p}\right)^2}\right]\right\}$$

水力半径为

$$R = \frac{\omega}{\chi} = 2x^3/3p^2\left\{\frac{x}{p}\times\sqrt{1+\left(\frac{x}{p}\right)^2} + \ln\left[\frac{x}{p}+\sqrt{1+\left(\frac{x}{p}\right)^2}\right]\right\}$$

现令 $\eta = 2y/x$，则 $p = x/\eta$，或 $\eta = x/p$，将之代入上式便得

$$R = \frac{2}{3}p\frac{\eta^3}{\eta\sqrt{1+\eta^2}+\ln(\eta+\sqrt{1+\eta^2})}$$

水力最优断面要求 R 值应为最大，所以令 $dR/d\eta = 0$，经化简后得出

$$\eta\sqrt{1+\eta^2} = 3\ln(\eta+\sqrt{1+\eta^2})$$

解之得 $\eta = 1.94$。于是，抛物线形断面型式的渠槽最优宽深比为 $\mu = B/h = 2.06$（图 2）。

（二）半椭圆形的水力最优断面

半椭圆形的断面型式见图 3。椭圆公式为

$$\frac{x^2}{a^2}+\frac{y^2}{b^2}=1$$

式中，a，b 为椭圆的半轴长，过水断面积为

$$\omega = \frac{\pi}{4}Bb$$

湿周长为

$$\chi = BE\left(\frac{\pi}{4},\varepsilon\right)$$

式中，E 为当参数为 ε 的第二类全椭圆积分；

$$\varepsilon = \sqrt{1 - \left(\frac{2h}{B}\right)^2}$$

水力半径为
$$R = \frac{\omega}{\chi} = \frac{\pi b}{4E\left(\frac{\pi}{2}, \varepsilon\right)}$$

水力最优断面要求 R 值应为最大，所以令 $dR/d\varepsilon = 0$，于是得
$$K - E = 0$$

式中，K，E 分别为第一、二类全椭圆积分。

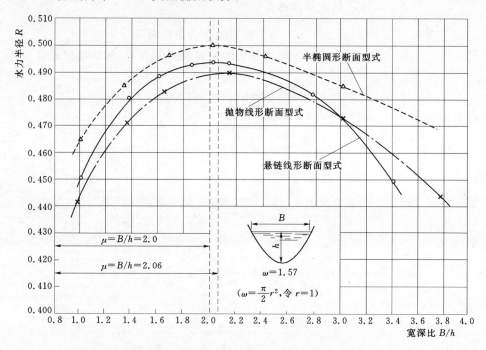

图 2　不同断面型式的渠道水力半径 R 与宽深比 B/h 的关系曲线

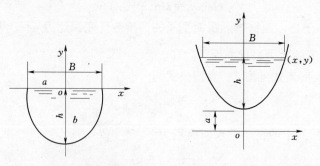

图 3　半椭圆形断面型式　　图 4　悬链线形断面型式

由上解得半椭圆形断面型式的渠槽最优宽深比为 $\mu = B/h = 2$（图 2）。

（三）悬链线形的水力最优断面

悬链线形的断面型式见图 4 所示。悬链线公式为

$$y = a\operatorname{ch}\frac{x}{a}$$

过水断面积为

$$\omega = 2a\left(x\operatorname{ch}\frac{x}{a} - a\operatorname{sh}\frac{x}{a}\right)$$

湿周长为

$$\chi = 2a\operatorname{ch}\frac{x}{a}$$

水力半径为

$$R = \frac{\omega}{\chi} = \frac{x\operatorname{ch}\dfrac{x}{a} - a\operatorname{sh}\dfrac{x}{a}}{\operatorname{ch}\dfrac{x}{a}}$$

用图解法可得悬链线形断面型式的渠槽最优宽深比为 $\mu = B/h \approx 2$（图 2）。

三、各种断面型式的综合比较和选择

（一）各种断面型式的综合比较

从水流条件方面看，可以比较各种断面型式的水力半径，大者为优。今假定过水断面积为 $\omega = 1.57\left(\omega = \dfrac{\pi}{2}r^2,\ \diamond r = 1\right)$，得出不同断面型式的最大水力半径 $R_{最大}$ 值如表 1 所示。

表 1 　　　　　　　　　　不同断面型式的最大水力半径 $R_{最大}$ 值

断面型式	三角形	矩形	梯形	半圆形	半椭圆形	抛物线形	悬链线形
$R_{最大}$值	0.4423	0.443	0.476	0.5	0.5	0.49	0.4935

从水流条件和经济角度考虑，都希望断面的周长最短（即 R 值最大）。比较表 1 中的数字，就可以先淘汰三角形、矩形和梯形这三种断面型式，因为它们不仅周长较大，而且其水流亦较不平稳。

对半圆形而言，虽然其水力半径最大，但过水断面太宽浅了些，一方面其抗弯刚度较小，纵向钢筋用量就较多；另一方面在同样超高的情况下，未被利用的断面积也较大，因此从经济和结构方面比较，都不如抛物线形、半椭圆形和悬链线形这三种断面型式。现就后三种断面型式作综合比较如下。

（1）从图 3 可以看出：当 B/h 值为一定时，半椭圆形断面型式的 R 值最大，悬链线形断面型式的 R 值次之；或者是当 R 值一定时，这两种型式所得的 B/h 值较小，也就是说断面的抗弯刚度较大，可节省纵向钢筋。因此从水流条件、经济和结构三方面考虑，这两种型式较优。

（2）从运行管理方面来看，悬链线形和抛物线形的渠槽断面底部较为狭窄，当小流量时，渠槽中有较大的水深，水力条件较好，不易淤积，且利用虹吸管引水也比较方便。所以从运行管理方面而言以悬链线形和抛物线形的断面型式较优（两者的下面部分几乎重合）。对这 3 种断面型式的综合比较结果经排列出名次见表 2。

表 2 **半椭圆形等三种断面型式的综合比较**

断面型式 \ 比较项目 比较名次	水流条件	经济	结构	运行管理
半圆形	1	1	1	3
悬链线形	2	2	2	1
抛物线形	3	3	3	2

（二）最优断面型式的选择

根据以上的综合比较，可以得出如下结论：混凝土渠道和渡槽的断面型式以半椭圆形的为最优，其次是悬链线形的。至于抛物线形的断面型式，它虽比半圆形、矩形和梯形等型式较优，但并不是最优的。

在实际工程中，当选择最优的断面型式半椭圆形，或者采用悬链线形或抛物线形作为渠槽断面型式时，都应该按照以下的具体要求进行。

1. 选取合适的 B/h 值

如 B/h 值选取得太大则渠槽断面显得太宽浅，其断面抗弯刚度小而结构方面就不好；如 B/h 值选取得太小则断面周长就增大，对水流条件和经济方面又不利。所以，应选取一合适的数值。在实践中需根据具体情况进行经济比较，按当地材料价格标出 B/h 值与渠槽造价的关系，而选取造价最小的 B/h 值。对渡槽断面而言，一般选取略小于水力半径最大时的 B/h 值，大致可选取 $B/h = 1.5 \sim 1.8$；对较大的渠道断面而言，可选取较大的 B/h 值。

2. 确定断面的有关数值

当选定 B/h 值后，因已知水面宽，或者水深，或过水断面，故就可根据以下各式确定半椭圆形中的 a 和 b、悬链线形中的 a 和抛物线形中的 p 等数值。

（1）按下式确定半椭圆形断面的 a 和 b 值（图 2）：

$$\frac{B}{h} = \frac{2x}{y} = \frac{2a}{b}$$

（2）按下式确定悬链线形断面的 a 值（图 4）：

$$\frac{B}{h} = \frac{2x}{y-a} = \frac{2x}{a\left(\mathrm{ch}\,\dfrac{x}{a} - 1\right)}$$

（3）按下式确定抛物线形断面的 p 值（图 1）：

$$\frac{B}{h} = \frac{2x}{y} = \frac{4p}{x}$$

四、结束语

在我国西北、华北一带灌区，渠道往往通过渗漏量很大的戈壁地带或引起湿陷的黄土

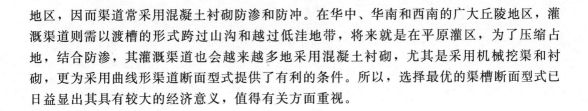

地区，因而渠道常采用混凝土衬砌防渗和防冲。在华中、华南和西南的广大丘陵地区，灌溉渠道则需以渡槽的形式跨过山沟和越过低洼地带，将来就是在平原灌区，为了压缩占地，结合防渗，其灌溉渠道也会越来越多地采用混凝土衬砌，尤其是采用机械挖渠和衬砌，更为采用曲线形渠道断面型式提供了有利的条件。所以，选择最优的渠槽断面型式已日益显出其具有较大的经济意义，值得有关方面重视。

渠道防渗篇

关于目前国内外一些主要渠道
防渗措施的简要评述[*]

目前世界上采用的防渗措施种类很多，就其防渗特点而言，可分成两大类：第一大类是采取加做防渗层的方法。这一大类根据所用材料又可分为混凝土、砌石（包括砌砖）、沥青、黏土、灰土和塑料等 6 类，每类有不同的施工方法和结构型式。第二大类是改变原渠床土壤渗漏性能的方法。这一大类又可分为物理机械法和化学生物法两类。物理机械法中包括压实、人工挂淤、石油处理和渠面抹光等；化学生物法包括钠化、矽化、氢氧化膜和人工潜育等（见文末表）。本文拟就国内外经常采用的几种主要防渗措施，进行简要评述。

一、加做防渗层的渠道防渗措施

（一）混凝土和钢筋混凝土类

采用混凝土和钢筋混凝土衬砌渠道，是世界各国采用最多和最广泛的一种渠道防渗措施。例如，在美国、西班牙、墨西哥、法国、意大利、苏联、日本、巴基斯坦、阿尔及利亚、突尼斯和摩洛哥等国都是以混凝土为主衬砌渠道的国家。就世界范围来看，混凝土类衬砌的主要优点如下。

（1）防渗效果好。一般能减少渗漏 90%～95% 以上；如果采用混凝土渠槽和管子的结构型式，则可做到基本上不漏水。

（2）耐久性好。根据美国和西班牙等国家的经验，认为混凝土衬砌的使用年限一般可达 40～50 年。

（3）抗冲能力强，允许流速大。这不仅在地形坡降较陡的地区可节省连接建筑物，而且由于流速大、糙率小，能大大缩小渠道断面，减少土方工程量和占地面积，同时相应地也减少了渠道上建筑物的工程量。

（4）由于混凝土衬砌强度高，能防止植物穿透和动物或其他机械的破坏，因此便于养护管理和节省管理费用。

但其缺点是，第一次投资较大，需要使用一部分国家统配的建筑材料，因此，有时难于普遍推广。

在混凝土类衬砌中，按其不同结构型式，可分为就地浇筑混凝土衬砌、预制混凝

＊ 原载于《水利水电技术》1965 年第 1 期。合作者：郝丰庵。

土板衬砌、钢筋混凝土渠槽、混凝土管、喷混凝土、喷水泥砂浆等 6 种。在这 6 种混凝土衬砌结构型式中，以就地浇筑混凝土衬砌用得较普遍，特别是在美国采用最多。预制混凝土或钢筋混凝土板衬砌，是近几十年才开始采用的，以苏联和西欧及北非的一些国家采用的较多。但根据这些国家的经验，目前采用预制板型式的造价比就地浇筑要高约 10% 左右。最近 10 年来，在上述这些国家里开始大量采用钢筋混凝土和预应力钢筋混凝土渠槽。这两种形式，特别适用于在丘陵地区，可以避免渠线过分弯曲，减少大量的填挖土方，而且容易控制灌溉面积；对于傍山、塬边、地质特差或经过城镇、工矿企业上游的渠道，可以确保输水安全。因此，它被认为是目前在混凝土类中最适宜于上述地区中小型渠道采用的一种衬砌结构型式。至于混凝土管，虽然具有节省占地、减少渗漏和蒸发损失等优点；但由于投资较多，水头损失较大，因此，除在经济条件较好、耕地价值很高、水源水位有保证的情况下采用外，一般不宜推广。用喷水泥砂浆作为渠道防渗护面，过去在美国采用较多。但由于它的耐久性较混凝土类中其他型式差，而且水泥用量也并不节省，因此目前已很少采用；不过在某些特殊情况下，如渠床为有细微裂隙的岩石表面，一般边坡较陡，表面粗糙，还是可以采用的。至于喷混凝土，是最近美国、法国和苏联等国家采用的一种新结构型式。其优点是强度、抗冻性和不透水性都比一般混凝土好，厚度较薄，是一种有发展前途的衬砌结构型式。

（二）砌石和砌砖类

采用砌石和砌砖作为渠道防渗、防冲措施，不仅历史悠久，而且采用的也很广泛。例如，在我国西北和西南地区很早就采用卵石衬砌渠道；在山区和丘陵地区采用块石衬砌的渠道亦不少。在国外采用砌砖的以印度和巴基斯坦等国家较早，而且沿用至今仍较普遍，在苏联的一些加盟共和国里，也有采用卵石衬砌的，其中以吉尔吉斯加盟共和国采用尤为普遍。此外，如墨西哥、西班牙等国家，过去也都曾采用砌石和砌砖的，只不过到最近才逐渐被混凝土衬砌所代替。

砌石和砌砖类衬砌的主要优点是：就地取材，抗冲能力大，耐久性好，不会遭致动植物及地基冻胀的破坏；但缺点是工程量大，费劳力多，而且防渗效果一般也不如混凝土类衬砌好。砌石和砌砖类衬砌可分干砌卵石挂淤、浆砌卵石、干砌卵石灌浆、干砌卵石灌细骨料混凝土、浆砌块石或条石以及双层砖夹不透水层等 6 种型式，其中以干砌卵石挂淤采用最多，根据已有资料统计，目前国内外采用这种衬砌型式的渠道已达数千公里，其主要优点是节省水泥，施工方便，但由于其防渗效果较差，因此，在特别缺水地区，采用了干砌卵石灌浆或灌混凝土的结构型式，或者在干砌卵石下面加做防渗隔层的型式，其中尤以采用干砌卵石灌细骨料混凝土的为多。在有黏土的地方，采用灌黏土浆则是一种更经济的办法。

（三）沥青类

众所周知，沥青是一种良好的防渗材料，它不仅具有防渗效果好，耐久性好等特点，而且便于运输和机械施工，目前国外已普遍采用。尤其在美国，采用沥青材料衬砌的渠道长度仅次于混凝土。在我国虽然目前尚限于少数地区采用，但由于我国石油工业的迅速发展，沥青产量也随之增加，今后也很有可能大量采用。

沥青防渗的型式，国内外已采用的有埋藏式沥青薄膜、沥青席、沥青混凝土、喷沥青砂浆、沥青麻布、沥青乳和沥青胶等 6 种，其中以采用埋藏式沥青薄膜为最多，它的优点是沥青用量省，施工方便，较耐久（不易老化）；其缺点是：当保护层为土料时，容易长草；允许流速小；边坡不宜太陡，否则可能发生滑动；而且修理也不方便。沥青席的主要优点是施工方便，必要时在渠道放水期间利用驳船也能施工，在国外也采用较多；但缺点是造价较高，没有保护层时，容易老化和损坏。在沥青类材料中，以沥青混凝土的强度和抗冲能力较大，可用为表面式衬砌。至于喷沥青砂浆的措施，由于其施工比喷水泥砂浆复杂，且造价高，所以很少采用。沥青乳和沥青胶防止渠道渗漏，是一种新的措施。目前国内外尚缺少成熟的经验。

（四）黏土类

利用黏土作为渠道防渗材料是最古老也是很普通的一种方法。凡是就近有黏土的地方均可采用。黏土防渗不仅不需要其他建筑材料，而且具有防渗效果好（不亚于混凝土衬砌）、施工简易的优点，为群众所乐于采用。在黏土类衬砌中，目前在实践中已采用的有表面式黏土夯实层、埋藏式黏土隔层、黏土混凝土、草泥、黏土锤钉、膨润土等 6 种结构型式。其中以表面式黏土夯实施工比较方便，但是容易因干裂和冻胀而影响防渗效果，也可能由于清淤或冲刷而产生局部损坏，因此在流速较大、周期性工作的渠道上不宜采用。采用埋藏式黏土隔层的型式，因设有保护层（一般用当地土料，在渠道中流速较大时，可以用卵石、砾石等耐冲材料），能避免气候条件的影响；另外，这种型式的衬砌，虽多用了一些保护层材料，但却减少黏土的用量，因此，它是黏土类衬砌中比较合理的一种型式。采用黏土混凝土衬砌，因其耐久性较好、允许流速较大、当有保护层时其抗土壤冻胀和浮托力的能力亦较强等优点，不但可用作埋藏式防渗隔层，还可用以作表层护面，但缺点是施工比较复杂，只有在黏土量不多、附近又有砂砾料的地区，采用才比较合适。采用草泥护面，乃是在黏土内掺稻草、麦秸等草料以提高抗冲能力和减少干裂程度的一种型式，在我国新疆地区及苏联、巴基斯坦都有采用的，其主要优点是成本低，技术简单，但由于其耐久性差（一般仅维持 2 年左右），因此常用于临时性渠道。采用黏土锤钉是我国陕西等省群众试用的一种渠道防渗经验，即用木橛先在渠面上打 20cm 深的钉眼，在钉眼内钻入黏土钉，然后用木拍板拍平，使渠床表面有一厚约 3 厘米的黏土层，上铺保护层后即成。这种型式的主要优点是黏土层与原渠床结合较好，但缺点是费工多。采用膨润土衬砌渠道的防渗效能亦很好；国外已有采用，利用他挂淤以减少原土壤的渗透性能或掺砂作防渗层均可，一般能维持 10 年以上。

以上几种黏土类衬砌，我国广大地区都有可能采用，特别是以采用埋藏式黏土隔层较合理，但是对临时性渠道，以推广采用草泥护面为宜，其他几种型式则只能针对具体条件加以选用。

（五）灰土类

目前，世界上采用灰土衬砌的国家还不多，在国内的一些山区和丘陵地区因盛产

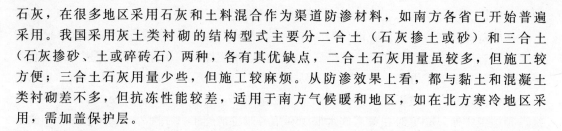

石灰，在很多地区采用石灰和土料混合作为渠道防渗材料，如南方各省已开始普遍采用。我国采用灰土类衬砌的结构型式主要分二合土（石灰掺土或砂）和三合土（石灰掺砂、土或碎砖石）两种，各有其优缺点，二合土石灰用量虽较多，但施工较方便；三合土石灰用量少些，但施工较麻烦。从防渗效果上看，都与黏土和混凝土类衬砌差不多，但抗冻性能较差，适用于南方气候暖和地区，如在北方寒冷地区采用，需加盖保护层。

（六）塑料类

以塑料作为渠道防渗材料，具有一些其他材料不可比拟的优点，例如防渗效果好，运输和施工极为方便等，因此在某些国家，已大量采用。目前，在渠道上用塑料防渗主要有塑料薄膜、塑料管、塑料槽等 3 种结构型式，目前以采用聚氯乙烯、聚乙烯、乙烯基为材料的塑料薄膜作为渠道的埋藏式或表面防渗层最普遍，国内也已开始试用。经验证明，埋藏式塑料薄膜的寿命能推持 10～20 年之久；表面式的耐久性较差，只能推持一年到数年。采用丁基橡皮、聚乙烯、聚氯乙烯、玻璃塑料和玻璃酚醛塑料管作为灌区的永久性或临时性输水渠道是近几年新发展起来的一种新措施。这一新措施不仅能完全防止水量的渗漏损失，还可减少蒸发损失和节省占地面积；同时施工也比较方便，除塑料管外，也有采用塑料槽的，其中尤以架空式的塑料明渠具有显著的优越性：首先是轻巧，便于运输和安装；其次是允许跨度比钢筋混凝土渠槽大（同样断面），从而能节省支座。

塑料薄膜可在各种大小的渠道上采用，塑料管和塑料槽则只适宜在较小的渠道上采用，特别是在丘陵地区采用塑料槽能节省大量土方工程和增加灌溉控制面积，因而更为有利。总之随着塑料工业的进一步发展，塑料防渗将是一种费省、效宏，很有发展前途的渠道防渗措施。

二、改变土壤渗透性能的渠道防渗措施

（一）物理机械法

改变原渠床土壤渗漏性能的物理机械方法，包括压实、人工挂淤、石油处理和渠面抹光等几种措施。在这些措施中，以对原渠床土壤进行人工压实以减少渗漏，采用的最普遍，它适用于原状土为空隙率较大的黏性土壤；特别是一些老灌区的原有渠道，采用压实的防渗措施更为经济。在采用压实防渗的方法中，以深层压实的防渗效果最好，一般可减少渗漏量 90％～95％，并且由于压实厚度较大，一般超过冰冻深度，因而也比较耐久。根据美国的经验，其寿命能维持在 20 年以上，是值得推广采用的一种方法。浅层压实，耐久性较差，故只适宜在临时性渠道采用。

人工挂淤是一种借水流的渗透力将人为放入水中的较细土料（黏土、淤泥、膨润土等）带入渠床土壤空隙中去，以减少渗漏的方法，其优点是不需国家统配的建筑材料，能节省费用，而且施工也方便。在一般砂、砂卵石和有细微裂隙的岩石类渠床上采用能减少渗漏 75％～90％；如在黄土渠床上，采用膨润土挂淤，也能获得良好的效果。采用人工挂淤防渗措施的耐久性，取决于淤入的深度，如果淤入较深，即挂淤层较厚，就不易被冲

刷掉。

采用石油处理土壤的方法，在 3～4 年内能防止渠道中植物的生长，防渗效果能维持 4～5 年左右，减少渗漏约 50％～75％。由于这种方法效果不很显著，石油用量亦较多，因此，目前尚很少采用。

采用渠面抹光以减少渠面土壤孔隙的方法，能减少渗漏 70％～80％，且施工极为方便，又不需要专门的防渗材料，因此在数量极多的临时性渠道上采用，具有很大的实际意义。

（二）化学生物法

改变原渠床土壤渗漏性能的化学生物法，包括钠化、矽化、氢氧化膜和人工潜育等方法。

钠化法是通过土壤中钙的阳离子为钠的阳离子所替换而产生的氯化钙来改变土壤渗透性能的一种方法，即用氯化钙溶液堵塞土壤中的空隙，从而减少了土壤的透水性，一般能减少渗漏 75％～95％。这种方法适宜在非碳酸盐类土壤或碳酸盐含量少的土壤中采用，特别是淤泥含量多（黏壤土和粉质成分多）的黑土，经过钠化以后，其防渗效果较高。在二叠纪的红色黏土、石灰质土、纯砂、泥炭土等土壤上则不宜采用。钠化处理土壤的防渗效果和耐久性，不仅与土壤性质有关，而且取决于是否有保护层和施工质量。有保护层的要比无保护层的防渗效果好、耐久。一般表层钠化的仅能维持 3～5 年，而有保护层的，则可维持 10～20 年之久。施工时，盐水或盐粉洒得均匀的、夯得密实的，要比洒得不均匀、夯得不密实的防渗效果好，也耐久。采用土壤钠化的方法，根据现有经验，不会引起附近耕地的盐碱化和增加渠道中水的含盐量。但由于需要大量工业用盐，所以未能获得广泛采用。

采用土壤矽化处理的方法，系将水玻璃溶液渗入土内或与土料及其他掺合料混合，在渠道表面形成的防渗层，以防止渠道渗漏。由于水玻璃价格高，因此目前在渠道防渗中应用尚不普遍，今后亦恐难以推广应用。

氢氧化膜法目前尚处于试验阶段，系将三价铁或铝盐溶液混合于碳酸钙或碳酸镁的土中，当溶液与碳酸盐作用产生氢氧化铁或氢氧化铝后，即产生一种沉淀物，用这种沉淀物堵塞土壤空隙，可以减小土壤的透水性。

采用土壤人工潜育的方法，系将有机质植物（稻草、麦秸、草、玉米和高粱秆等）埋于土内，在一定的条件下（在大于＋5℃温度情况下被水饱和）使土壤逐渐变成具有黏性的、没有结构和裂缝的胶状不透水层，借以防止渠道渗漏。这种方法的防渗效果一般能减少渗漏 50％～90％以上，适用于我国南方经常性放水的黏性土质渠道，也可用以防止池塘和蓄水库的渗漏。对于时常不用、水位变化很大的填方渠段和临时性渠道，则不宜采用。

上面我们简单的将目前国内外已有的几类防渗措施的优缺点和适用条件进行了评述，为了更便于读者了解，现将这些措施的主要技术指标和应用条件，分类列入表 1，供同志们选择初步方案时参考。

有关上述渠道防渗方法的技术措施将有另文介绍。

表 1　　　　　　　　　　各种渠道防渗措施的主要技术指标和应用条件表

防渗种类		使用的主要材料或工具	采用条件与场合	防渗效果（减少渗漏量%）	使用年限（a）
混凝土类	就地浇筑混凝土 预制混凝土板 预制钢筋混凝土槽 混凝土管 喷混凝土 喷水泥砂浆	水泥、砂、石料、钢筋、木材等	1. 防渗要求高； 2. 渠中流速大； 3. 防止渠床湿陷或渠堤滑坡、崩坍等； 4. 就地产砂、石骨料	90～95 95～100 90～95	40～45 >20
砌石类	干砌卵石挂淤 浆砌卵石 干砌卵石灌浆 干砌卵石灌混凝土 浆砌块石或条石 双层砖夹不透水层	卵石、砂、砾石、块石、条石、砖、水泥等	1. 附近产卵石或块石； 2. 渠中流速大，含推移质多； 3. 劳动力便宜； 4. 砌砖可用于非严寒和盐碱化不重地区	50～80 80～95	30～35 >10
沥青类	埋藏式沥青薄膜 沥青席 沥青混凝土 喷沥青砂浆 沥青麻布 沥青乳和沥青胶	沥青、油毡、玻璃布、石棉麻布、黏土、矿粉、骨料等	1. 防渗要求高； 2. 防止渠道湿陷坍坡等事故； 3. 当地附近产沥青，而其造价比混凝土衬砌便宜时	90～95	10～30
黏土类	表面黏土夯实 埋藏黏土隔层 黏土混凝土 草泥 黏土锤钉 膨润土	黏土、膨润土，砂、砾石，秸料等	1. 当地有丰富黏土料； 2. 防渗要求高； 3. 渠中流速不大； 4. 经常性工作渠道（用于周期性工作渠道时，需加保护层）	90～95 （其中草泥80～90）	10～60 （其中草泥1～3）
灰土类	二合土 三合土	石灰、砂、黏土碎石或碎砖等	1. 产石灰地区造价低于上述四类防渗措施时； 2. 防渗要求高	90～95	5～10
塑料类	塑料薄膜 塑料管 塑料槽	聚氯乙烯、聚乙烯、乙烯醛、聚苯乙烯、聚丙烯等	1. 塑料便宜经济上合理时； 2. 目前用于中小型渠道； 3. 防渗要求高	90～95	2～15
改变土壤渗透性能的物理机械法	深层压实 浅层压实	各种夯具和压实机械	1. 渠床为黏性土壤； 2. 地下水位不很高时； 3. 运用于大小不同渠道	50～95	5～20 1～3
	爆炸压实 人工挂淤 石油处理 渠面抹光	炸药雷管等黏土、膨润土等石油	1. 渠床为砂砾石或有裂缝岩石； 2. 附近有黏土料比其他防渗措施经济时 附近产石油 适用于黏性土壤的临时渠	80～90 60～90 50～75 50～80	— — <1
改变土壤渗透性能的化学生物法	钠化法	工业用盐	1. 地下水位较深的小型渠道； 2. 工业用盐便宜地区； 3. 非碳酸盐类地区	75～95	3～20
	矽化法	水玻璃氯化物或氯化物的溶液	适用于纯砂和砂性土，目前尚很少用于渠道防渗		
	氢氧化膜法	三价铁或铝盐碳酸盐，钙盐石灰等溶液	尚在试验阶段		
	人工潜育法	稻草、绿草、麦秸、树叶等	1. 除特别酸性土壤外（pH<4）适用于黏性土； 2. 适用于经常性工作渠道； 3. 在我国南方某些地区	50～90	5～6

参 考 文 献

［1］ В. А，шаумян，Способы барьбы с потерями во－ды на фильтрацию из прудов，водоемов и орос－тельных каналов. Сельхозгиз，1956.

［2］ В. В. Пославский，Современные методы борьбы с фильтрацией из оросительных каналов. Гипроводхоз，1960.

［3］ Third Congress on Irrigation and Drainage，Transactions，Vol. Ⅱ，1957.

［4］ R. J. Willson，Lower-Cost Canal Lining Practice Transactions of the ASCE. Vol. 125，Part 1，1960.

［5］ 王鹤亭，等. 防止渠道渗漏提高渠系有效利用系数是提高灌溉水利用率和防止次生盐碱化的重要途径——新疆灌溉渠道防渗措施初步总结. 1964.

［6］ 金永堂. 就地浇筑混凝土渠道衬砌设计和施工. 水利水电科学研究院，油印，1964.

国内外渠道防渗技术措施综合介绍*

目前，国内外采用的渠道防渗措施种类很多，了解其技术内容和目前国外水平，对开展我国渠道防渗工作具有一定意义。为此，本文特对今后在国内有发展前途、应用机会较多的几种主要渠道防渗技术措施作一简单介绍。关于各种措施的优缺点，在本刊 1965 年第 1 期《关于目前国内外渠道防渗措施的评述》一文中已加以比较，本文不再阐述。

一、就地浇筑混凝土护面

就地浇筑混凝土护面，一般采用的混凝土强度标号为 110～170，抗渗标号为 B4，抗冻标号：在严寒地区为 $M_{P_3}50$，在一般地区为 $M_{P_3}25$。

护面的厚度主要取决于基础条件和渠道的大小。表 1 所列为国外采用的护面厚度数值，以供参考。应当注意的是，当遇到水中含推移质较多，需要考虑抵抗浮托力或冻压力等特殊情况时，表中数字应适当增加。

护面横向伸缩缝间距根据不同衬砌厚度可参考表 2 中数字采用。

接缝的结构型式和填料，应根据不同防渗要求，参看图 1 选用。

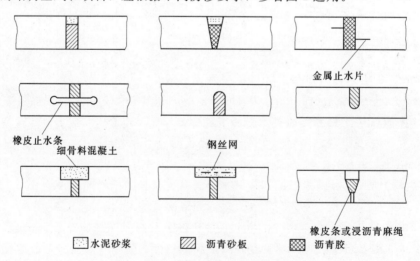

图 1　就地浇筑混凝土衬砌接缝型式

采用就地浇筑混凝土护面时，应注意防止浮托力的顶托和基础土壤冻胀的破坏作用。

---

* 原载于《水利水电技术》1966 年第 1 期。合作者：郝丰庵。

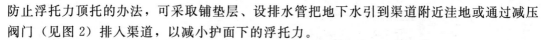

防止浮托力顶托的办法，可采取铺垫层、设排水管把地下水引到渠道附近洼地或通过减压阀门（见图2）排入渠道，以减小护面下的浮托力。

防止基础土壤冻胀，是一个较难解决的问题，目前多采取加厚垫层的办法。但因土渠段一般距卵石产地较远，加厚垫层往往投资较大。其他还有用化学剂处理土壤，以降低其冻结温度和减少冻胀；加强排水，使冻胀土壤在冬季处于含水量很少的情况下等办法。现在国外多采用混凝土槽架空的型式，能完全避免冻胀的破坏。

就地浇筑混凝土护面，如采用人工浇筑时，渠坡不宜陡于 1∶1.25，否则需用表面模板。浇筑效率：用容量为 0.225～0.4m³ 的拌和机时，每台班能浇筑 20～30m³；用拖动模板施工时，每班可浇筑 70～150m³；用沿渠堤上行走的专门机械浇筑，则每班生产效率根据国外的经验可达 250～1000m³。

关于混凝土养护，目前国外采用薄膜养护方法。它不仅可节省大量劳力，而且还能加快施工进度。在薄膜养护中苏联采用乙烯清漆、乳化沥青和乳化柏油等薄膜养护；日本采用沥青乳液、乙烯乳液和一种由煤油溶剂、石油和石蜡组成的混合料养护；美国则用透明的或白色的薄膜养护。

表 1 　　　　　就地浇筑混凝土护面厚度

基础和其他条件	流量（m³/s）	衬砌厚度（cm）			其他措施
		混凝土	钢筋混凝土		
砂砾石；砾岩；风化岩；有裂隙的岩基，无浮托力	<2 >2	3～6 4～10			需砾石垫层
密实的砂壤土；砂土；挖方渠段；无浮托力	<2 >2	4～8 6～12	4～8 6～10		需垫层和排水设施，黏性土尚需防冻胀措施
黄土；混凝土的填方渠段；冲积土；细砂；有浮托力	<2 >2	6～10			
含石膏质土，湿陷性大孔隙土；傍山或经过城镇矿区上游的渠道	<2 >2	8～15	6～12 8～20	3～4（每层） 3～8（每层）	单层接缝要处理好不使漏水；双层中间夹一层不透水层

如果渠道衬砌不得已在冬季负温情况下施工时，可采用"冷"混凝土方法操作。这是一种用氯化钙和氯化钠等盐类溶液拌制的一种混凝土，能保证负温下硬化，骨料不用加热，模板也无需保温。

二、预制混凝土板衬砌

板的结构有素混凝土、钢筋混凝土和预应力钢筋混凝土三种。素混凝土板的厚度一般采用 6～10cm。根据作者的试验，140 号的素混凝土板当厚度为 8cm 时，其最大尺度可达 1.0m×1.0m。根据苏联中亚灌溉研究所的试验，如果板的四边和对角线布置直径 4mm 的构造钢筋时，8cm 厚的混凝土板尺寸可达到 2m×2m。钢筋混凝土板的尺寸一般采用较大。如苏联北顿涅茨—顿巴斯渠上土板的尺寸为 4m×3m×0.08m。预应力钢筋混凝土板的尺寸可比素混凝土和钢筋混凝土的要大。如意大利采用的一种预应力钢筋混凝土板，长 30m，宽 1.25～1.5m，而厚度则仅 3cm。是专门用来衬砌抛物线断面渠道的。预制板的

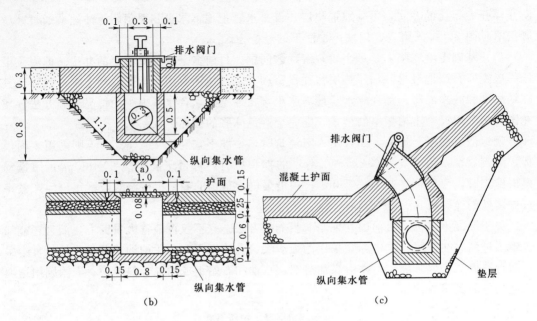

图 2 减压阀门

尺寸，一般在平地上采用木模或钢模来控制，用平板式振动器捣实。预制板的养护，如在

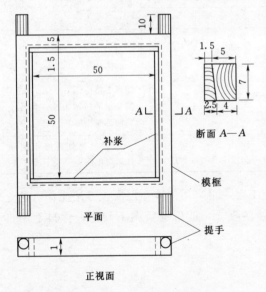

图 3 混凝土预制板快速脱模模板（单位：cm）

野外现场浇筑，可采取洒水或在水池中养护；如在工厂内浇筑，一般则采用蒸汽养护。在国内，目前采用一种干硬性混凝土利用翻动模板预制较小尺寸的板，它能提高效率和节省木模。最近作者又试验制成一种预制干硬性混凝土板的另一种快速脱模法，这种方法比翻动模板更省工省料，而且还提高了板的质量。快速脱模法的模板如图3所示，即把木板（或铁模）做成上口略比下口小的形式，模内四周衬上四根木条（或铁条），木条断面上窄下宽，使与外模吻合。使用这种模板，当模内浇筑的混凝土振捣后，即可提去外模，贴在混凝土四周的四根衬木条可以轻轻抽去，使用极为方便，已在甘肃河西工地实际采用。这种快速脱模法，与翻动模板相比，不仅省去垫上衬布、翻动模板、拿去衬布、涂刷板面（因为翻过来的混凝土板面往往是麻面）等数道工序，而且还能保证质量（尺寸不变形，没有断裂掉角等现象和表面光滑平整）。

在国外小尺寸的混凝土板是用专门的及其制造的。例如在日本和摩洛哥有一种专门生产小尺寸混凝土板的机器，一台机器每分钟能生产 2 块以上的混凝土板。

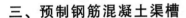

三、预制钢筋混凝土渠槽

预制的钢筋混凝土渠槽常用钢筋混凝土或预应力钢筋混凝土制成，一般长度2～8m，槽壁厚4～8cm。采用的断面形式有矩形、梯形、半圆形、抛物线形和半椭圆形等多种。较常用的是后面三种。渠槽尺寸较大时，常在口上加拉杆以减少槽壁变形与弯矩，从而能节省混凝土和钢筋的用量。

渠槽结构计算有两种：一种是把渠槽作为刚性梁计算（没有考虑渠槽变形）；另一种是把渠槽当做薄壳结构计算。前者适用于槽壁较厚较矮、相对跨度较大（$l/B>4$，l 为跨度，B 为槽宽）的渠槽；后者适用于槽壁较薄较高、相对跨度较小（$l/B\leqslant 4$）的渠槽。

四、干砌卵石挂淤或加防渗层

干砌卵石渠道的断面型式以采用弧—梯形断面（渠底为弧形，边坡为直线）为宜。它与其他断面形式相比，具有砌石工程量较少、渠中相对水深和流速较大、不易冲毁等优点。

卵石渠道中的流速系数 c 和糙率系数 n 值以及最大允许抗冲流速 v_c，可根据那查罗夫公式确定，即

c 值：

当 $\dfrac{R}{\Delta}>1.5$ 时
$$c=20\left(\frac{R}{\Delta}\right)^{1/4} \tag{1}$$

当 $\dfrac{R}{\Delta}<1.5$ 时
$$c=18.6\left(\frac{R}{\Delta}\right)^{1/4} \tag{2}$$

n 值：

当 $\dfrac{R}{\Delta}>1.5$ 时
$$n=\frac{1}{20.4}\Delta^{1/4} \tag{3}$$

当 $\dfrac{R}{\Delta}<1.5$ 时
$$n=\frac{1}{18.6R^{1/4}}\Delta^{1/2} \tag{4}$$

c 与 n 的关系式为
$$c=\frac{1}{n}R^{1/4} \tag{5}$$

v_g 值：
$$v_g=k_3 k_0 v_p \tag{5}$$
$$v_p=0.0507\xi c^{4/3}\sqrt{d(\sigma-1)}=0.0507\frac{Q^{0.12}}{n^{1.21}i^{0.0606}}\frac{(\beta+2m')^{0.09}}{(\beta+m)^{0.21}}\sqrt{d(\sigma-1)}$$

式中　R——水力半径；

　　Δ——卵石凸出部分垂直高；

　　v_g——最大允许抗冲流速；

　　k_3——考虑渠道大小的系数，见表2；

　　k_0——考虑地基土质的系数，见表3；

　　v_p——极限冲刷流速；

　　i——水面坡降。

表2	k_3 取值表
Q（m^3/s）	k_3
5～10	0.8
2～5	0.8～0.9
1～2	0.9
<1	0.95

表3	k_0 取值表
地基土壤	k_0
砾石	1
密实土壤	0.95
松软土壤	0.9

砌石应互相挤紧。为了防止砌石局部冲毁的扩大，一般宜每隔相当距离用较大尺寸的卵石或浆砌卵石做一隔墙。但如果砌工技术较好，流速不大，也可不做隔墙。

为了使干砌卵石渠道具有较大的防渗效果，应该采取人工挂淤或在卵石下加做防渗隔层的办法。防渗隔层可用沥青、黏土和塑料薄膜等材料。

干砌卵石渠道的管理养护工作非常重要，每次放水前后都应沿线做一次检查，发现破坏之处应及时加以修补。对于长期行水的渠道，最好也能定期检查，必要时应停水修理。

五、干砌卵石灌细骨料混凝土

这是一种防渗效果较好而比浆砌卵石节省水泥的防渗措施。最近在新疆、甘肃一带采用较多。甘肃酒泉专区果园灌区北二支干渠采用的卵石衬砌厚度为25cm，用1：3.8：7.7的细骨料混凝土灌填空隙，砾石粒径采用0.5～1.0cm，水灰比控制在0.88～0.9范围内，水泥用量为每平方衬砌面积12kg。施工期用经过改装的平板振捣器（板下垫一块厚1cm的橡皮）将混凝土震入卵石空隙，震实后卵石表面剩余的混凝土可用扫把扫到下一个衬砌段表面去利用，这种施工方法比过去用人工捣实大大节省人力和加快进度。

六、埋藏式沥青薄膜

这种方法，乃是当渠道土方工程完成后，用"T"型或"H"型钢梁将渠底渠坡拖平，或用人工平整后微微洒水，然后将热到200℃的沥青用专门的机械在3.5个大气的压力下喷洒到渠面上，使在渠道表面形成一层厚约0.5cm的不透水膜。薄膜上面应加盖保护层，一般小渠道的保护层厚度采用10～30cm，大渠道加盖的保护层应厚些，一般多在30cm以上。采用这种方法的渠坡不应陡于1：1.75，以免保护层产生滑动。

在旧渠道上加做沥青薄膜防渗层时，喷沥青前，应对土壤进行除莠处理。除莠剂可用5％的氯酸钠溶液，每平方米的用量约2L；此外，在苏联还有采用丁烷基酯、硫酸铵等作除莠剂的。

采用这种方法，最好用一种含五氧化二磷的塑化剂制成的沥青品种，因其对温度的敏感性低，不易老化，有高度抵抗损伤和破裂的韧性。沥青的用量，根据已有资料统计，每平方米为5.7～6.8L，加上损耗需7～8L。

七、沥青席

沥青席是用玻璃布、石棉毡、沥青油毡、苇席等材料涂上沥青层而成的一种防渗材

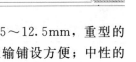

料。这种卷材，在美国按其厚度又分为轻型和重型两种。轻型的厚 5～12.5mm，重型的厚 10～12.5mm。轻型的常用玻璃布和石棉毡等材料涂柏油而成，运输铺设方便；中性的多由两层油毡夹一层柏油而成，也有用铝片或玻璃布加配筋再涂上柏油制成的。采用轻型的需另做保护层；重型的则不需保护层，可直接用做表面式衬砌，因此在渠道放水时期，同样可以利用驳船进行铺砌。

在英国生产了一种由两层玻璃布夹 1.27cm 厚的沥青层的沥青席，席中沥青层内掺有掺合料和金属网，席的尺寸为 90cm×360cm，重 58kg，施工时用热沥青搭接。这种沥青席的优点是能抵抗酸类和碱类的侵蚀，并且不受阳光、风华和老化的影响。

在国内，如新疆也曾试用了沥青苇席的防渗措施，使用的沥青苇席是用当地苇席涂两层 0.3～0.5cm 厚的沥青层而成的。其尺寸是按渠道断面编制的。这种沥青苇席强度较大，能抵抗植物穿透，但作为表面式衬砌时，容易老化。另外，新疆还试用了沥青油毡的防渗措施。使用的沥青油毡尺寸为 0.915m×22m，厚 1.3mm，每卷重 27kg。这种沥青油毡的防渗效果一般较好，能耐碱性侵蚀，不易为冻胀土壤破坏，但容易被芦苇穿透。在国内还新出产一种用高标号沥青、废橡胶粉和石棉纤维等材料制成的沥青橡胶粉油毡，这种油毡厚 1.5～2.0mm，宽 60cm，耐热度为 70℃，韧性大，不透水性好，也可用做渠道衬砌材料，唯目前价格尚高，一时还难以普遍推广采用。

最近在美国尚采用三层沥青夹二层麻布作为渠道防渗护面，效果良好。

八、沥青乳和沥青胶

沥青乳是用沥青和乳化剂（如石灰水等）加热用机械拌制而成的一种乳状液体。可以冷藏，使用时不需要加热，因此施工较方便。沥青胶是用沥青乳再加黏土、生石灰粉或砂等材料拌制成的一种胶状体。利用沥青乳和沥青胶做渠道防渗层的型式有利于干砌块石灌沥青胶、多层沥青乳夹土或夹沥青胶土等三种。兹分述如下：

（1）干砌块石（或卵石）灌沥青胶。即用沥青乳加砂后灌入砌石（或抛石）的孔隙。采用这种型式，石料不得小于 10cm 直径。由于施工时不需要加热，故可在水下施工。

（2）多层沥青乳夹土。这种型式，多在较小渠道上采用，施工时，可先在渠道表面喷洒一层厚为 0.5～1.0mm 的沥青乳，再铺一层 10cm 厚的当地土，小心拍实后再撒一层沥青乳，然后上面再加一层厚为 30～40cm 的保护层即成。

（3）多层沥青乳夹沥青胶土。这种型式，多用于较大型的渠道。施工时，在渠道表面先喷洒一层厚为 0.5～1.0mm 的沥青乳，再铺一层 10cm 厚的沥青胶土（其成分为沥青 5%～10%，水泥 5%～10%，土 80%～90%），在沥青胶土上面再撒一层沥青乳，然后再喷一层厚 20cm 的沥青泥浆或涂抹 4cm 的沥青胶泥保护层即成。沥青泥浆可用 1：4 的水泥和砂加 10%～15% 的沥青（按水泥重）拌制成；沥青胶泥可用 6% 沥青、10% 水泥和 84% 当地土拌制成。

九、埋藏式黏土防渗层

黏土防渗层可用纯黏土或黏土中掺砂石料做成，一般厚度为 5～15cm，上面盖以当地土作保护层，其厚度视涂料性质和当地气候条件而定，薄的 10～20cm，厚的 30～100cm。施工时将黏土加湿到接近最优含水量，铺在渠面上夯到规定厚度。当黏土防渗层厚度超过10cm 时，应分两次铺筑和夯实。如黏土中掺砂石，可采用重量比例 1：0.43：0.57（黏土：砂：石）。当地如有卵石作保护层，则更能其防冲作用。

十、草泥护面

在渠道表面涂以掺有稻草、麦秸等的黏土作为防渗护面，能提高抗冲能力和减少干裂程度，是国内外不少地区都曾采用的一种防渗措施。新疆灌区内的一些小型渠道采用草泥保护面，其厚度在边坡上为 5～10cm，渠底为 10～15cm，每立方米黏土内掺麦草 20kg，拌和时含水量控制在 30％～40％左右。

在国外如苏联，草泥护面厚度为 5～10cm，每立方米黏土内掺秸料 12～18kg，如果是瘦土，尚需掺 15～20kg 食盐，以提高其防渗效果和抗冻性能。又如在巴基斯坦，也常用草泥作为渠道的防渗护面。在那里每立方米黏土中掺秸料 8kg，另加苏打 30kg。

十一、灰土护面

灰土护面按其所用材料可分为二合土护面和三合土护面两种。二合土护面是由石灰和涂料混合而成的防渗护面。石灰与涂料的配合比一般为 1：3。在贵州也有用砂来代替土料的，据认为用砂代替土料不仅能减少干裂，而且搅拌比较容易。采用二合土护面的厚度，在气候较暖地区裂隙多的岩石渠道上一般用 5～10cm，在土渠上一般采用 15～25cm；在较寒冷的土渠上一般采用 20～40cm。

三合土护面，大部分采用石灰与砂及黏土拌和而成，也有采用石灰与砂及碎石之类拌和而成的。关于三合土护面的配合比及其厚度，国内各地采用的不尽相同。如福建省采用的石灰、砂和黏土拌和的三合土，其配合比为 1：3：2，厚度一般采用 8～10cm，个别情况下也有采用 3～4cm 的；贵州省采用的三合土配比为 1：2：4，厚度在石渠上采用 10～15cm，土渠上采用 20～25cm；广西采用的三合土配合比为 1：1：3，厚度为 10～15cm。

二合土护面与三合土护面的施工基本相同。施工时，常把石灰粉与涂料先拌和好，然后再加 20％～30％的水拌和。拌和好的灰土应按规定厚度铺于渠面，并需经常夯实，直至不出裂缝为止，对于采用的三合土护面，还应每隔 5m 做一条横向伸缩缝，以免裂缝。

十二、塑料薄膜

由于塑料工业的迅速发展，价格的不断降低，在国内外用塑料布做渠道防渗材料已越来越普遍，国内在新疆、河北、河南、山东、北京市郊区等地都已开始采用。目前采用的塑料大部分是聚乙烯和聚氯乙烯。一般聚乙烯膜采用厚度 0.1～0.2mm，聚氯乙烯膜采用厚度 0.2～0.3mm。塑料布最好采用黑色。为了防止塑料布老化和其他机械破坏，需有保护层，其厚度常采用 20～40cm，可用经过除莠处理的当地土做。为了防止保护层的滑动，渠坡不宜陡于 1：2；也可把塑料布铺成矩形断面或把坡削成锯齿形，这样渠坡就可陡一些。

十三、压实防渗

深层压实的厚度一般最小为 30～50cm，厚的超过 1m。苏联阿塞尔拜疆共和国水利土壤改良研究所建议固定渠道的压实厚度为：小型渠道 0.5m，中型渠道 0.7m，大型渠道 1.0m。美国一般采用渠底不小于 0.6m，渠坡 0.8～1.1m。我国南方地区压实厚度为 0.3～0.5m，北方地区一般采用 0.5m 以上。

含水量的控制对压实效果影响很大，一般采用的含水量，与最优含水量的误差不大于 2%。表 4 所列为各种不同土壤的最优含水量参考数值。

表 4　　　　　　　　　　各种不同土壤的最优含水量参考数值

土壤名称	砂壤土	轻黏壤土	黄土	中黏壤土	重黏壤土	黏土	黑土
最优含水量（%）	12～15	15～17	19～21	21～23	22～25	25～28	22～30

深层压实用的工具分三类：①碾压，即利用工具自重的载荷对土壤进行压实，如石磙、手碾、羊角碾等；②夯击，系利用工具的冲击载荷对土壤进行压实，如木夯、石硪、机械铁夯锤等；③振动，系利用机械的振动使土壤密实。

压实的效果是比较好的。根据西北水科学研究所对原装黄土进行夯实试验的结果表明，当干容重从 1.3～1.43 压实到 1.51～1.62 时，能减少渗漏 75%～96%。又根据贵州清镇红枫电灌工程的夯实试验，当黏壤土的含水量控制在 25% 以下，采用 80kg 重的夯锤击实，干容重由 1.0 压实到 1.36（压实厚度 30cm）时，可减少渗漏 77%；压实到 1.4，可减少渗漏 89%；压实到 1.6，可减少 94%。浅层压实一般用于临时性渠道或小型固定渠。例如苏联格鲁吉亚加盟共和国曾针对土壤在塑性状态容易变形的特点，利用弧形铁锤（种 1.8t）在平地上夯成小型渠道（见图 4）。采用这种方法，可省去土方工程，从而节省了费用，夯击后的防渗效果也比较显著，能减少渗漏量 96%。

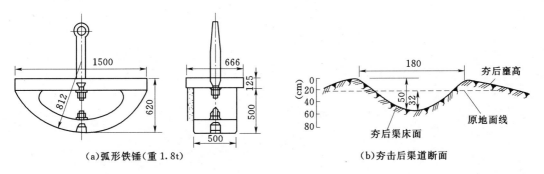

（a）弧形铁锤（重 1.8t）　　　　　（b）夯击后渠道断面

图 4　弧形铁锤及夯击后渠道断面

采用这种方法施工，弧形铁锤落差 1.5m，每夯打 2～3 次后，将铁锤向前移动 15～25cm 再夯实。击实影响深度渠底为 40～50cm，渠坡为 30cm。

十四、人工挂淤

人工挂淤可在静水中进行，也可在动水中进行。在静水中挂淤能充分利用黏土，并获得较均匀的挂淤层，一般多在断面较小、坡降不大、周期性工作的渠道上采用。对于坡降大、长期放水的大型渠道，由于没有条件在静水中进行挂淤，因此，不得不在动水中进行。

挂淤效果与细土粒选择、挂淤方法、施工质量控制等有密切关系，表5所列为苏联通过试验取得的一些数字。从中可看出，在粗砂地基上采用的土粒愈细，则淤入的深度愈大；但在中砂和粗砂地基上挂淤，土粒愈细，淤入的深度则愈小。黏土挂淤，其用量可参考表6选定。

表5   挂淤与土质、淤入深度

砂粒直径（mm）	细土粒直径（mm）	淤入深度（cm）
粗砂 1.0～0.5	0.01	＞30
	0.05	20
	0.05	14
中砂 0.5～0.25	0.01	10
	0.005	7.5
细砂 0.25～0.1	0.01	5
	0.005	3

表6   黏土挂淤粘土用量参考值

地基土壤颗粒（mm）	黏土用量（kg/m²）
粗砂 1.0～0.5	18
中砂 0.5～0.25	9
细砂 0.25～0.0	4.5

东北旺农场塑料膜防渗渠道设计施工和运行经验[*]

我国是一个水资源缺乏的国家，人均径流量只有世界人均值的 1/4 强，因此迫切需要节约灌溉用水。渠道防渗是节约用水的重要措施之一。由于渠道衬砌工程量很大，需要投资很多，所以研究渠道防渗新材料，以降低投资是当前农田水利的重要研究课题。塑料薄膜是一种应用广泛的新材料。研究应用于渠道防渗在我国始于 60 年代初期。其中包括我们在北京市东北旺农场南干渠上的生产性实验，在该实验段用聚氯乙烯薄膜衬砌渠道 620m，衬砌面积 4000 余 m^2，埋藏在 30～40cm 的保护土层下，至今已运行 20 年，仍保持良好的防渗作用，经取样实验，延伸率降低较多，但抗拉强度增加了，且保持了韧性，反复折叠十次甚至百余次而不断裂。实践证明：塑料薄膜防渗使用年限在 20 年以上，估算可达 30～50 年，而其投资只有混凝土衬砌的 1/6～1/10。因此塑料薄膜作为渠道防渗材料值得大量推广，现将东北旺农场南干渠薄膜防渗的设计、施工和运行经验简介如下。

一、设计

（一）工程位置与自然条件

东北旺农场位于北京市西郊，在颐和园北面约 5km 处，南干渠在东北旺农场东南约 1km 的清（清河）颐（颐和园）公路北侧。渠道设计流量 0.5m³/s，比降 0.0003。渠道底宽与边坡根据塑料薄膜埋藏形式而定（见表 2）。渠床多为半填半挖，土质以中壤为主，向下游转为轻壤。地下水埋深运行初期为 3～4m。现在降至 7m 以下。

当地年平均气温 11.6℃，最高 39.6℃，最低 -17.7℃。最大冰冻深度 70cm。

（二）塑料薄膜选择和性能试验

60 年代初，我国已能大量生产聚氯乙烯薄膜，聚乙烯和其他塑料薄膜较少，因此当时选用聚氯乙烯薄膜。根据国外多采用 0.2mm 以下厚度的经验，我们选用当时市面上供应较多的 0.15mm 左右厚的薄膜。为了对比试验，少量采用厚 0.3～0.38mm。因为是埋藏式，薄膜不受阳光照射，预计薄膜颜色与老化关系不大。所以采用的薄膜颜色较杂，有红、蓝、灰、棕、黑等颜色。经试验，采用的聚氯乙烯薄膜主要的物理性能见表 1。

---

* 原载于《水利水电技术》1984 年第 12 期。

表 1 中黑色薄膜质量较差，可能由再生塑料制成。

表 1   **聚氯乙烯薄膜主要物理性能**

编号	厚度（mm）	相对密度	抗拉强度（kgf/cm²）		延伸率（%）		颜色
			纵向	横向	纵向	横向	
1	0.14～0.15	1.25	242.7	181.0	264.0	261.3	蓝、灰
2	0.12～0.14	1.27	244.3	188.7	224.0	261.3	红、绿
3	0.36～0.38	1.25	219.0	150.3	207.0	190.7	棕
4	0.30～0.31	1.25	195.7	145.0	180.0	177.3	黑

（三）塑料薄膜埋铺形式

设计埋藏式塑料薄膜衬砌渠道断面时，应考虑薄膜埋铺形式，埋铺形式影响渠道边坡系数、埋藏深度（保护层厚度）、渠道挖填土方工程量和塑料薄膜用量。所以选择合理的埋铺形式十分重要，埋藏深度除与埋铺形式有关外，还决定于土质、流速、边坡高度和冰冻深度等因素。

一般薄膜埋藏愈深渠坡愈稳定，愈能避免植物穿透薄膜，愈能延缓薄膜老化过程，但渠道挖填方量将增加，工期会延长，投资会增多。所以保护土层的厚度要恰当合理。东北旺农场南干渠，根据当地土质、流速、水深、冰冻深度和防止薄膜遭受机械破坏等因素，并参照已有工程经验，拟定保护土层厚度不小于30cm。

用薄膜衬砌后，渠道边坡土层处于饱和状态，受力条件恶化，而且容易沿薄膜滑塌，因此要保持渠坡稳定，需要放缓边坡增加保护层厚度或采用合理的薄膜埋铺形式。东北旺农场南干渠设计了表2不同薄膜埋铺形式。

表 2   **衬砌渠道断面和薄膜埋铺形式及技术经济指标**

编号	薄膜埋铺形式	衬砌渠道断面示意图	塑料薄膜厚度（mm）	占地面积（m²）	薄膜用量（m²）	保护层土方量（m³）
1	矩形		0.14～0.15	3.11	5.5	2.35
2	复式矩形		0.14～0.16	3.11	5.5	2.05
3	梯形保护层厚度30cm		0.3～0.31	3.4	5.64	1.79
4	复式梯形		0.3～0.32	3.4	5.76	2.06
5	梯形保护层厚度40cm		0.12～0.14	3.4	6.1	2.4

续表

编号	薄膜埋铺形式	衬砌渠道断面示意图	塑料薄膜厚度 (mm)	占地面积 (m²)	薄膜用量 (m²)	保护层土方量 (m³)
6	复式梯形保护层厚度 40cm		0.12～0.15	3.4	5.88	2.54

为防止渠中水位突然下降造成渠坡滑塌，结合灌溉需要，在薄膜衬砌末端布置一座节制闸，以控制水位。

二、施工

（一）挖槽与填筑保护层

挖槽与一般土渠开挖近似，要求轮廓尺寸更精确，以保证保护土层厚度和不浪费衬砌材料，同时清除卵石、树枝等物，以免刺破薄膜。

保护涂层应分层填筑，每层铺松土厚 20cm，用 6～8 人抬的铁夯夯击 2～3 遍，要求达到干容重 1.65g/cm³ 以上，渠道边坡处，填土应宽出 20～25cm。击实后削坡至规定渠道断面。

（二）薄膜拼接

薄膜拼接可以搭接或焊接（别的地方还采用粘接、缝接）。为了提高防渗效果和施工方便，我们采用焊接，专门自制了一台塑料薄膜脉冲热合焊接器，利用低压脉冲电流加热熔接塑料。焊接时，大块塑料薄膜可以铺着不动，焊头沿着焊缝移动焊接，为了避免在渠坡上焊接操作不便，可以预先在方便的地方焊接成大块塑料薄膜（沿渠长约 30～40m）运到渠道现场再焊接成整体。

在夏季气温条件下，焊接厚度为 0.15mm 的薄膜，采用焊接工作电压 24V，脉冲电流延时 4s。可得良好焊缝质量。焊接时一人掌握焊接器，另一人整理薄膜并将薄膜接头送入焊头，每小时可完成焊缝 50m。

（三）薄膜铺衬

将焊成的大块薄膜，来回折叠成匹，横向铺在渠道上，将一端与已铺好的薄膜焊接在一起，另一端即可向前拉展铺开，两侧渠坡薄膜边缘用松软土压住，不要把薄膜铺拉得太紧（取料时按渠道轮廓长度放宽 40～50cm）以免填土时受拉破裂。

薄膜衬砌速度要与保护层填筑施工进度配合好，铺衬速度不要太快，导致保护层填筑跟不上，使薄膜长时间受日晒风吹，加速老化。

刮风天气，铺衬薄膜困难，不宜施工。

三、运行经验

（一）防渗效果

为了测定塑料薄膜衬砌渠道的防渗效果，在南干渠选取三段薄膜衬砌和一段为防渗处

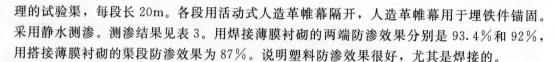

理的试验渠，每段长 20m。各段用活动式人造革帷幕隔开，人造革帷幕用于埋铁件锚固。采用静水测渗。测渗结果见表 3。用焊接薄膜衬砌的两端防渗效果分别是 93.4％和 92％，用搭接薄膜衬砌的渠段防渗效果为 87％。说明塑料防渗效果很好，尤其是焊接的。

表3　　　　　　　　　　　　塑料薄膜衬砌渠道防渗效果测验成果

编号	试验段情况	渠床土质	水深(m)	相应流量(m³/s)	水面降落速度(mm/s)	渗漏量[m³/(s·km)]	每公里渗漏损失率(%)	防渗效果(%)
0	未防渗处理	中壤	0.75~0.80	0.7	0.17	0.0119	1.7	0
3	薄膜厚 0.14~0.15mm 搭接	中壤	0.75	0.625	0.025	0.00135	0.216	87
4		中壤	0.75	0.625	0.013	0.000705	0.113	93.4
5	薄膜厚 0.36~0.38mm，焊接	中壤	0.75	0.625	0.016	0.000867	0.138	92

（二）植物穿透观察

为了观察植物对薄膜穿透情况，1963 年先在水科院露天试验坑试验，在铺有塑料薄膜的试坑中长满杂草和其他野生植物，揭开观察，见植物根系贴着薄膜发展，未发现有穿透现象；1964 年 5 月在试验坑中专门种植芦苇四片，每片面积 85cm×85cm，周围用混凝土块隔开，有两片芦苇种在薄膜下面，另两片芦苇种在保护层（30cm）土中，经两个生长季节，于 1965 年 10 月挖开观察，种在薄膜下的芦苇未见生长，长在保护层中的两片芦苇，其根系大都贴着薄膜生长，发现有一支苇根在混凝土墙边穿透薄膜，显然因沿薄膜生长至墙边遇到障碍与薄膜垂直向生长穿透它的。这一试验说明，一般杂草不会穿透薄膜，即使芦苇也只在一定条件下才会穿透它。如果将边坡薄膜接近垂直埋铺，使芦苇方向与薄膜面并行，可以减少或避免穿透的机遇。

1983 年秋，我们再到东北旺农场南干渠查看塑料薄膜防渗渠道运行情况，看到渠内长满杂草，很少芦苇，所以没有发现植物穿透薄膜现象。

（三）渠坡保护层稳定问题

塑料薄膜衬砌渠道是渠坡保护层稳定的关键问题之一，关系到土方量和能否安全运行，由于薄膜不透水，使原来对渠床土层稳定有利的渗透压力消除了，整个保护层土处于饱和状态，内摩擦角减小，黏聚力锐减，加上塑料薄膜表面光滑，所以边坡保护层易坍滑下来。解决的办法由：放缓边坡，加厚保护层或改进薄膜埋铺形式，在东北旺农场南干渠的试验段上，上述三种方法都采用了（见表 2），实践证明都是可行的，至今没有滑坡现象，但从表 2 各项指标可以看出，放缓边坡和加厚保护层会增加土方工程量和占地面积（见表中编号 3~6）较好的办法是改进薄膜埋铺形式（见表中编号 1 和 2），渠道断面积小可采用编号 1 的形式，断较大可采用编号 2 的形式。这两种形式还有不易被植物根系穿透薄膜的优点。

避免渠坡保护层坍滑，还应注意堤顶雨水沿渠坡流入渠道，也要防止渠中水位降低过快。

（四）薄膜耐久性测试

塑料薄膜是高分子化学材料，在光、热和大气的长期作用下，会变硬、变脆、易断裂，通常叫"老化现象"。所以塑料薄膜用作防渗材料，其主要问题是使用年限问题，为了弄清薄膜在土层中的老化进程，我们曾经将埋藏在土中 2 年和 18 年后的聚氯乙烯塑料薄膜取出，进行抗拉强度、延伸率等试验。

埋藏在 30～40cm 厚的保护层下 2 年的聚氯乙烯薄膜（厚 0.15mm），经挖开测试，薄膜的柔软性和延伸率有所降低（延伸率纵横向损率 5％～7％），但保持良好光泽，抗拉强度则有所提高（纵横向增率 47％～56％）老化现象轻微。

埋藏 18 年后取出的塑料薄膜（厚 0.12～0.15mm）试验的抗拉强度纵横向增率为 36％～72％，延伸率纵横向损率为 15.2％～98.5％。详见表 4。

表 4　　　　　　　　　　　运行 18 年后埋藏式聚氯乙烯薄膜性能比较

颜色	厚度（mm）	抗拉强度				延伸率				备注
		横向		纵向		横向		纵向		
		kgf/cm²	增率（％）	kgf/cm²	增率（％）	％	损率（％）	％	损率（％）	
红	0.12～0.14	188.7		244.3		261.3		224		1965 年埋藏前
	0.13～0.15	326	72.4	332	36.1	8～40	96.9～84.6	10～190	95.5～15.1	1983 年底取样
蓝	0.14～0.15	181		242.7	36.8	261.3		264		1965 年埋藏前
	0.14～0.15	271	50	332		4～8	98.5～97.0	40～140	98.5～85.0	1983 年底取样

表 4 中数字说明，经过 18 年运行时间，聚氯乙烯薄膜的延伸率减少很多，但抗拉强度增加了，这是因为聚氯乙烯是高分子材料，大凡高分子材料在制品过程中都需要加入增塑剂，以减少高分子之间的引力，是高分子活动灵活，增加制品（如薄膜）的柔软性，这种增塑剂逐渐挥发，高分子活动就变得不灵活，塑料制品就变硬、变脆，因此，延伸率大幅度降低，抗拉强度有所增加，这就通常说的"老化"现象。

东北旺农场南干渠塑料薄膜经过 18 年运行，取出后虽然延伸率已很小，但尚保持较好的韧性，反复折叠十次甚至百余次不断裂。说明埋在地下，如不遭受机械破坏是尚能较长时间使用的，根据运用 2 年和 18 年性能变化推算，聚氯乙烯作为埋藏式渠道防渗材料，使用年限在 20 年以上，甚至可达 30～60 年，这比过去国内外预计的长 1 倍以上。有根据东北旺农场混凝土衬砌渠道的经验，塑料薄膜衬砌渠道的投资只有混凝土衬砌的 1/6，根据骨料运距远（100km 以外）的地方实践经验。塑料薄膜的投资只有混凝土的 1/10。通常混凝土衬砌渠道使用年限不可能为塑料薄膜的 6～10 倍，最多不过 1～2 倍。因此在流速不大的渠道上采用塑料薄膜防渗是很经济的。采用塑料薄膜还有其他优点，如防渗效果好、材料轻、运输量少（只有混凝土材料的 1/500～1/1000）。施工简便，材料供应充足等，所以采用塑料薄膜防渗将有广阔前途，在节约用水方面将发挥重要作用。

LLDPE 用于坝面防渗的试验研究
和设计施工经验[*]

摘要： 1986 年在我国甘肃省首次应用了线性低密度聚乙烯（LLDPE）作为一座坝高为 41m 坝的防渗斜墙。该防渗斜墙由三层厚 0.2mm 的 LLDPE 薄膜和上下各两层垫层和砂砾过渡层（每层厚 20cm）组成，斜墙将 LLDPE 薄膜嵌入混凝土齿槽与两岸坝肩及基础连接。该坝已安全运行 4 年，情况良好，运行实践证明，线性低密度聚乙烯薄膜用于防渗斜墙具有投资省、工期短、防渗性好、施工简易、能适应坝面变形等优点。这种斜墙可应用于坝高 100m 左右的土石坝，寿命在 50 年以上，且翻修方便。

随着塑料工业的发展，塑料薄膜防渗在围堰、堤坝、蓄水池、渠道等工程中的应用日益广泛。水利水电科学研究院水利研究所自 1985 年开始对线性低密度聚乙烯（结构为线性，用低压法合成的中、低密度聚乙烯）薄膜应用于坝面和渠道防渗进行了试验研究，并首次应用于甘肃省某铅锌矿尾矿坝（因铅锌有毒，要求坝不透水，防止污染下游水质）的防渗斜墙，取得成功，获得了显著的经济效益。

一、试验研究及成果

（一）力学性能对比试验

通过各项力学试验证明，线性低密度聚乙烯（LLDPE）的各项力学性能明显优于我国目前常用的高压低密度聚乙烯（LDPE）和聚氯乙烯（PVC），见表 1。

表 1　　　　　　　　　　　　　各种薄膜的力学性能

性能	品种		LLDPE₄	LLDPE₆	LLDPE₄	PVC₂
拉伸强度（MPa）		纵	26.5	33.7	23.0	21.1
		横	25.9	36.4	20.4	26.8
断裂伸长率（%）		纵	637	710	480	312
		横	687	768	590	278
拉伸模量（纵）（MPa）			320	280	190	21
刺穿强度（9.8×10^{-2}N·m）			7.6	7.5	6.7	7.4

注　1. 薄膜厚度均为 0.21mm，试验温度 23℃；

　　2. 下脚 2、4、6 为厂家代号。

---

* 原载于《水利水电技术》1992 年第 2 期。合作者：邓湘汉、余玲、武文凤。

228

（二）抗老化试验

经暴晒和埋土两种老化条件下的性能对比试验，根据薄膜的伸长率和强度保留率亦证明，LLDPE 的防老化性能优于 LDPE 和 PVC。

（三）抗裂性能试验

薄膜的抗裂性能试验是模拟薄膜在坝面承受水压力、保护层压重和其他荷载及坝面不均匀变形情况下的抗裂性能。试验是在改装的 SS15 型砂浆渗透仪上进行的，在钢板上以模拟孔径（2cm 和 4cm）代替垫层不同粒径的孔穴。试验结果如下。

（1）相同孔径、相同厚度的 LLDPE 承受水压力比 LDPE 和 PVC 高 33%，故应选 LLDPE 薄膜。

（2）相同孔径下，LLDPE 双层总厚 0.4mm 的比单层厚 0.2mm 的薄膜承受水压力高 63%，可达 0.65MPa。

（3）各种塑膜在孔径为 2cm 时承受水压的能力要比孔径为 4cm 时的大 20%～63%，说明垫层粒径小，同样厚度的薄膜能承受较大的水压力。

（四）抗渗性能试验

薄膜的抗渗性能试验也是在改装的 SS15 型透渗仪上进行的。试验中选择了 4 种不同颗粒大小和级配的垫层材料、3 种不同薄膜厚度进行对比试验。结果表明，即使垫层用较粗的砾石，只有 0.2mm 厚的单层 LLDPE 也能承受 0.8MPa 的水压力，这说明防渗性能不是薄膜厚度的控制指标。

（五）保护土层的安全坡角试验

土料保护层的稳定取决于土料沿薄膜的摩擦系数。因此，必须通过试验确定此值。试验采用静摩擦法与安全坡角法相互验证，所得结果基本一致。保护层土料的中值粒径 d_{50} 分别采用 0.058mm、0.16mm、0.31mm、0.41mm、0.7mm5 种，经试验取得 f 值为 0.58～0.44，相应的安全边坡系数 m 为 1.72～2.26，颗粒较细，f 值较大。

试验表明，砂性土的安全坡角在饱和状态下比在干燥状态下仅小 1°～1.5°。

（六）薄膜拼接试验

对于薄膜拼接方法，试验了焊接和胶接两种，以焊接强度较高，薄膜胶接材料以采用 EVA 热溶胶最为适宜。

二、线性低密度聚乙烯薄膜的应用

（一）工程概况

该工程位于甘肃省成县境内，为白银公司厂坝铅锌矿尾矿坝，坝高 41m，坝顶长 95m，坝顶宽 10m。

该坝原设计方案为常规碾压土石坝，白银公司厂坝基建指挥部为了加快工程建设和节省投资，改用定向爆破堆石坝。鉴于该坝所储矿粉含铅、锌等有毒物质，为了不污染下游水质，要求对该坝做防渗体，因此设计与挡水坝相同。根据以上试验成果，选用线性低密度聚乙烯薄膜作防渗斜墙。坝体于 1985 年 12 月 30 日爆破完成，1986 年 3 月 15 日开始坝体整形，同年 10 月铺设斜墙，11 月 20 日水工处理完毕，共完成坝体整形土石方 45000m³，铺设防渗薄膜 7500m²，垫层与保护层土方 6000m³ 坝面砌石 3600m²，排水体反滤层 1100m³ 和抛石 3000m²，混凝土齿槽 430m³。值得指出的是，防渗斜墙的施工期仅为一个半月。

（二）坝体整形

爆破后堆积体的高程和坝坡不能完全符合设计坝形的要求，坝顶与坝面高低不平，需要通过整形才能在上游坝面做防渗斜墙，在下游坝址做排水体，并使防渗斜墙与坝基、坝肩岩层连接等。整形要求做到以下几点。

（1）坝顶高程加高到设计要求，并加以平整。

（2）坝顶宽度不小于设计宽度。

（3）削填平整坝面，坡度不陡于 1：2.5，不同坡度交接处应缓变，避免形成折角。

（4）坝体加高部分（填方处）应分层碾压密实，要求干容重达 1.8g/cm³ 以上。

（三）薄膜防渗斜墙的设计与施工

塑料薄膜防渗斜墙由 6 层组成（见图 1 中大样 A），防渗层由 3 层紧贴的线性低密度聚乙烯塑料薄膜组成，总厚为 0.6mm；垫层采用 20cm 厚、$d<50mm$ 的粗颗粒过滤层及 20cm 厚、$d<5mm$ 的细颗粒保护层组成；覆盖层分 3 层：①20cm 厚、$d<5mm$ 的砂性土做保护层；②20cm 厚、$d<50mm$ 粗颗粒做过渡层；③25cm 厚干砌石块。

当坝体按确定的断面整形完成后，即可铺设防渗斜墙，具体作法如下。

1. 铺设垫层

先在堆石坝面上铺设 $d<50mm$ 的过渡层，该层材料现场选取。铺设后沿坝坡碾实或夯实，压实后厚度不小于 20cm。过渡层上铺 $d<5mm$ 细颗粒砂性土为保护层，该层土料必须过筛，不得有碎石、树根、杂草等尖锐角物质，以免刺破薄膜，影响防渗效果。

2. 膜薄铺设

防渗层由 3 层厚度相等的线性低密度聚乙烯塑料薄膜组成，各层厚 0.2mm 左右（限于厂家当时只能生产这一厚度，有条件可用一层厚 0.6mm 的），总厚约 0.6mm，各层紧贴。薄膜铺设自下而上，顺坡方向铺，3 层同时铺放。底部沿混凝土齿槽横向（平行坝轴线方向）铺设。

薄膜幅宽 2m（现已有 4m 宽或更宽的产品），各幅间接缝采用改良焊刀重叠热焊接。焊接时应控制好热合时间，时间过长容易烫坏薄膜，时间过短则达不到薄膜熔点以上，不能使两片薄膜溶合成一整体，从而影响连接效果。

铺设薄膜时，3 层薄膜间焊缝互相错开约 70cm，各层薄膜间不得有杂物，以免刺破薄膜。薄膜不得张拉过紧，尽量放松，以免坝体沉陷变形时薄膜受拉过度而发生破坏。铺膜最好在风小的阴天进行，可以防止铺好的薄膜被风刮起，并保证薄膜不受强烈日光照射太久，以防老化。

3. 覆盖层回填

为了防止铺好的薄膜受阳光照射老化和被风刮起，以及其他破坏机会，薄膜铺好后应立即铺设细颗粒土保护层，对土料要求与细粒垫层相同，颗粒直径应小于 5mm，不得有

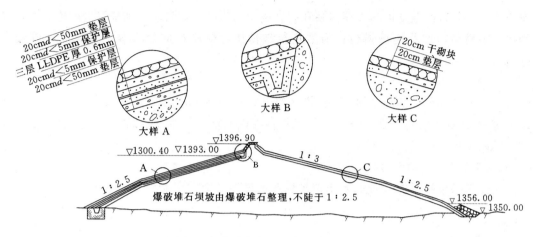

图1 坝的最大断面（高程单位：m）

尖锐角颗粒、碎石、树根、杂草等。自下而上铺设，由一边向另一边依次回填，以便赶走薄膜层间空气，适应在填筑保护层时引起的薄膜表层向下的位移，保证薄膜不受拉力。土料干燥时要洒水，并夯实。随后铺设20cm厚粗颗粒过渡层，夯压密实后铺设干砌石护坡。覆盖层应符合反滤原则，防止因水位变化、风浪等因素的影响而淘刷出细颗粒保护层。

4. 防渗斜墙与坝基及两岸的连接

塑料薄膜防渗斜墙与坝基及两岸通过混凝土齿墙嵌入黏土截流墙（见图2）或基岩（见图3）相连接。齿墙混凝土标号为150号，其顶部中间有一小槽，以便将薄膜嵌入槽内。薄膜嵌入前，先将槽壁表面清刷干净，再用垫沥青把薄膜粘贴于槽壁上，然后嵌入混

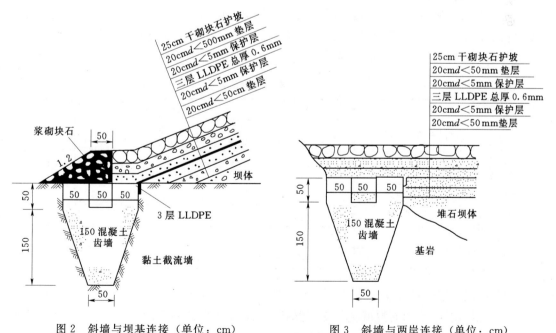

图2 斜墙与坝基连接（单位：cm）　　　　图3 斜墙与两岸连接（单位：cm）

凝土塞。沥青膏的温度以不烫坏薄膜和能涂刷均匀为准。在斜墙与坝基及岸坡连接处，因坝体沉陷易使斜墙与齿槽错位，为防止拉破薄膜，薄膜在此处折叠一定宽度，以适应错位。

5. 坝顶处铺设方法

在防渗斜墙的顶部，沿坝顶靠上游边缘开挖一道 80mm 深的梯形槽，槽内回填 20cm 厚的细颗粒（$d < 5mm$）保护土，夯实后把薄膜嵌入槽内，然后再回填细颗粒保护土并夯实（见图 1 中大样 B）。

6. 排水体与排雨水沟

坝体下游设排水体（图 4），下游坝坡与两岸连接处设排雨水沟（图 5）。

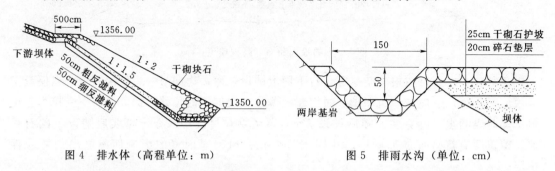

图 4 排水体（高程单位：m）   图 5 排雨水沟（单位：cm）

三、塑料薄膜防渗斜墙的优点

实践证明，线性低密度聚乙烯薄膜用于大坝防渗斜墙具有如下优点。

（一）节省投资

塑料薄膜防渗斜墙的主要防渗材料是塑料薄膜，其单位重量较其他防渗材料（如混凝土、黏土、沥青混凝土等）能铺设的防渗面积大得多，因此，防渗斜墙单位面积所需材料要省得多，材料的运输费用也省得多，其造价预算见表 2。

表 2 塑料防渗斜墙造价预算

工程项目名称	计算单位	数量	单价（元）				造价（元）
			合计	其 中			
				材料	人工	机械	
线性低密度聚乙烯	m²	22500	2.327	2.0	0.306	0.021	52400
20cm 厚保护土 $d < 5mm$ 铺夯	m²	3000	10.178	9.474	0.69	0.114	30500
20cm 厚过渡层碎石铺夯	m²	3000	23.454	22.044	1.233	0.177	70400
人工运碎石运距 110m	m²	3000	0.8316		0.8316		2500
合计							155800

表 2 中总计塑膜防渗斜墙总造价为 155800 元，斜墙总面积为 7500m²，单价为 20.8m²，约为传统的钢筋混凝土、沥青混凝土、黏土等防渗斜墙的 1/5～1/15。塑料薄膜防渗斜墙是目前土石坝防渗体造价最低的一种。

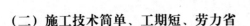

（二）施工技术简单、工期短、劳力省

塑料薄膜防渗斜墙由塑料膜、垫层、保护层组成。施工主要是土方工程，技术简单，工程质量易于控制，便于群众施工。另外不需要大型施工机械，施工速度快、工期短。该坝面铺设斜墙，120 人施工，只花一个半月的时间。

（三）维修方便

塑料薄膜为柔性材料，防渗斜墙为柔性结构，具有较大的适应变形的能力，能适应坝体的不均匀沉陷和位移，确保防渗效果。与钢筋混凝土斜墙等刚性结构相比，这是一个大的优点。

四、结语

线性低密度聚乙烯塑料薄膜在我国首次应用于大坝防渗体，实践证明，这种新的防渗型式投资省、工期短、防渗性好、施工简便、能适应坝体的较大变形，是一种很有推广价值的土石坝防渗体的新结构型式。

关于塑料薄膜的使用寿命问题，苏联 3 个研究院加速老化试验表明，埋在土中的水下膜料，寿命可达 50 年以上。这个期限是考虑到实际观测时间还不长（国内已有 29 年的观测记录），因此对寿命估计较为谨慎。当积累足够的资料以后，这个期限将延长。加速老化试验成果用卓可夫（S. N. Zhurkov）关系式推算，认为埋在坝内的聚乙烯塑料薄膜可使用 100 年。而线性低密度聚乙烯的性能优于普通聚乙烯，其寿命应更长。

吉林洮儿河灌区洮北总干渠防渗工程设计 *

摘要： 洮北总干渠防渗段总长 17.473km，过水流量 28.69～23.28m³/s，渠道底宽 22～24m，边坡 1：2。地方单位原设计投资总额 5822.9 万元。超过工程单位能承担的经济能力。经笔者详细审查修改设计，采用改性 LDPE 防渗膜，厚 0.2mm，渠坡采用二层膜，用六角形预制混凝土块护砌；渠底用一层膜，以 5cm 细砂和 25cm 厚砂砾石保护。工程总投资降到 950 万元（为原设计的 1/6）。在设计和施工安排中采用了一些新构想，可供同类工程参考。

一、基本情况

洮北总干渠防渗段长 17.473km。

过水流量：

前 1.11km，$Q_1 = 28.69$m³/s；

后 16.363km，$Q_2 = 23.28$m³/s。

水深：

前 1.11km，$h_1 = 1.34$m；

后 16.363km，$h_2 = 1.21$m。

流速：近 0.8m/s。

渠道断面、渠底宽：

前 1.12km，$B_1 = 24$m；

后 16.363km，$B_2 = 22$m。

边坡：1：2。

渠床土质：砂砾石。

地下水埋深在渠底以下。

原设计防渗投资总额 5822.9 万元，洮儿河灌区管理局认为此一设计方案投资太大。

二、新设计防渗方案

渠底：压实压平（用滚筒碾）后，铺一层厚 0.2mm，LLDPE 或改性 LDPE，主要性能要求：拉伸强度（纵横）不小于 30MPa；断裂伸长率不小于 300；$C_v \leqslant 0.02$，防渗膜上铺 5cm 过筛细砂，洒水使密实，再铺 25cm 砂砾石（粒径 $D \leqslant 3.5$cm），洒水压实（不能使用重碾压机）。

---

* 原载于《防渗技术》1998 年第 2 期。

铺防渗膜时不能张拉太紧，松弛略有折皱。

在防渗膜铺设后，铺保护层前，渠底两边与坡交界处现浇（或预制）混凝土齿墙，断面尺寸为 30cm×30cm，可用 100～150 标号。

边坡：压实压平后，铺两层 LLDPE 或改性 LDPE，厚 0.2mm，下层最好在工地焊接，上层可叠接，因为下层主要起防渗作用，上层起保护与防老化作用。因此上层膜颜色最好暗黑色。上砌正六角形预制 200 号混凝土块，边长 40cm，厚 7cm，每块重约 67kg，企口形缝，用石棉水泥砂浆勾缝。

混凝土砌块用钢模预制，尺寸必须标准。衬砌断面与砌块形状见图 1、图 2。

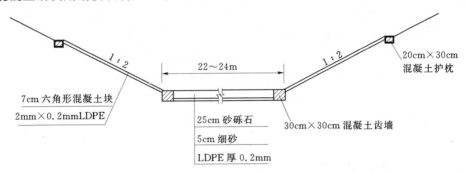

图 1　衬砌断面

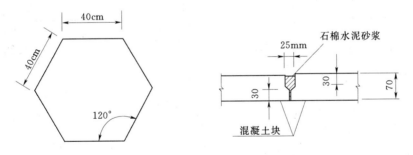

图 2　六角形混凝土块与企口缝

三、设计说明

（1）渠底用滚筒碾压平后，不留顶尖之物，以免伤及防渗膜。不必用垫层，因施工困难，且增加投资。

（2）防渗膜上面铺设厚 25cm 的保护砂砾层，为防止碾压时尖形颗粒刺破防渗膜，故需先铺 5cm 厚细砂（过筛）作垫层，且用洒水方法使密实。然后铺 25cm 砂砾保护层。粗砾层应适当压实。根据以往经验 30cm 厚保护层（包括垫层）已足够。

（3）渠底一般在水下，很少受扰动、风化、老化亦很慢，施工也简单，故一层防渗膜已够。

（4）边坡施工较复杂，工作条件差（受水位、气温变化等），保护厚度小（7cm 混凝土板），故需两层防渗膜，上面一层主要起防老化与保护作用。

（5）预制混凝土块时底部需垫水泥袋纸，这样可直接在防渗膜上砌，坡上若铺垫层，

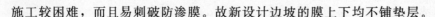

施工较困难，而且易刺破防渗膜。故新设计边坡的膜上下均不铺垫层。

（6）下层 LLDPE 起主要防渗作用，故需要在工地上焊接成整体，不允许有缝隙漏水。

四、施工安排

（1）正式施工前应进行施工试点，以便掌握施工操作方法，培训施工专业队伍、测算工料实额、制作与订购施工机具。

（2）订出施工计划，确定劳动组合，安排施工场地，编制质量检查标准，订立浆惩制度。

（3）铺防渗膜宜松不宜紧，小心铺设。

（4）混凝土块预制场地可每公里设 4 个点（河底两边与河顶两边各一点），每个点设几套钢模具，一套混凝土拌和、振捣器具，一个专业施工队。每天两班倒，一个月可预制 36 万块（实需 32.5 万块），连安砌在内，约 1 个半月可完工。

（5）预制混凝土块与安砌，可同时进行。只要中间错开半个月的养护时间。

（6）必须严格检查施工质量，严格执行验收制度，不合格者推翻重来，不留后患。

五、工程量与造价估算

工程量与造价估算见下表。

项目	工程量	单价（元/m²）	复价（万元）
改性 LDPE	70.0 万 m²	4.5	315
六角形混凝土板	9483m³	300	285
混凝土齿墙	3138m³	220	69
混凝土护枕	2096m³	220	46
砂砾保护层	9.4 万 m³	20	188
细砂垫层	1.88 万 m³	25	47
合计			950

我国水资源紧缺情况与渠道防渗的重要作用[*]

我国按人口平均每人占有径流量不到 2700m³，居世界第 85 位，只相当于世界人均径流量的 1/4 强，华北数省只有世界人均径流量的 1/20 左右，西北各省就更少了。说明我国水资源很缺乏。

1978 年，我国总耗水量为 4767 亿 m³（包括地下水 419 亿 m³），其中农业用水 4195 亿 m³，占总耗水量的 88%，工业和火电用水各占 5.5%，生活用水只占 1%。随着四化建设发展的需要，工业和生活用水将大幅度地增长。目前，北方城乡已普遍发生水荒。大家熟知，天津市在引滦工程完成前，生活用水都成了问题，不得不花巨额经费引黄河水救急；大连市、青岛市群众生活用水每人每天只配给 30L；北京市地下水超采，地下水位每年以 1m 多的速度大幅度下降，严重地区已下降 30 余 m，全市 4 万眼水井，近一半不能正常出水。许多城市因缺乏水已影响工业发展。如北京市 1983 年夏季用水高峰时，每日缺水 10 万多 t，353 个工业单位被迫限制用水；青岛市因缺水，有 100 多个大型企业不能全部开工，许多新建项目不能投产；辽宁全省城市每天缺水 85 万 t，年损失产值 30 亿元，平均每缺 1t 水，损失产值 10 元。全国缺水城市 154 个，平均每天缺水 880 万 t，总计年损失产值约 320 亿元。由此可见，缺水问题不及早解决，将严重影响四化建设进度和人民生活水平的提高。

遗憾的是：一方面水资源很缺乏，一方面用水却又很浪费，尤其是农业用水浪费相当严重。例如农业用水中，占 94% 的灌溉用水利用率不到 50%。每年各级渠道的水量损失约 2000 亿 m³。因此，节约用水的当务之急是提高灌溉水的利用率。

（1）提高渠系水利用系数。全国渠系水量损失中的大部分是渗漏损失，约 1400 亿 m³。采用一般不同类型的防渗措施，可减少渗漏损失 50%～90%，采用 U 形渠和管道输水，可减少渗漏损失 95%～97%（如美国加州圣华金河灌区 370 万亩采用管道输水，渠系利用系数达 0.97）。如果到 2000 年，把我国渗漏较严重的渠道或渠段采取适当的防渗措施，以减少 50% 的渗漏水计算，全国可节约水 700 亿 m³，约为目前工业用水的 2.7 倍，正好相当于规划中 2000 年的工业用水量。可见渠道防渗的节约用水的作用何等重要。

采取适当的防渗措施节约 700 亿 m³ 的水，并不难做到。这只相当于把全国渠系水的利用系数由 0.5 提高到 0.67。许多灌区的渠道防渗工程都证明，这完全能够做到。例如陕西省泾惠渠灌区，四级渠道衬砌后，渠系利用系数已由 0.59 提高到 0.85；湖南省涟源县白马水库 62km 长的干渠衬砌后，渠道水利用系数从 0.3 提高到 0.68；福建省晋江县晋

---

* 原载于《中国水利》1987 年第 1 期。

南电灌站和二级电灌站的干渠采用砌石防渗后，渠道水的利用系数由 0.55 提高到了 0.8。

（2）充分发挥现有工程效益。渠道防渗是改造现有工程，使之充分发挥潜力、节约资金的好办法。根据河北、山西、新疆等省（自治区）实践经验，采取渠道防渗措施节约 $1m^3$ 水的投资，要比修建水库蓄 $1m^3$ 水的投资少得多；新灌区渠道采取防渗方案比不防渗的投资要节省。因为前者虽然在防渗工程上多花了一些钱，但由于防渗后可减小引水规模、减少渠道土方工程和占地面积，缩小建筑物尺寸，减少渠道管理费用，在抽水灌区还可节省能源费用，从而会节省大量投资。故渗漏较大的渠道进行衬砌比不衬砌，工程总投资往往还会少些。

（3）防止耕地盐碱化和沼泽化。发展灌区，如果渠道不采取防渗措施，往往会引起耕地盐碱化和沼泽化。国内外都有过深刻教训。如美国西部开发灌区后，地下水位逐年上升，灌区很快盐碱化，不得不采取混凝土和沥青等材料衬砌渠道，并进行排水，才使土地盐碱化得到控制。苏联中亚一些灌区，初期也未重视渠道防渗工作，同样大片土地盐碱化，后来也是做了衬砌工程。巴基斯坦的灌溉系统是世界上最大灌溉系统之一，千万亩以上的大型灌区就有 4 个。因为大部分渠道没有衬砌，结果使最大产粮区旁遮普省首府拉合尔周围 80km 地区的农田全部盐碱化了。目前他们正在采取渠道防渗和管道输水等措施进行防治。

我国 1958 年大规模发展引黄灌区时，由于未重视渠道防渗，未采取相应的排水措施，结果不到两年，使几千万亩土地盐碱化，后经多年努力整治才得以改善。南方一些灌区，如都江堰灌区和韶山灌区等，由于渠道渗漏，使两侧农田地下水位抬高，出现冷浸田、反酸田、洋湖田，使产量下降。据江苏淮阴地区调查，一般沙土渠道两侧约 20m 宽的农田，因渠道渗漏，土壤水分处于饱和状态，旱作物一般减产 5%～20%。采取防渗措施后，产量就上去了。

（4）防止渠道冲刷、淤积和坍塌。渠道防渗一般结合防冲、防淤和防塌，把渠道用混凝土、沥青、卵石、块石等材料衬砌起来。在新疆、甘肃一带，渠道通过戈壁滩，坡降大，渠道不仅要防渗，还要防冲。衬砌渠道，可加大渠道流速，缩小渠道断面，减少土方工程和陡坡、跌水等连接建筑物。

引黄灌区，由于水流含沙量大，地面坡降小，土渠容易淤积，输水时间也长。结合防渗，把渠道用混凝土、三合土等材料衬砌起来，由于糙率减小，流速加大，渠道就不容易淤积。

南方丘陵灌区，许多渠道沿山边蜿蜒、渠坡常发生坍塌，既影响渠道及时输水，又威胁人民生命财产安全。例如，都江堰人民渠七期灌区的干渠，即曾因渠道滑坡坍塌中断输水 1 年多；湖南韶山灌区右干渠，过去年年发生滑坡塌方，每年维修清淤需花工 2 万多个。可是这些渠道在衬砌之后，就再未出现滑塌事故。

（5）防止渠水污染。刚性护面和塑料薄膜防渗的渠道，能防止渠水从土壤中或地下水中吸入有害盐分或其他物质。如果采用管道输水，则更能防止地面污水流入渠中，污染渠水。

（6）减少建筑物数量和尺寸。渠道采用刚性护面衬砌后，渠中允许流速增大，能适应坡降较大的地形，可以省做跌水、陡坡等连接建筑物。同时，由于减少引水流速和缩小渠

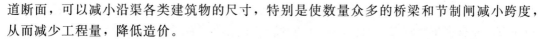

道断面，可以减小沿渠各类建筑物的尺寸，特别是使数量众多的桥梁和节制闸减小跨度，从而减少工程量，降低造价。

（7）减少排水工程和提水费用。未加衬砌的灌溉渠系，由于地下水位上升，不仅会引起耕地的盐碱化和沼泽化，而且会影响渠道和建筑物的安全，有些地区还会加重涝灾。消除这些威胁，需要进行排水工程，以防低地下水位。如果灌渠采取防渗措施，就能减少或免去排水工程费用。

在抽水灌区，渠道防渗后可大大节省抽水费用。如福建晋江县的晋南电灌站，渠道衬砌后，每亩地的水电费由原来的 2.4 元降到 1.3 元，节省费用 46%；又如印度的恒河—柯巴达灌溉工程，因渠道衬砌省下来的抽水开支，足以补偿衬砌所花的费用。

（8）缩短了输水时间。渠道衬砌后，一般糙率减小，流速增大，可以缩短输水时间 50% 左右。在大型灌区输水线路很长的情况下（如都江堰灌区，有些干渠长达数百公里），缩短输水时间，使农作物得到及时灌溉，对作物生长有很大影响。如韶山灌区民丰支渠，衬砌后供水时间缩短了 3 昼夜。这在水稻分叶、抽穗、扬花，特别是晚稻插秧时，对水稻的生长和产量会起到很好的作用。

（9）节省占地面积。渠道衬砌以后，由于过水断面小了，边坡可以很陡甚至垂直，所以渠道占地可节省很多。河北省经验比土渠可节省占地 40%；江苏淮阴地区经验可节省占地 52%；徐州地区统计，渠道衬砌后，每万亩耕地可节省占地 224 亩，占耕地的 2% 左右；北京市永乐店经验，暗渠可节省耕地 4% 左右。我国人口众多，人均耕地面积少，节省渠道占地意义很大，尤其在华东、华中和华南以及华北平原与四川盆地人口稠密地区，节省占地的意义更大。

（10）减少维修管理工作和费用。国内外经验证明，衬砌渠道可大大减少维修管理工作和费用。很明显，刚性护面的渠道，可以避免杂草丛生，减少动物打洞，防止冲刷、淤积和坍塌，因此能减少大量维修养护工作和费用。美国通过总长 2050km 的衬砌渠道两年运行情况研究分析，刚性衬砌渠道可减少管理养护费用 70%；苏联的经验证明，衬砌渠道的管理费用只有土渠的 1/3；西班牙每公里衬砌渠道比土渠每年节省养护工 340 工日。我国很多灌区的经验也证明了这点。例如韶山灌区右干渠衬砌后每年维修养护工比衬砌前节省 67%。

根据以上对渠道防渗重要作用的分析，结合我国的具体情况，要加强渠道防渗工作，应做好以下几方面的工作：

（1）加强渠道防渗经济效益的分析。对全国灌区渠系利用系数进行一次全面测定，对各级渠道渗漏情况进行摸底，确定哪些渠道应该首先采取防渗措施，并进行经济效益分析。过去由于经济论证工作做得差，因而对渠道防渗的效益没有足够的认识和重视。这两年，山西省水利厅抓了这一工作。他们组织了一个以副厅长和总工程师为首的领导班子，动员了 400 余人，选定全省 18 个典型灌区 352 个测试渠段，采用静水测渗方法，测得了不同条件的土渠和不同类型衬砌渠道的渗漏情况，摸清了全省农业节水的潜力，查明了各种衬砌的防渗效果和经济意义，给防渗工作宏观决策提供了可靠的依据，值得各地借鉴。

（2）加强新防渗材料的研制。混凝土、砌石和沥青等传统防渗材料，不但造价高，用劳力多，而且运输量大，施工复杂。有必要研究防渗的新材料。近一二十年来，采用聚氯

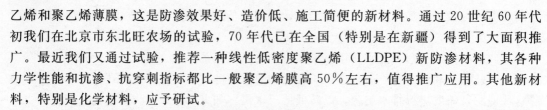

乙烯和聚乙烯薄膜,这是防渗效果好、造价低、施工简便的新材料。通过 20 世纪 60 年代初我们在北京市东北旺农场的试验,70 年代已在全国(特别是在新疆)得到了大面积推广。最近我们又通过试验,推荐一种线性低密度聚乙烯(LLDPE)新防渗材料,其各种力学性能和抗渗、抗穿刺指标都比一般聚乙烯膜高 50% 左右,值得推广应用。其他新材料,特别是化学材料,应予研试。

(3)加强抗冻害措施的研究。混凝土等刚性衬砌,在冰冻现象比较严重的地区,冻胀破坏是个普遍的、严重的问题。目前对不同气象、地质和水文地质条件下的冻胀机理、冻害程度、抗冻害措施等都还研究得不够深入。传统的抗冻胀措施(换土方法)工程量大,采用的条件也很受限制(缺砂砾料地区不宜采用),所以应该研究新的抗冻措施。这两年,我们与山西省水科所和潇河水利管理局合作,利用聚苯乙烯泡沫板作为防冻害材料,试验效果很好。此项成果与上述 LLDPE 新材料一起在全国四次渠道防渗经验交流会上双获二等成果奖。但是还应该继续研究其他新的抗冻害措施,以进一步降低造价。

(4)提高衬砌机械化程度。过去渠道防渗工作强调依靠群众,搞群众施工,似乎可以少花些钱。但因质量差,破坏快,实际上浪费大。陕西省在接受教训后,研制出了 U 形渠道衬砌机,由专业队施工,不但质量有保证,而且速度快,花钱省。希望再进一步研制大型渠道衬砌机和挖渠机,断面应包括梯形和抛物线形,不要只限于 U 形,因为后者不适用于大型渠道。进一步提高衬砌机械化程度,在农村劳力越来越紧张的今天和今后,具有越来越重要的经济意义。

(5)加强国内外的经验交流。科学是具有继承性的。只有在前人的基础上,深入研究,不断探索,才能以较少精力和较短时间,赶上和超过世界先进水平。要把渠道防渗工作搞得既快又好,加强国内外经验交流非常重要。我们要收集和阅读大量国外有关资料与文献;要出国考察学习和引进一些先进技术和施工机械;也要加强国内的经验交流,互相学习,取长补短,及时采和和推广先进技术与经验。这样,才能较好较快地把渠道防渗工作开展起来,在国民经济中发挥更大的效益。

谈农业节水和渠道防渗[*]

水是万物之本，一切生物的基质，是生命的源泉，繁荣的信使，幸福的根本，旅游的要素。没有水就没有农业、工业、旅游业和整个国民经济。水是一种不可替代的多功能的极重要资源，且是有限的，全世界都在为淡水资源紧缺而忧虑，我国更为此着急。

我国的水资源特别紧缺，按人口平均占有径流量从 80 年代 2700m³ 降到如今为 2300m³，居世界第 110 位（80 年代 88 位），只有世界人均径流量的 1/4。更为严重的情况是降水地区不均，东南沿海年降雨量 1600mm，而西北、华北有些地区在 200mm、400mm 以下；降雨时间亦不均，年内降雨多集中在 7～9 月丰水季节，形成春季干旱、夏秋洪涝；年际间降雨亦不均，丰水年与枯水年往往相差数倍。这些严重情况，增加了解决水资源紧缺问题的难度。可是水资源浪费很严重。尤其是占总用水量 80% 的农业用水，水的利用率只有 0.4。如何节约农业用水，上自中央领导，下到农民群众都在想办法，近年来成效十分显著。

一、主要农业节水措施简评

1. 渠道防渗

我国有很多大灌区，超过千万亩的有都江堰和淠史杭灌区，超过百万亩的灌区有 50 多处，超过 30 万亩的有 100 多处。这些灌区都有庞大的渠系。绝大部分渠系都没有防渗措施，渠系渗漏严重，每年渗漏损失 1400 多亿 m³，占农业用水的总消费值（包括田间损失等）70% 左右。因此抓农业节水的大头是渠道防渗。例如：陕西引泾灌区，渠道衬砌后，渠系利用系数由 0.59 提高到 0.85，扩灌 30 万亩，如果全国都能这样做，每年可节水 1000 多亿 m³，相当于黄河总水量的 1/5，南水北调中线方案引水量的 10 倍，可扩灌 1.6 亿亩耕地。

2. 搞好渠系建筑物配套

我国渠系建筑物不全，引水失控，跑水、漏水严重，例如江苏淮安 6 个灌区，建筑物配套 1/3 时，年灌溉毛定额需 1700m³，建筑物配齐后，毛定额减至 700～800m³，少损失一半多。许多老灌区，建筑物年久失修，这个问题很严重。

3. 采用低压管道输水灌溉

这是我国新兴起的节水灌溉技术，有节水、节能、省地等许多优点，如能把管路配到田间，渠系水利用系数可达 0.95，农民十分欢迎。1996 年底统计全国已发展近 8000 万

---

* 本文原载于《防渗技术》1998 年第 2 期。合作者：刘群昌。

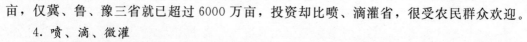

亩，仅冀、鲁、豫三省就已超过 6000 万亩，投资却比喷、滴灌省，很受农民群众欢迎。

4. 喷、滴、微灌

喷灌比地面灌省水主要也在于用管道输水，可是在田间高空喷洒，由于在空中和叶面蒸发损失、喷洒圆圈重合部分损失（>17%），再加上有风时的偏离损失（可到 20%），所以实际上不省水，而耗能大、投资高，不适合我国"水、能、财都不富裕，农民管理水平不高"的国情。

滴灌是省水较多的措施，但有管理不方便、易堵塞的问题。应用于大田亦不太受农民欢迎。

微灌比喷灌省能、省水，又不容易堵塞，较有推广前景。

5. 科学用水

科学地采用多种作物"最经济"需水量，可大量降低灌溉定额。例如：辽宁省从 50 年代每亩 2500m³，到 80 年代采用地膜降到每亩 250m³，产量却从亩产 200kg 提高到 500kg；山东微山县麦仁店试验站，控制湿润灌溉，使水稻灌溉定额降到每亩 200m³ 左右，仅相当于全国平均水稻灌溉定额的 1/4。如此好经验，却没有在全国普遍推广。

6. 水资源统一调度

我国许多流域或灌区，由于不统一调度，灌溉水不能按需分配，造成"近水楼台"者浪费水。例如都江堰灌区，上游每亩用水 1000 多 m³，下游只有 200m³，黄河上游宁夏灌区大水漫灌，下游山东断流无水可灌。

7. 提高水价计量收费

我国水费偏低，仅为发达国家几十分之一，甚至几百分之一。如宁夏引黄灌区 1000m³ 水费不能买一瓶矿泉水，因此农民习惯于大水漫灌，既浪费水，又导致土地减产、灌区工程无线维修、农民不爱护灌溉工程等恶果。

8. 实行优化调配水与自动化管理

据国外经验，采用自动化管理，优化调配水，可进一步节省 20% 以上的水，增加 20%～50% 的产量。

还有其他如改变作物种植结构，采取涌浪灌、渗灌、水窖贮水、集雨灌溉等节水措施，因地域而异，不加详述。

二、对农业节水工作的意见

1. 应抓农业节水的重要环节

目前国家重视抓灌溉节水技术，宣传和投入都多，却忽视抓农业节水的其他重要环节。例如占农业用水中损失百分比最大的渠道渗漏问题，意没有立上国家"九五"攻关课题，有的地方把原计划用于渠道防渗的经费也被挪作他用了。"七五"、"八五"期间发展起来的低压管道灌溉实践证明节水效果很好，最适合应用于大田、最适合国情（受群众欢迎）的，也没有立上"九五"攻关课题，有的地方甚至把已有的低压管道挖掉，代之耗资耗能高的喷灌。又如由于不能统一调度合理利用水资源，有些地方至今还存在上游大水漫灌浪费水、下游干旱无水可灌的不合理现象。

2. 不要片面宣传和重视喷灌

一谈节水灌溉技术，首先谈到的是喷灌，电视上也常出现高空喷洒的镜头。引进很多国外设备，成立许多喷灌公司，国家拨上亿元贷款成立"中国喷灌公司"（现改为"中国灌排公司"），办《喷灌》杂志（现改为《节水灌溉》），从70年代国家就大力宣传号召，但结果如何呢？农民并不欢迎，因为有上述缺点，二三十年过去，至今虽说已有千万亩左右灌溉面积，但实际有些是有名无实。可是低压管灌，不过十年左右，已发展到近一亿亩。地方上有些搞节水的同志想不通，说：农民想搞"管灌"，领导却要搞"喷灌"，否则不给钱，我们怎么办？

3. 不要盲目追求"高标准"

有些领导认为投资高，就是标准高，不是把投资与效益（节水、节能、增产）作经济分析。

4. 要重视国情与因地制宜

搞农业节水技术，与其他工作一样，应该考虑国情，我国灌区大、渠系多、经济还不富裕，能源缺、水资源也缺、管理水平不高，所以要重视渠系防渗，要选择省能、省投资、农民易管理的节水措施。特别是我国地域大，地形、气候、种植、土壤等条件各异，选节水措施时一定不能搞一刀切，要因地制宜。

5. 不要盲目搞引进项目，忽视学习国内先进经验

例如水稻灌溉用水量省的每亩仅需水 $200m^3$，浪费需 1000 多 m^3，不优先学国内先进经验，却要花上亿美元搞引进项目。有的连什么是国外先进技术、是否适合我国国情都不清楚，在苦思冥想申请引进项目，如此不慎重，难免造成外汇的浪费。

6. 不要重建轻管，忽视科研

重建轻管是水利工作的老问题，水利工程设施老化，被盗、退化严重，许多灌区实际灌溉面积缩小（都江堰灌区有管理老传统例外）。水利科研更不重视，全国中央级的科研单位，中国水科院水利所从60年代100多人到90年代搞技术的不到30人，不及巴基斯坦一个旁遮普省灌溉研究所人员的1/7，我们的试验室还是临时的，面积不及他们的1/1000（0.6亩：600亩），与美国、前苏联更不可比拟。科研经费更是困难重重。科教兴国，科技是第一生产力，难道农田水利可以例外吗？

现在国家已很重视节水，也开始重视水利工作，从今年起国家要拿大量资金搞节水工程，需水利部门做好技术参谋，能把这些有限的资金用在刀刃上，发挥最大的节水增产效果。

低压管道输水灌溉技术篇

国外低压管道输水灌溉技术发展概况[*]

大力推广低压管道输水灌溉技术是节约用水，解决水资源紧缺的一条途径，也是老灌区改造的重要内容。国务院领导对此项技术十分重视，实际应用中群众亦乐于接受，近几年在华北各省发展管道灌溉面积数千万亩。但此项技术在我国起步较晚，经验不足。本文分别介绍美国、苏联、日本、罗马尼亚、匈牙利等国有关这方面的技术经验，将对我国低压管道输水灌溉技术的提高，具有借鉴和参考作用。

一、美国

用混凝土管道代替明渠，美国早在 20 年代就已在加利福尼亚州的图尔洛克（Torlock）灌区应用。经过数十年的推广发展，到 1984 年低压管道控制灌区已达 9.648 万亩，占总灌溉面积的 47.5%。有些比较先进的灌区，支渠以下的输水系统已大部分埋设地下管道，如加州的圣华金河谷灌区，控制灌溉面积 370 万亩，输水系统 1966 年就已实现管道化，采用直径为 25.4～244cm 的地下管道，总长 1920km，渠系水利用系数达 0.97。

美国的管网系统，一般地下采用素混凝土管阀门系统，地上采用柔性聚乙烯软管或铝管的闸管系统，后者一般按灌水沟间距开孔，并装有可控制流量的小阀门。

混凝土管几乎全部采用现场浇筑，他们认为与预制混凝土管相比，有很多优点：

素混凝土管内径从 20 年代的 $D=76～106cm$，到现在最大直径 $D=450cm$，设计压力水头 3～4.5m。要求混凝土 28d 强度达 21.0MPa，水灰比 0.53，水泥用量 276kg/m³，含气量 4%～6%。

混凝土管先浇筑下半管，用滑模和振捣器振压而成，浇筑上半管用铝制或钢制可撑开或收缩的内模和带振捣器的滑动钢外模，内模养护 4～6h 后拆除。5 人一组的施工队，1h 可浇筑直径 61cm 的管道 40m，直径 130cm 的管道 30m。

用于地面闸管系统的铝管，直径有 127mm、152mm、203mm 和 254mm；壁厚为 1.295mm。小直径铝管每节长 9m，大直径每节长 6m。

地面闸管系统有些用柔性聚乙烯软管，$D=255mm$，用于井的出水量 100m³/h；$D=450mm$ 用于井的出水量 400m³/h，聚乙烯软管每米造价比铝管便宜 10%，但使用年限较铝管短，如果铝管寿命超过 10 年，比用聚乙烯软管合算。

最近有一种缆绳灌溉法，是将聚氯乙烯硬管埋入地下 20cm 深，按灌水沟间距开孔，

---

[*] 原载于《水利水电技术》1966 年第 1 期。

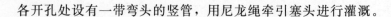

各开孔处设有一带弯头的竖管，用尼龙绳牵引塞头进行灌溉。

二、苏联

苏联采用低压管道输水灌溉较早，发展也较快，50年代笔者就已参观过中亚西亚植棉区的低压管道输水灌溉，但那时主要采用地面尼龙涂胶软管，而且管道灌溉面积很小。到1984年，管网型式和管材已多样化，管道灌溉面积发展到占总灌溉面积的63%（1.66亿亩），管道总长21.8万km。同时，国家规定新灌区都要采用管道化；要求新灌区渠系列利用系数达到0.9。他们认为，采用管道灌溉可节省30%～40%的水量，节省4%～8%的耕地，并可以减少拖拉机的转弯次数，从而避免对庄稼的损害。

图1　苏联尼龙布涂胶灌水软管示意
（单位：cm）

苏联较典型的低压管网系统是农渠采用地下固定式低压石棉管或塑料硬管，从架空U形槽的斗渠通过虹吸管或管式放水口引水。毛渠则用移动式或灌溉季节固定的薄壁钢管（比镀锌管便宜）、铝合金管或尼龙布涂橡胶的软管作为输水管道。灌水沟则采用尼龙布涂橡胶的软管代替，软管上按沟距开放水孔，用橡胶活塞开关（图1）。

灌溉季节固定的铝合金管直径250～300mm，小口径移动式铝合金管直径150mm，每管长5.4m，19根连接起来共100m长，通过流量为0.05m³/s。

移动式尼龙布涂橡胶软管分为输水管和灌水管两种。输水管不开孔眼，直径ϕ400mm，长100m；灌水管每隔0.6m、0.7m或0.9m开放水孔。有变直径的，头部ϕ400mm，端部ϕ300～200mm，长200m；也有等直径的，其产品规格见表1所列。

表1　　　　　　　　　　　　移动式尼龙布涂胶软管规格

直　　径 （mm）	重　　量 （g/m）	流　　量 （m³/s）
145	220	0.015～0.035
200	320	0.03～0.07
300	430	0.065～0.15
350	550	0.09～0.2
400	640	0.11～0.26

表中所列软管每根长120m，是用厚1mm的尼龙化纤布涂橡胶后裁成条状，在工厂加工成的软管，一般寿命为5年，灌溉季节用拖拉机铺到田间，灌后仍用拖拉机卷成圆盘运回仓库。

根据他们的经验，软管通过的地面需要经过平整，一般尽量利用灌水沟作管座，或者

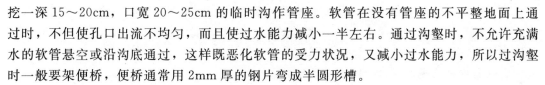

挖一深 15～20cm，口宽 20～25cm 的临时沟作管座。软管在没有管座的不平整地面上通过时，不但使孔口出流不均匀，而且使过水能力减小一半左右。通过沟壑时，不允许充满水的软管悬空或沿沟底通过，这样既恶化软管的受力状况，又减小过水能力，所以过沟壑时一般要架便桥，便桥通常用 2mm 厚的钢片弯成半圆形槽。

苏联管道灌溉的发展趋向是：尽量采用地下固定式管道代替地面移动式软管；尽量采用耐久性好的石棉水泥管、混凝土管和金属管（铝合金或薄壁钢）代替寿命较短的尼龙涂胶软管。

三、日本

日本灌溉渠系从渠首到田间分总干、干渠、支渠三级明渠和干管、支管、灌水管三级管道。总干、干渠常用 L 形预制钢筋混凝土构件衬砌，支渠一般用 U 形钢筋混凝土或波纹钢板（用于地基差的地段）制成的渠槽，干管采用树脂纤维管，其次采用钢、球墨铸铁、预应力混凝土、石棉水泥等材料制成；支管常用强化聚氯乙烯管和承插式石棉水泥管；灌水管则用铝管或聚氯乙烯管，管道的驼峰部位都装有自动排气阀，排气阀内有一浮球，阀内有气时，阀门敞开，可向外排气，阀内充满水时，浮球上浮，顶住阀门，使水不能外溢。

渠道和管道的连接方式是从支渠先引水到蓄水池，再从蓄水池抽水到干管内。管道布置分鱼骨型（树枝型）和管网型两种。管网一般为闭合，保持管内水压力 40～50kPa，末端保持 2m 水头。例如某灌区，干管直径 $D=1200～400mm$，最大直径为 2000mm，流量 $Q=0.543～0.09m^3/s$，支管直径 $D=600～250mm$，流量 $Q=0.06～0.035m^3/s$。灌水管直径 $D=125mm$，流量 $Q=0.02～0.004m^3/s$。田间每隔 50m 左右设一给水栓，其直径为 75mm，可灌溉农田 3～4.5 亩，给水栓出口有一混凝土消力池，直径 30～40cm，高 40cm，水经消力池流到灌水沟或田间，不致冲刷土壤。

在铺设石棉管和聚氯乙烯管时，管下垫砂层，管顶埋深 1.2m。铸铁管和硬塑料管都是承插式的，铸铁管用 L 形橡胶圈止水，硬塑料管用黏合剂填灌。

日本十分重视管道灌溉的设计和科研工作，1973 年 3 月制订了输水管道设计标准，已经过多次修订。科研方面正在研究如下课题：①水泵与管网的合理匹配问题；②空气混入管道的水力特性（水击现象与两相流等）问题；③流量变化大时，管道沿程摩阻损失和分水口、弯道等处的局部水头损失问题；④复杂大型管网的水量调配优化问题；⑤大面积管网的合理布局，如鱼骨型与管网型的选择等问题；⑥用电气回路模拟管网中非稳定流问题；⑦蓄水池的合理容量问题；⑧软弱地区和地震区管道设计、施工和运行中的检测技术；⑨管道灌区的自动化管理问题。

四、罗马尼亚

罗马尼亚的管道灌溉一般也分三级，干管从架空 U 形槽引水，多采用地下石棉水泥管，管径 $D=250～400mm$，工作压力 $P=20～100kPa$，每 180m 设施水口接二级移动式地面输水软管。输水管采用化纤布涂橡胶软管，过水流量 $Q=0.036m^3/s$。第三级是地面灌水闸管系统，有两种形式：一种是薄壁铝管，直径为 150mm，每节长 9m，下装一对小

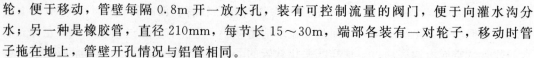

轮，便于移动，管壁每隔 0.8m 开一放水孔，装有可控制流量的阀门，便于向灌水沟分水；另一种是橡胶管，直径 210mm，每节长 15～30m，端部各装有一对轮子，移动时管子拖在地上，管壁开孔情况与铝管相同。

管网布置型式见图 2。一级地下固定管道每 180m 设出水口，按 250m 长的地面移动式输水软管。灌水时，地面灌水装置（闸管系统）从移动输水管引水，管内流量 0.036m³/s，同时向 45 条灌水沟分水，灌水沟长 250m，入沟流量（即闸孔出水量）为 0.0008m³/s，一次灌水时间 5.5h，浇地 13.5 亩。每天工作 20h，浇地 46 亩，如 15 天为一轮期，450m 长的一套移动软管可灌 675 亩。

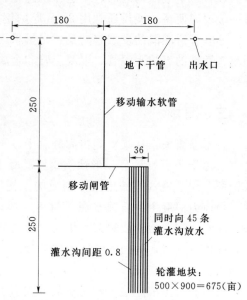

图 2　罗马尼亚管网布置示意（单位：m）

五、匈牙利

在匈牙利，人们认为低压管道输水灌溉比喷灌节约能源和投资，比明渠沟灌省水、省地和省劳力，因此重视管道灌溉技术的研究。尤其是对经济合理的塑料管材和软管的几何特征与水力特征进行了较深入的试验研究。

为了寻求耐压性能好和造价低廉的软管材料，他们对聚乙烯（PE）、聚氯乙烯（PVC）、人造革（BM）和聚丙烯（PP）等软管进行了试验。试验表明，其共同特性是掺用合适的稳定剂以后，可以完全不透水，能抗酸、碱、盐溶液，不受化肥、粪水、细菌的腐蚀。

他们认为，直径 95～200mm 的聚乙烯和聚内烯软管适用于灌水管；直径 200～300mm 的人造革和聚丙烯编织软管则适宜作输水管。未加尼龙纤维的 PVC 管是不宜应用于灌溉的。从技术、经济和工作要求考虑，选择软管的次序应是：聚丙烯软管、聚乙烯软管、人造革软管。

在低压作用下，软管发生变形，其变形情况与内水压力（P）有关。通过试验，得到聚乙烯软管变形特征与相对压力（P/D）的关系曲线（图3），利用此关系曲线可确定不同压力下任意直径软管的几何特征。对设计人员来说，若已知软管直径 D 和压力 P，就可确定其他特征值；对运行操作者来说，可由软管周长（K）和软管高（d）或压力 P 来确定其他特征值。

近几年来在匈牙利的萨尔万斯和民主德国的衷尔门霍斯脱两个灌区安装了一种新型低压管道输水系统，简称"Warnow－83"系统。该系统包含：抽水泵站、地下 EDD[1] 输水管网、薄膜阀、地下或地面的灌水软管装置（包括微喷管、沟灌管和地下灌管），计算机

---

[1]　EDD 软管是用异丁生橡胶和聚乙烯等高分子材料制成的一种软管。

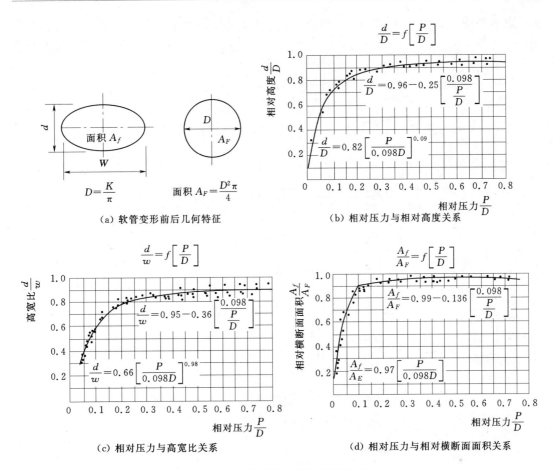

（a）软管变形前后几何特征　　　（b）相对压力与相对高度关系

（c）相对压力与高宽比关系　　　（d）相对压力与相对横断面面积关系

图3　聚乙烯软管的特性指标关系

（注：当管径为150mm，200mm，300mm，300mm时，管壁厚分别为0.55mm，0.42mm，0.48mm，0.37mm）

控制室一般设在灌区的中央。图4是"Warnow-83"系统的平面示意图；图5是EDD输水管通过可遥控的薄膜阀与EDD分水管连接的地下室；图6是EDD输水管通过手动的薄膜阀与EDD分水管连接的地下室。

EDD软管管壁厚0.3～1.5mm，延伸率200％～400％。这种管即使在未充水时，拖拉机等机械在其上通过也不会被压塌。薄膜阀是薄膜腔内可充水或充气的阀门，遥控和手动启闭均可。

系统运行时，EDD管内充水而膨胀，周围土壤起普通管的硬管壁作用。直径膨胀多少，取决于管内压力的大小、土壤的物理性质和软管的埋深。

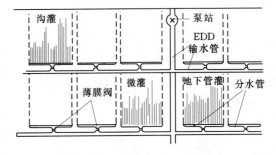

图4　低压管道灌溉"Warnow-83"系统平面示意

这种全自动控制的低压管道输水系统的特点是节省能源、节省材料、节省人力和投资，它比喷灌节省能源90％，比硬塑管节省材料50％～90％，由于自动控制，可节省人力，每灌 3000～4500 亩只需一人，因此可节省大量投资。

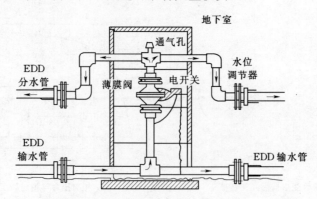

图 5　EDD 输水管、遥控薄膜阀与 EDD 分水管连接的地下室

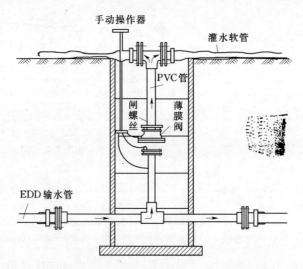

图 6　EDD 输水管、手动薄膜阀与田间灌水软管连接

252

内衬塑料薄膜圬工管材的研制及应用[*]

摘要： 本文在评述国内低压管道现用管材优缺点的基础上，介绍研制成功的一种内衬塑料薄膜、外护圬工料的新管材，使用这种管材在现场浇筑的输水管道经大面积使用，证明其具有施工速度快（平约每工日浇筑管道约 25m）、造价低（内径 $\phi150mm$ 管道造价为 2.5 元/m）、糙率小（$n=0.009\sim0.010$）、防渗性能好、可以就地取材等优点，是低压管道输水灌溉中目前较受群众欢迎的价廉、耐久的管材。

低压管道输水灌溉具有节水、节能、占地少、便于田间耕作和交通运输、提高浇地质量和速度等优点，是一项有广阔发展前景的新技术。特别是在我国北方水资源不足的地方，因地制宜地积极推广应用这项技术，将是缓解水资源短缺矛盾的一条有效途径。

近几年来，低压管道输水灌溉在山东、河北等地得到了较大发展，但技术还不够成熟，如存在着管径和管材未经合理选择，出水口型式复杂，造价昂贵等问题。

管材是管道灌溉系统的重要组成部分，直接影响工程造价和管道的管理使用。目前存在的主要问题是：移动式地面塑料薄膜软管耐久性差，寿命仅 1～2 年；硬塑料管造价高，原材料供应紧缺；预制混凝土管接头处理费工，且易漏水。所以，寻求一种或几种既能保证防渗效果，又耐久价廉的管材是推广和发展低压管道输水灌溉的重要研究课题。

一、管材的研制及其性能

针对上述问题，开展了新管材的研制。在天津市水利局和宝坻县水利局的支持下，与高家庄乡水利站密切配合，共同研制成功一种新管材——内衬塑料薄膜圬工管材，它利用塑料薄膜管的不透水性和管壁光滑的优点，将其作为新管材的内衬，利用圬工料（如混凝土、水泥土等）的刚性作为新管材的外护，从而使新管材能够承受内水压力和管外土压力及其他荷载。因此，新管材既有塑料管的不透水性和糙率小的优点，又有现浇混凝土管的刚度大、造价低、耐久性强等优点。

（一）施工工艺与施工步骤
为使新管材的施工速度快、简单易行，经多次试验形成施工工艺与步骤如下。
（1）开挖地膜沟 ［图 1 (a)］。
（2）在地膜沟上铺 2～4cm 厚外护圬工料，然后放上圆形刚性内膜，用人工来回拖压

---

* 原载于《水利水电技术》1988 年专辑。合作者：林华山。

数次，即成下半管［图1（b）］。

（3）再放上薄膜塑料管，充水至水头达1m以上，使之形成内膜［图1（c）］。

（4）在充水的薄膜塑料管上铺外护坞工料，然后用抹刀等工具抹均匀、压密实、刮光滑，管道浇筑过程即告完成［图1（d）］。

（5）浇筑36h后即可将挖出的原土回填。

（6）因浇筑外护坞土料时内膜充水，所以整个工程浇筑完工时不必再进行试水。

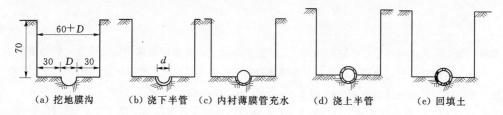

（a）挖地膜沟　（b）浇下半管　（c）内衬薄膜管充水　（d）浇上半管　（e）回填土

图1　管道施工过程（单位：cm）

（二）外护坞工料的选择

外护坞工料的选择，即是寻求价廉而又可行的坞工材料。因此，从当地条件和优质、廉价的角度出发，选择了混凝土、水泥石粉（采石场的下脚料）、水泥砂、水泥砂加土、水泥土、灰土作为外护坞工料，对它们在不同配比情况下进行了现场浇筑成形试验和物理力学性能测试。结果表明，混凝土、水泥石粉、水泥砂、水泥砂加土等材料具有成形好、强度较高（14d龄期，抗内水压力大于0.15MPa）和价廉的优点，是较理想的外护坞工料。而灰土强度低、成型困难，不宜作为外护材料。水泥土虽然具有一定强度，但成形也较困难，在特别缺乏砂石料的地区可酌情选用，但要改进施工工艺。

（三）内衬薄膜管的物理力学性能指标

内衬薄膜管由聚乙烯塑料及其添加剂吹塑而成。这种薄膜管比普通的塑料薄膜具有更高的强度和耐久性，其壁厚不小于0.2mm。

经测试，其物理力学性能指标为：抗拉强度大于20MPa（纵横向）；断裂拉伸率大于200％（纵横向）；液压破坏内压力大于0.06MPa（直径为6英寸）。

二、新管材的应用

从1986年开始，在天津市宝坻县高家庄乡采用这种管材铺设管道1570m，1987年在该乡推广数万米。现将内衬塑料薄膜外护坞工管的实际应用情况作一介绍。

（一）新管材的优点

1. 施工速度快

1986年管道浇筑施工队由19人组成，平均每工日（以8h计）浇筑达10m以上。1987年，施工队由11人组成，平均每工日浇筑达25m。

2. 造价低

1986年每米管造价3.03元，包括人工费1.17元，材料费1.86元，单价分析见下表。

每米内衬塑料薄膜圬工管单价分析

项目名称		用量（kg）	单价（元/m）	备注
材料费	水泥	7.85	1.02	水泥价格为 130 元/t；石粉价格为 11.3 元/m³
	石粉	45.0	0.34	
	薄膜管		0.50	
	小计		1.86	
人工费	挖沟		0.40	
	修地膜沟		0.08	
	拌混凝土料		0.08	
	运送混凝土		0.12	
	浇筑混凝土		0.25	
	安薄膜管		6.09	
	填沟		0.15	
	小计		1.17	
合　计			3.03	

1987 年推广时，由于管壁（外护圬工料）减薄，材料费降为 1.3 元/m 左右。

3. **输水性能好**

因新管材内衬塑料薄膜软管，内壁光滑（糙率 $n=0.009\sim0.010$），故水流条件好，沿程水头损失小，从而节省了提水能耗。

4. **防渗性能好**

内衬塑料薄膜管本身不透水，在浇筑上半管之前，充水形成内膜时，就已经受考验，故不存在漏水问题。

5. **抗内外压能力满足要求**

在试验中为了更有把握地反映工程的实际抗外压情况，将管子埋深比野外实际采用的埋设深度浅 10cm，填土后，重型载重拖拉机来回压过，没有发现压坏管子的现象。为了方便运料，施工过程中，载重拖拉机在浇筑完覆土仅两天的管道上压过，也未发现管子破坏；该管材 28d 的强度比 3d 的强度要高出 3～5 倍，故其抗外压强度是能够保证的。经内压试验实测，用水泥石粉作为外护材料，内径 15cm、平均壁厚 4cm 的管子，在未覆土的情况下，14d 龄期抗内压强度为 0.10～0.15MPa（水泥∶石粉＝1∶6 和 1∶5），覆土后其抗内压强度还会提高。

6. **能适应不均匀沉陷**

由于新管材内衬塑料薄膜管，外护圬工料，刚柔相结合，只要管道不产生大的错动，即使外护管本身由于不均匀沉陷或材料干缩出现细微裂缝，因内衬薄膜管具有较大的适应变形能力，所以也不会发生漏水。

7. **与其他管材的比较**

内衬塑料薄膜外护圬工管与其他管材比较，显示出它特有的优越性。

（1）与地面移动式软管相比，在使用上比移动式软管方便，特别是农作物较高时，软管浇地困难，而采用新管材，干、支管都可埋在地下，使用和管理均很方便。

在耐久性方面更优于软管。一般软管只能用一年左右，而新管材埋在地下，可用几十年。

从经济角度看，移动式塑料软管单价较低，但因其寿命短，从长远来看并不经济，折合每亩年投资 2.0 元左右；而采用新管材虽然一次性投资多一些，但折合每亩年投资仅为1.50 元（使用寿命按 20 年计），可降低投资 1/4。

（2）同塑料硬管相比，目前聚氯乙烯硬管（ϕ150mm）最低价格为 9.50 元/m（不包括运输和安装费）；而新管材 2.5～3 元/m（包括所有费用），为塑料硬管的 1/4 左右。即使在砂石料运距较远的地区（例如运距 160km，砂或碎石约 50 元/m³ 左右）新管材每米造价也仅为聚氯乙烯硬管的 1/3。此外，塑料硬管货源紧缺，新管材外护坞工料可利用当地材料，取材方便。

（3）同混凝土等刚性管相比，无论是预制混凝土、水泥土、水泥砂管还是现浇混凝土管，都会因接头处理不好、不均匀沉陷或震捣不密实、干缩裂缝等引起漏水，新管材可以有效地避免这些问题。另外，不但预制和现浇混凝土管每米单价比新管材贵，而且它们都需要 4000～30000 元的制管设备或模具费，而新管材的施工模具费仅需几十元，新管材内壁光滑，水头损失小，可节省能源，也是突出的优点。

（二）管道与配套建筑物的连接

采用这种内衬薄膜的新管材，其与配套建筑物的连接分为内接和外接。内接是指内衬薄膜管与外部建筑物的连接，一般采用聚氯乙烯硬塑管，其一端与配套建筑物连接，另一端与薄膜管用套接形式连接，即在硬管端部外侧预留一小凹槽，把薄膜管套上用铁丝捆扎紧。外接是指坞工混凝土与硬塑管的连接，除竖直硬塑管外，水平放置的硬塑管全部用混凝土外包。

配套建筑物包括进水口、出水口、泄水口、通气孔、量水建筑物、节制阀、分水阀等。

1. 进水口与通气孔

进水口是指从泵出口进入管道系统的连接建筑物。通气孔用于排出管内空气并可防止水击。目前，常采用进水口和通气孔相结合的型式（图 2）。

2. 出水口

出水口即给水栓（图 3）。出水口底部用聚氯乙烯硬塑管三通与内衬薄膜坞工管连接。

3. 泄水口

泄水口用于冬季排放竖管中的积水，一般应设于灌区的低处，将管内积水泄入邻近的排水沟渠内。

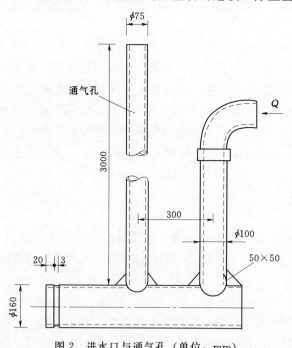

图 2　进水口与通气孔（单位：mm）

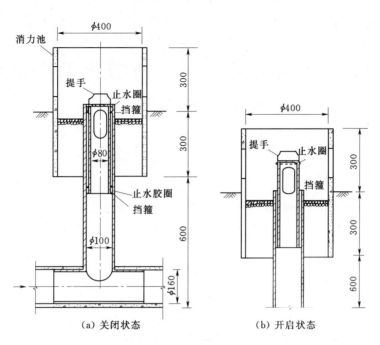

（a）关闭状态　　　　　　（b）开启状态

图 3　出水口结构（单位：mm）

4. 三通、四通等管件

可购买塑料厂的成品，也可用聚氯乙烯硬管焊接而成。

5. 量水建筑物

量水建筑物系采用硬塑管内加隔板，遮住部分断面，以取得局部水头损失，然后换算出过水流量。

内衬塑料薄膜圬工管由于具有许多优点，所以已在天津市宝坻县、河北省、安徽省等地推广应用。山东省淄博市临淄区和河北省房涞涿的几十万亩灌区，也将应用这种新管材。但这种管材施工工艺有待机械化，以便使外护圬工料厚度均匀，密实度增大。此外，若能采用挖沟机挖沟，就可减少临时挖沟占地并节省劳力。

塑料软管外包圬工管道机械施工机具与施工工艺的研究[*]

摘要：塑料软管外包圬工作为一种新管材用于低压管道输水灌溉具有很多优点，深受群众欢迎，因而得到大面积推广应用。这种管材迄今大都由手工作业来施工。最近笔者研制出专用的机械器具，不仅使施工速度加快了3～5倍，而且还由于提高外包圬工的强度和均匀度而减小了管壁厚度，从而降低了管道的单位造价和投资。该机械器具已经通过鉴定。

塑料软管外包圬工管材是利用糙率小、不透水的塑料聚乙烯（PE）软管作内衬材料，利用刚性的圬工料（混凝土、砂浆或水泥土等）作外护材料的一种复合新管材。通过推广应用，证明其具有造价低（约为薄壁硬塑管的1/4，预制混凝土管的1/2）、强度高（破坏内压为0.2～0.3MPa）、糙率小、施工速度快等优点，是适合当前我国国情的新管材。自1987年4月通过评审以后，在全国9个省市、数十个灌区得到推广应用，受到群众欢迎。

根据评审意见和各试点的反映，施工技术和机具还需要进一步改进，以提高工效和圬工外壳的强度与均匀度，减小外壳厚度，降低造价。这一科研任务于1987年3月受水利部科教司委托，被列为"七五"国家重点科技项目75—04—01课题，即黄淮海平原中低产地区综合治理中的01子专题——低压管道输水灌溉技术。经1987～1989年间的试验研究，现已完成，现介绍如下。

一、机械施工机具的结构设计

所研制成功的机械施工滑模分上半管滑模和下半管滑模两部分。

（一）下半管滑模

下半管滑模全长180cm，由导向段、进料段、振实成型段、抹光段4部分组成（图1）。

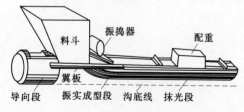

图1　下半管滑模示意

导向段为一长40cm的圆柱体，直径与管道外径相同，恰与地模沟面相吻合，能使滑模准确地沿地模沟滑行。导向段前方焊有牵引环，以便系牵引绳，并加适当配重，以防止料斗抬起，进料太多。

进料段长20cm，由进料斗与两侧翼板组成。进料斗高40cm，上口宽36cm，长45cm。

---

* 原载于《水利水电技术》1990年第8期。合作者：刘群昌、李益农。

在料斗两侧焊有7cm宽水平铁翼板，压在地模沟两侧工作沟底面，以防止料斗下沉而减薄管壁厚管。

振实成型段长40cm，其前部靠料斗处安装一台振捣器。滑模前部翘起约2cm，以便能进入较多坞工料，经振动密实后使之成设计厚度。滑模后部底面与地模沟平行，并保持管壁厚度的空隙。

抹光段长80cm，与成型段硬连接，其上部加适当配重，以便滑模拖过后污工管内壁光滑。

（二）上半管滑模

该模由导向段、进料段、振实成型段、抹光段4部分组成，全长190cm，由2mm厚钢板和角钢制作而成，可实现上半管浇筑、振捣连续进行，一次成型（图2）。

导向段长25cm，制成圆弧形，内径略大于内衬塑料软管外径10mm，使其能沿软管上方滑行，但不与软管接触，以免软管受损。前部焊有牵引环，以供拴牵引绳索。

进料段为直角梯形进料斗，顶宽45cm，底宽与坞工管外径相同，高36cm，料斗底部外侧焊上25mm×25mm×4mm

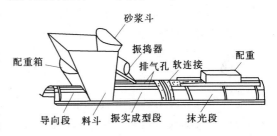

图2　上半管滑模示意

角钢，使其成翼板以支承料斗。料斗内有一砂浆小斗，前部焊一配重箱。

振实成型段是一渐变段，宽度等于内衬塑料软管充水后外径加两倍坞工管壁厚度，只是前面高度比后面高2cm，以便能进入较多坞工料，振实后符合设计厚度。振实段与料斗连接处，上部紧靠料斗做成喇叭口，后段上面开几个圆形排气孔，见到出浆就表明振实厚度已符合要求。

抹光段为长100cm半圆形钢模，它与振实成型段通过软连接来减少前面振动对后面管道成型的影响，防止坞工料下滑，并使上半管外表光滑。顶上焊有2个角铁，以便放置配重。

二、影响机械施工的几个主要因素

研制上述施工机具中，遇到许多困难，例如：由于充水塑料软管中的水受振捣器工作影响而震动，使后面刚浇筑好的坞工料下滑；又因塑料软管光滑，滑模前进时，容易拉裂刚浇好的坞工管壁。经分析、研究，影响施工的主要因素有坞工料配合比、水灰比、振动力、配重与牵引速度等。这些因素有的相互影响，有的互为条件。

（一）配合比

我们采用的坞工料主要有水泥砂和水泥石粉两类。水泥砂又分水泥中砂与水泥粉砂两种。在管材试验中，通过成型和强度试验，选择出合适的水泥中砂配合比为1∶4；水泥粉砂配合比为1∶3；水泥石粉的配合比为1∶6和1∶5。

（二）水灰比

影响水灰比的因素有圬工料配合比，以及上下半管成型条件。通过成型试验可得，浇筑下半管时：1∶6水泥石粉和1∶4水泥中砂圬工料的合适水灰比为0.8；1∶5水泥石粉和1∶3水泥粉砂圬工料的合适水灰比为0.75。浇筑上半管时，1∶6水泥石粉圬工料的合适水灰比为0.75；1∶4水泥中砂圬工料的合适水灰比为0.65。

（三）振动力

振动力太小，圬工料不易密实；振动力太大，影响成型；尤其是浇上半管时，由于软管内水的波动，使圬工料下滑。所以施工时有一个选择合适的振动力问题。

通过试验，利用滑模浇筑下半管时，1∶6水泥石粉和1∶4水泥中砂圬工料的合适振动力为：用1∶1kW的振捣器，转速为2800r/min。而1∶3水泥粉砂圬工料的合适振动力为：用0.4kW电动机，轴端加焊0.22kg重的偏心铁块作为振捣器。用滑模浇筑上半管时，宜用单相750W电动机，装偏心重0.25kg作为振捣器（频率为2800r/min）并配单相同功率的微型发电机。

（四）配重

在滑模抹光段上的配重大小很重要。在上述圬工料、水灰比、振动力情况下，配重过小，滑模容易抬起，进料过多，管壁超厚，浪费圬工料；配重过小，则管壁过薄；不符合设计要求，且牵引困难，通过试验，合适的配重如下：用1∶6水泥石粉、1∶4水泥中砂或1∶3水泥粉砂圬工料浇筑下半管时，适宜配重为20～30kg，用1∶6水泥石粉浇筑上半管时，适宜配重为10kg。

（五）牵引速度

牵引速度应在一定的振动力情况下，根据密实度要求而定。浇筑下半管时，在上述振动力情况下，如供料及时，根据密实度要求，滑模前进速度以不大于5m/min为宜。用滑模浇筑上半管时，使用上述振捣工具，滑模前进速度以3m/min为宜，如振动功率加大，可加快牵引速度。

三、机械施工的施工工艺与步骤

管道浇筑前，需要定线、开工作沟、挖地模沟，其要求与手工施工方法相同，只是工作沟宽度可以从0.8m缩小为0.6m。现将机械施工的施工工艺与步骤简述如下。

（一）浇筑下半管

先用人工向地模沟中铺圬工料，铺料长度应大于滑模的振实成型段，再用抹子摊均圬工料厚度，然后抬上滑模，令其振实成型段放在已铺好的圬工料上，启动振捣器，并向料斗喂圬工料，待管壁振到两边出浆时，滑模开始向前拖动，并在抹光段上放置配重，然后边喂料、边振动，边牵引滑模前进。必须注意要喂料及时，使滑模能连续徐徐前进，不要中途停顿。

（二）安放塑料软管与充水

塑料软管一般采用高压聚乙烯薄膜软管（最好用线性低密度聚乙烯软管），壁厚0.25

~0.35mm，将其与出水口的塑料三通用铝制喉箍（可订做）箍牢（没有喉箍可用塑料绳或细铅丝绑扎），然后向软管内充水至管内水压达 0.015MPa 左右。施工时应事先将出水口、塑料三通与塑料软管一起安装好，并拧紧接口，以防软管充水时水从出水口溢出。

（三）浇筑上半管

塑料软管充水达规定压力后，即可开始浇筑上半管。浇筑时应注意使充水压力保持稳定。浇筑上半管的方法现简介如下。

先在充好水的塑料软管两侧安上轨道，轨道用 25mm×25mm×6mm（或 35mm×35mm×5mm）角铁做成，每 3m 一根，每根下面焊有铁齿 4～5 个，插入土中以固定轨道，两轨道间的净距（约 5mm）略大于滑模的宽度。将滑模放于轨道上，向料斗中加入圬工料，启动振捣器，同时牵引滑模前进，然后向砂浆斗内加砂浆（水灰比 0.8～1.0），以利进圬工料（砂浆起润滑作用）并使圬工管外表光滑，不必再用人工抹光。如此边喂料、边振捣、边牵引滑模前进的方法可做到连续浇筑。通常滑模前进速度约为 3m/min。

（四）养护与回填土

当上半壁管圬工料终凝时，先覆盖潮湿土养护，土厚约 20～30cm，过 36h 后即可向沟内回填土，用水浸的方法使回填土密实。

四、机械施工条件下的劳动组合与管道单价分析

（一）劳动组合

1989 年在天津宝坻县高家庄乡管道施工中，采用滑模机械施工时的劳动组合见下表。

滑模机械施工时的劳动组合表

分　　工	浇筑下半管（人）	浇筑上半管（人）
秤料、拌料	2	2
运料（拖拉机）	1	1
喂料	3	2
喂砂浆		1
振捣	1	1
牵引滑模	1	1
铺轨		2
合计	8	10

采用上述劳动组合，如果使用一套滑模，10 人一组，每班（8h）可浇筑 800m；如果使用两套滑模，18 人分两组，上下半管采用流水作业，每班可浇筑 1600m 以上。这样比原来人工施工方法提高工效 3～5 倍。

（二）管道单价分析

天津市宝坻县高家庄乡采用的是内径为 15.5cm（6 英寸）、水泥石粉外包圬工料厚 2.5cm 的圬工管，其每米管材造价机械施工条件下为 3.8 元，人工条件下为 4.35 元，机

械施工条件下每米管道造价比人工施工条件下的管道造价降低了 0.55 元。

新研制成功的滑模机械施工方法不但比人工浇筑方法提高工效 3～5 倍，而且由于机械振捣，使坼工料强度与管道抗内水爆破压力以及管壁的均匀度都有较大的提高，从而使管壁厚度减薄了 40％（从原来的 4cm 减小为 2.5cm），进一步降低了管道的造价和管网的每亩投资。在有条件能买到微型发电机和加工滑模的地区，建议采用机械施工方法，所制管道质量高、成本低、劳力省。

低压管道输水管网出水口的几种型式[*]

低压管道输水灌溉具有许多优点，因此发展很快。近几年来北方井灌区已发展了近 4000 万亩。但是，全国适合搞管道灌溉的井灌区和扬水灌区有 3.0 亿多亩，还有近 4.0 亿亩的渠灌区末三级渠道也都有待采用低压管道输水灌溉。为了加快管道灌溉的发展速度和减少亩投资，最重要的两项工程是管材和出水口，目前管材的研制已普遍受到重视，一批因地制宜的管材已出现。而出水口的研制还是一个薄弱环节，各地采用的出水口型式，有的结构复杂、加工困难、造价高；有的出流不畅、局部水头损失大；有的管理运行不便。因此，研制合理出水口型式是一项刻不容缓的重要课题。

出水口分两种类型：一种是接灌水沟的出水口，水流自出水口流出后流入灌水沟，然后进入畦田；另一种是接软管的给水栓，水流流入移动式塑料软管（末级灌水管），然后进入畦田。我们根据造价低廉、结构简单、出流顺畅、坚固耐久和管理运行方便等 5 项标准，研制了两种不同类型的出水口型式。

一、接灌水沟的出水口

这种出水口有 3 种型式。

1. 搭扣盖板型

出水口为一钢管（铸铁管更好），上有一铁盖板，附有止水橡胶垫。盖板与竖管一边用铰接，一边用搭扣（形状与箱盖上的相似）连接。将搭扣板开，出水口则出水，搭扣扣住则关闭（图 1）。

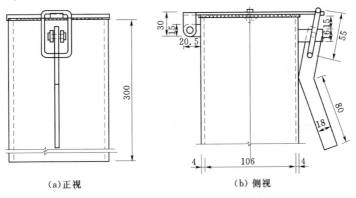

(a) 正视　　　　　(b) 侧视

图 1　搭扣盖板型出水口（单位：mm）

---

* 原载于《水利水电技术》1992 年第 12 期。合作者：刘群昌、赵音。

这种型式出水口可用铸铁或旧钢管制造，造价只需 12～15 元，它已在天津市宝坻县灌区大量应用。

在出水口外围罩有预制混凝土消力保护管（图 2），可避免出水口遭受损坏或出水口材料的丢失。水流在保护管内消能后流入灌水沟，管上有一混凝土盖，嵌入混凝土管顶端凹槽内，要有专门工具才能打开。盖中间有一条形孔，可用"I"字形钢筋提手伸入孔内，旋转 90°即可提起混凝土盖。

2. 销钉盖板型

这是搭扣盖板型的改进型式。用销钉代替搭扣，制造简单，盖和管都可用铸铁制造。盖一边与管铰接，另一边盖上焊有一铁圈（可焊一螺帽），套进铁棍（可用钢筋），利用杠杆原理将销钉销紧或打开。销钉成锥形体，头细根粗，以便销紧盖密出水口，使之不漏水。出水口外面也用预制混凝土消力保护管罩住（图 3）。

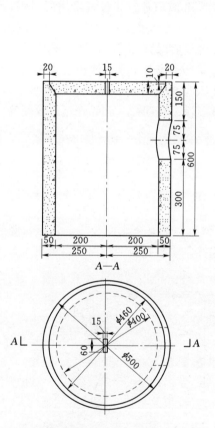

图 2　消力保护管（单位：mm）

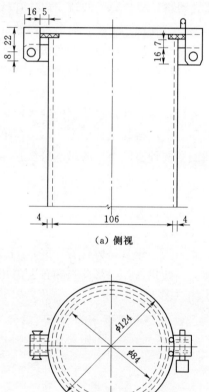
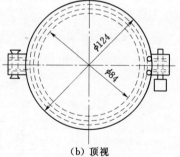

（a）侧视

（b）顶视

图 3　销钉盖板型出水口（单位：mm）

3. 提升盖板型

铁盖板上焊一垂直扁铁，上开有一矩形孔，铁管上焊一扁铁框架，盖板上的扁铁穿过框架顶端，当铁盖向上提升，用锲形销钉销入框架上端的孔内，盖板就打开，出水口向四周出水；把铁盖压下，将销钉销入框架下的孔内，销钉由框架抵住，出水口就关闭不出水。同样外面也罩一预制混凝土消力保护管（图4）。

这种出水口一般用铸铁做成，重约5kg，约10~15元一个。其优点是当出水口水压较大时，水不会喷到外面来，也不会直接溅到操作人员的身上。

以上几种出水口型式都是接灌水沟的。根据前述关于出水口型式的5项标准衡量，三种出水口型式都可推广应用。我们认为，在出水压力不大的情况下推荐第一、第二种型式；在出水压力较大时，宜采用第三种型式，因为它出水时不会喷出消力管口和溅湿操作人员。

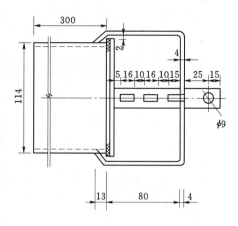

图4　提升盖板型出水口（单位：mm）

二、接软管的给水栓

我们对研制的几种可以接软管的给水栓，型式进行比较后，推荐下面一种压盖式给水栓（图5）。这种给水栓的竖管上大下小，相接处有一平面（或斜面），以供阀门盖上。接软管的横管与上面的大直径竖管相接，阀门上提到顶，给水栓则打开，水进入软管即可灌水；阀门下压到不同管径接合处，给水栓则关闭。阀门有两种型式：一种是当不同管径接合处是斜面时，阀门做成圆状周边，止水橡胶圈定做成管状，拉紧套在阀门周边上（参见图5中阀门1）；当不同管径接合处为平面，则阀门为圆形扁平铁板，周边上下均粘橡胶止水圈（参见图5中阀门2）。

这种型式给水栓一般用铸铁做成，重约7~8kg，造价不超过20元，已在山东无棣县和其他灌区试用，效果良好，可以推荐采用。

以上介绍的出水口和给水栓型式经过实际应用，效果良好，并已通过鉴定。它们均符合前述对出水口的5项要求：造价低廉，每个出水口单价12~20元；结构简单，大部分乡镇能自己加工制造；出流顺畅，局部水头损失小；坚固耐久，一般铸铁不易生锈；管理操作方便，闸门启闭灵活；有混凝土消力管保护，不易遭破坏或偷盗。因此这几种型式的出水口有一定的推广价值。

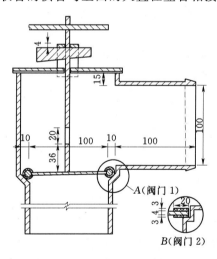

图5　接软管的给水栓（单位：mm）

"七五"期间我国低压管道输水灌溉技术的进展[*]

摘要：低压管道输水灌溉（简称"管灌"）节水、节能、省地、省工，深受群众欢迎，短短七八年间全国已发展近 4000 万亩（267 万 ha）。"七五"期间，水利部组织科技攻关，"管灌"技术取得了很大的进展，基本上已形成适合我国国情的整套"管灌"技术。现着重介绍"七五"以来所取得的新成果。

关键词：低压管道；制管机械；管网设计

一、"管灌"在我国应用与发展的回顾

我国商代都城羑城就用陶土管作为地下排水管了，但是作为农业灌溉输水用的地下管道，却在 20 世纪 50 年代江苏、四川、河北等地开始采用，当时大多是灰土涵管。到 60 年代，河南温县才较大规模采用预制混凝土管，曾发展到 60 万亩。70 年代末至 80 年代初，黑龙江、山东、河北等省，在抗旱斗争中，农民采用高压聚乙烯软管（俗称"小白龙"）直接从水泵出水口把水输送到垄沟或畦块。这种灌水方式，比土渠节水多，输水快，省土地，省能源，很受群众欢迎，发展很快。但是也发现聚乙烯软管在地上移动，尤其在冬天使用，易损坏，一般只能使用一年或一个灌水季节，而且在作物长高后，软管拖动灌水很不方便，很有必要发展固定式和半固定式管道。这就遇到管路合理布置、适宜管径选择、水力计算、经济效益分析等规划设计问题，管材、管件、给水栓（或出水口）、制管机和施工机械的研制问题，以及施工安装及运行管理等问题。为此，水利部科教司组织北京、天津、山东、河北等省（直辖市）有关部门数百名科技人员进行低压管道输水灌溉技术攻关。经过"七五"期间的共同努力，在管材研制方面取得了较大突破，薄壁 PVC 管与内光外波的双壁 PVC 管达到了国际先进水平；内衬塑料软管外护圬工现浇管为国内外首创；还研制成一批适合我国国情的当地材料管，如沙土管、薄壁混凝土管、玻璃纤维水泥管等。同时研制成多种立式制管机、现浇滑模机械、水泥土管连续成型机等机械设备；还研制出各种出水口与给水栓、配套管件、安全保护装置；在规划设计与运行管理方面也取得了较大进展，如管网优化设计程序的应用，微机监控系统的试用等。基本上形成了适合于井灌区的成套低压管道输水灌溉技术，大大提高和推动了我国"管灌"工程的发展。

二、研究适合我国国情的"管灌"技术

研究低压管道输水灌溉技术时，关键要考虑我国国情，否则很难得到群众欢迎和推

---

* 原载于《农田水利与小水电》1992 年第 7 期。

广。要考虑的我国国情如下。

（1）我国目前经济实力还比较薄弱，像国外每亩投资数百元的灌溉技术，在我国很难推广，所以必须考虑造价低、农民经济上能承受的新技术。

（2）我国地域宽广，各地气候条件、土壤性质、种植作物、当地材料、经济实力都不一样，不可能一种技术能适合所有地区，要因地制宜，采用适合当地条件的新技术。

（3）我国农民文化水平不高，管理技术水平较差，自动化程度高的管理技术尚难适应，有时还要考虑防止被盗与人为破坏的问题，所以设计时既要考虑施工和运行方便，还要考虑管理安全可靠。

"七五"期间所取得的低压管道输水灌溉技术新成果，基本上考虑了上述我国国情。

三、"七五"期间"管灌"技术的新成果

（一）管材

1. 塑料管

（1）薄壁PVC管。它是"七五"期间研制成的薄壁PVC管，比现行国家标准壁厚减薄50%，减少材料消耗40%～45%，单价降低37%。这种管道强度高、运输方便、施工简易、运行可靠。在工作压力小于0.2MPa条件下，安全系数为2.55。目前已在全国推广近200万亩。其规格与主要性能见表1。

表1 薄壁PVC管规格与主要性能

公称外径 （mm）	壁厚 （mm）	拉伸强度 （MPa）	5%变形时的扁平刚度 （MPa）	爆破压力 （MPa）
110	1.7～2.0	＞46	＞0.092	＞1.8
130	2.2	＞48	＞0.088	＞1.7
160	2.0～2.5	＞46	＞0.045	＞1.8

（2）双壁波纹PVC管。它是同时挤出的一层内光外波吹压熔结而成的一种新型塑料管。它具有输水性能好、机械性能强、用料省等特点。特别是扁平刚度较同厚度光壁管提高4倍以上。

这种管材目前已能生产φ110mm、φ160mm、φ200mm3种管径。每节长5m，一端带有钟形承插口称母口，另一端称子口。配有专用密封胶圈和三通、弯头等管件，安装很方便。

研制的双壁波纹管壁厚较国际减薄许多，减少材料消耗48%，降低单价35%。比薄壁PVC管刚度大3～7倍，因此管径较大时，显著优于薄壁PVC管。开发仅数年，已在全国推广约50万亩，很有推广前景。

（3）PVC卷绕管。它是一种将已挤压成型的带材，通过螺旋卷绕机械，经化学胶水榫槽吻合加工成型的高强度塑料管道。它内壁光滑，外壁成T形骨架，具有较好刚度与强度的一种新型低压输水管道。适宜于需要较大管径的情况下采用。

该管的生产设备是上海电化厂于1984年从西班牙引进的，1988年通过技术鉴定，设备可以生产φ250～φ980mm的大口径管材。目前为了适应井灌区低压管道输水需要，由上

海兴华塑料建材厂试制成 $\phi150mm$ 和 $\phi200mm$ 的中型管材。

该管的主要技术指标如下。

密度 $1410kg/m^3$，抗拉强度 $44\sim58MPa$，耐热不小于 $83℃$，使用温度小于 $55℃$，相对伸长率 $20\%\sim60\%$，糙率 $n=0.009$，耐酸、耐碱、耐所有金属盐溶液的作用。

卷管速度：7 人每班卷 $\phi400mm$ 的管子 270m，$\phi300mm$ 的管子 360m，$\phi250mm$ 的管子 430m，可在气温 6℃时卷绕。

这种管子的优点是管径大，刚度好，管子可现场卷绕任意管径和长度，产品成带状，可绕成盘，运输亦方便。管径不大于 300mm 的单价与混凝土管差不多，不小于 300mm 的单价比混凝土管贵。在农田灌排中已埋设 9500m。

（4）NG 涂塑软管。它是以布料为基础，两面涂塑并复合薄膜黏结而成。特点是重量轻、质软易折叠、可修补，适用于田间配水。

布料选择全棉布、维棉布和维伦布，其经纬纱为 2×2，2×3，3×3，4×4，6×6。经两面涂塑后，内表面并复合薄膜黏结成直径为 $\phi25mm$、$\phi40mm$、$\phi50mm$、$\phi65mm$、$\phi80mm$、$\phi100mm$、$\phi125mm$、$\phi150mm$、$\phi200mm$ 的管子，工作压力定为 0.05MPa、0.1MPa、0.2MPa、0.3MPa4 种规格。

遇管子出现洞孔、裂缝时，可涂以聚氯乙烯黏合胶补贴，如同自行车内胎修补法。

（5）红泥塑料软管。它是 20 世纪 60 年代末我国台湾工业技术研究所发明，它是以聚氯乙烯树脂或废旧聚氯乙烯料作基材加入红泥及助剂而成。除具有聚氯乙烯料通常的性能外，还具备较高的抗光、热老化性能和机械强度。它与高压聚乙烯软管相比，还有良好的黏结性能，黏合强度一般超过 1MPa。因此在使用中，在地面拖动被割破时，可用廉价的过氯乙烯胶或氯丁胶等黏合剂黏接。另外，红泥塑料还是一种无鼠害制品。因此，红泥塑料软管作为地面低压输水管道比一般聚乙烯软管优越。

2. 内衬塑料软管外护圬工管

这是一种利用塑料软管作为内衬（同时作内模），外护圬工料（水泥砂浆、水泥石粉、水泥土等）的复合管材。具有内壁光滑、不透水、刚性大、强度高的优点，内径 160mm、壁厚 2.5cm 的水泥石粉圬工管爆破压力大于 0.2MPa，满足低压输水管道的技术要求。

这种管材分上下半管两次浇筑而成。"七五"期间研制成一套专门的钢滑模浇筑机械，施工质量好，速度快，10 人一组，每班可浇筑管 800m 以上，速度达到国外现浇混凝土管的先进水平。

该管材的突出优点是造价低，比同管径的薄壁 PVC 管、双壁波纹 PVC 管、预制混凝土管等便宜 1/2～3/4。现在全国已有 11 个省市自治区推广 50 余万亩。

3. 现浇素混凝土管

（1）两次成型素混凝土管。它是用上下半管两套钢滑模，先浇下半管后浇上半管两次成型的素混凝土管。用橡胶囊充气作内模，卷扬机或电动机牵引滑模前进。

（2）一次成型素混凝土管。它是上下半管分两个料斗同时前后进料，一次成型的素混凝土管。同样用充气的橡胶囊作内模，卷扬机牵引，其优点是没有上下半管间的浇筑缝，整体性较好。

这两种现浇素混凝土管与前述内衬塑料软管外护圬工管的施工机具、配套设备及生产效率见表2。

表2 现浇管机具配套设备及生产率

管材名称	管径（mm）	台班人数（个）	生产率（m/h）	机具设备	设备费用（元）
内衬软管外护坼工管	150	10～12	100～120	滑模、振捣器、1.5kW发电机	3300（不含搅拌机）
二次成型现浇管	200	15	50	滑模、搅拌机、空压机、8kW发电机、卷扬机	约2万
一次成型现浇管	200	15～20	50～80	WD—Ⅲ制管机、搅拌机、空压机、卷扬机、发电机	约2万

4. 预制挤压成型当地材料管

为了充分利用当地材料，各地研制成功的当地材料管如：砂土水泥管、子母口水泥管、单节较长薄壁混凝土管、玻纤水泥管等，都是采用挤压式制管机预制而成，然后运到现场安装成低压输水管道。

预制当地材料管的规格如下。

（1）砂土水泥管。

管内径（mm）：135、150、200、250；

壁厚（mm）：27、25、30、35；

每节管长（m）：0.98、0.98、0.98、0.98。

（2）子母口水泥砂管。

管内径（mm）：150、200、250、300、400；

壁厚（mm）：30、30、35、35、40；

每节管长（m）：1.0、1.0、0.85、0.85。

（3）薄壁混凝土管。管内径150mm，壁厚20mm，每节管长1.5m。

（4）玻纤水泥管。管内径50～300mm，壁厚10mm，每节管长可达3m。

预制管的最大问题是接头多，处理麻烦，而且难免漏水，其输水利用系数 $\eta \approx 0.75$，较其他管材低。

5. 其他管材

（1）钢丝网水泥管。

管内径（mm）：150、200、300、500；

壁厚（mm）：15、15、15、15；

每节管长（m）：2～3、2～3、3、3。

每米单价与PVC卷绕管相近，大管径适用于渠灌区。

（2）薄壁粉煤灰混凝土管。用粉煤灰代替部分水泥（水泥掺量27%～28%，粉煤灰掺量12%～13%）挤压而成，内径150mm，壁厚15mm，每节管长1m，爆破压力0.15MPa，抗渗水头8m，糙率 $n=0.011$。

（3）石棉水泥管。用15%符合GB 8071规定的5级以上温石棉和83%525号以上硅酸盐水泥，经松解、打浆、抄取卷制而成。耐腐蚀、不老化。0.6MPa试压不渗水。规格

有 $\phi100mm$，$\phi125mm$，$\phi150mm$，每根长 4m，采用高强度橡胶圈密封柔性连接，管子接头可转角 3°～4°不破坏密封。适应温度变化与地基不均匀变形。

（二）出水口、给水栓、安全保护与量水装置

各地研制数十种出水口、给水栓、安全保护与量水装置，经试用评选，将较好的形式介绍如下。

1. 出水口

中国水利水电科学研究院与高家庄水利站研制成的搭扣盖板型和提升盖板型两种出水口，结构简单、造价低，出流阻力系数小（$\zeta=1.0$）；山西忻州地区研制的螺杆碟盖型出水口，结构简单、运行方便。

（1）搭扣盖板型。出水口为一铸铁管（或钢管），上有一铁盖板，附有橡胶止水圈，与铁管一端铰接，另一端为搭扣连接，搭扣板开则出水，搭扣扣住则关闭。出水口外罩一混凝土管，作消力池。

（2）提升盖板型。出水口铁管两侧焊一"口"型扁铁框架，盖板上焊一垂直扁铁，上开有矩形孔。扁铁穿过框架横梁。当铁盖上提用楔形销钉插入横梁上端孔内，盖板则开；盖板压下，销钉插入横梁下端孔内，盖板则关。出水口同样外罩一预制混凝土管作消力池。

（3）螺杆碟盖型。出水管口上有一倒碟形盖，其下面焊一垂直螺杆，插入出水管内的丝母（与喷灌给水栓类似）。碟形盖顶有一方帽。可用扳手旋转螺杆上下启闭。盖子做成倒碟形是为了防止水流向上喷。同样需要预制混凝土管作消力池。

2. 给水栓

给水栓是可接输水软管的出水口，分固定式和移动式两类，后者上阀套可移动，为几个给水栓共用，不用时可卸下，既省投资，亦便于保管。

固定式给水栓有螺杆压盖型（北京通县永乐店）、弹簧压盖型（山东临淄水利局）、螺杆 ZW－3 型（甘肃民勤县）、自动升降型（北京市水科所）等。

移动式给水栓有 DGS 螺杆型（山东临清县）、玻璃钢给水阀（江苏灌溉防尘公司）、高密度聚乙烯蝶型系列给水栓（河北沧州地区水利局）等。

3. 安全保护装置

低压管道运行中，刚开泵时，水中含气需要排出；出水口未开，突然开机或未停机突然关闭出水口时，将产生正水锤；突然开启出水口或停电停泵时，将产生负水锤和水倒流入井里，为此需要保护管路安全的装置。

（1）水泵塔。设于水泵出水管与地下管道首端连接处。水泵塔为一混凝土竖管，管径上小下大，底部管径按流速不超过 0.6m/s 设计，上部管径按流速不超过 3m/s 设计。塔高根据管道进口处的工作压力确定。

（2）调压管。为一直径与水泵进水管相同的竖管，可以用铸铁管、混凝土管或 PVC 管，作排气调压之用。高度视输水管路的工作压力而定。安徽肖县设计了可以装卸的铸铁管，便于管理。

（3）进排气阀。它安装在管道首部最高处和管路的驼峰处。阀门孔可由阀球或阀盖启闭。当开泵时，气体从阀门排出；当水充满管道时，阀球或阀盖靠水压力顶住阀孔，防止水流从阀孔溢出。停泵时，空气从阀门进入管道，破坏真空，防止管路内水回流入井。目前常用的为球阀型与平板型两种排气阀。

（4）球式多用保护阀。由河南新乡农田灌溉研究所研制。有自动进排气和限制管路压力等多种功能。

（5）电触点压力表超压保护装置。为了防止管网受非常状态超压破坏，山西忻州地区采用电触点压力表超保护装置。其工作原理为：将电触点压力表指针调至略高于最高工作压力而低于管材能承受的压力刻度上，当遇非常压力时，测压针与控制针接通，通过中间继电器使交流接触器动作而自动跳闸，机泵停止运行，从而保护管网安全。

4. 量水装置

管道量水除可采用一般常用水表和流速流量计外，西北农业大学测试的下列两种管道量水装置，水头损失小，不易被泥砂淤积和污物堵塞。

（1）圆缺孔板节流式量水计。这是一种非标准节流部件式差压流量计。由节流部件、引压管和差压计三部分组成。

（2）斜接半圆孔管式量水计。这是苏联乌克兰水利科学研究所研制的一种测流量装置。由进口圆管段、斜面收缩段、喉部和出口圆管段4部分组成。喉部截面比为0.5。

（三）施工技术

1. 薄壁PVC与双壁波纹PVC管接头工艺

薄壁PVC管的接头工艺是用连接端加涂黏接剂（一般用溶剂型PVC黏接剂）后，进行热扩口插接，或用橡胶圈承插方法。而双壁波纹PVC管则由带3个密封橡胶圈的子口插入母口的方法。

2. 预制混凝土管的接头工艺和制管机

预制混凝土管的安装关键在接头工艺。目前比较成功的工艺是用塑料油膏外包编织布和用纱布包裹水泥砂浆这两种方法。前者是在管口先涂塑料油膏对接，再在接缝外涂油膏厚3～5mm，宽100mm，然后用编织布包紧；后者是在管口对接处先用1：2水泥砂浆加麻刀填塞严密，外面再用3层1：3水泥砂浆和两层纱布包紧。

预制混凝土管多用立式制管机挤压而成。较成熟的制管机有：山东汶上县的LZM－250立式子母口制管机，重1.6t，6人每台班生产250～300m；山东邹平县的ZLJ自动立式制管机，重3.2t，3人每台班生产ϕ150mm管子120～150m；山东青州市的SB－150型立式制管机，重1.45t，7人每台班生产300m；北京市第二水泥管厂的JX500－6立式挤压制管机，能生产ϕ150mm、ϕ200mm、ϕ300mm、ϕ400、ϕ500mm的水泥管。每小时能生产ϕ200mm的管子100m，每台班700m以上。管子质量好，内水破坏压力可达490.4kPa。

3. 内衬塑膜外护圬工管的施工机具

为该管研制的一套施工机具是由下半管钢滑模（全长1.8m）、上半管钢滑模（全长1.9m）、移动式小型发电机（1.5kW、两相电压220V、电流10A、转速3600r/min）、震动器2台（1.1kW、电压220V、转速2800r/min）组成。10人每台班可浇筑ϕ150mm管道800～1000m。机具特点是造价低、重量轻、施工方便。

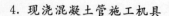

4. 现浇混凝土管施工机具

（1）一次成型的 WD－Ⅲ型制铺机。全部施工机具由 WD－Ⅲ型制铺机、搅拌机、空压机、卷扬机、发电机和橡胶囊组成。每台班 15～20 人，现浇 ϕ200mm 管道 350～560m。

（2）两次成型的滑模机具。它由下半管钢滑模、上半管钢滑模、搅拌机、空压机、卷扬机、发电机和橡胶囊组成。每台班 15 人，现浇 ϕ200mm 管道 350m。

5. 水泥土现场浇筑机

由石家庄地区水利局研制的 JSS 系列水泥土输水管道连续成型机，是以 4～7kW 电机配套的减速机输出动力为基础，带动主轴与搅龙旋转，同时把水泥土挤成输水管道。机体靠挤压管道时的反作用力前进，从而使水泥土管在现场自动连续成型。制管速度 40～70cm/min 为宜，每班可制 200～250m。

（四）管网的规划设计

合理的规划设计能使工程节省投资，运行管理可靠方便。低压管道输水灌溉系统的规划设计方法的研究，始于"七五"期间，主要成果如下。

1. 枝状管网设计

对枝状（或称"树枝状"）管网设计已有不少优化设计程序。有的以影响投资很大的管网形式（固定式、半固定式或移动式）和管材作为决策因素，管径作为离散状态的决策变量，以动态经济计算管网年费用最低为优化目标，作出最优决策；有的以管道布置和管径选择为决策变量，以工程年费用最低为优化目标，建立数学模型，提出优化设计程序；有的在管路布置已定情况下，以管径和出水口间距为决策变量，以工程年费用最低为目标函数，建立数学模型，提出设计程序。

2. 环状管网设计

有些灌区地形条件适合以环状管网布置代替枝状管网，其优点如下。

（1）环状管道工作时间长，利用率高。

（2）每个出水口都双向供水，在相同水头情况下，出水流量大；或者是相同出水量情况下，可以减小管径。

（3）环状管网中各出水口的出水量较均匀。

（4）环状管网一处管道发生故障时，仍能继续灌水。

（5）环状管网虽然总长有所增加，但可减少管径，在管径与每米单价差异很大（如PVC 管）情况下，工程投资可以节省。

（五）微机管理试点

为了提高对低压管道输水灌溉系统的管理水平，在天津市武清县试区设计了微机监控系统。控制 3 眼机井，灌田 255 亩，管道 14 条，出水口 63 个。

监控系统由微机、井泵控制箱、流量功率变送部分和地埋通讯电缆等组成。主要功能台下。

（1）预置全试区用水计划，并可随时修改。

（2）通过 CRT 监视器，显示出各井泵运行情况或试区用水情况。

（3）累计各井泵和用户的实际用水量和用电量；当用户用水量超过计划时，能自动停止供水。

（4）按用户实际用水量结算电费。

（5）当管网流量与功率出现异常情况，能指令停机，确保管网安全。

四、应用推广情况与经济效益

低压管道输水灌溉技术研究成果，已在全国 20 多个省市自治区应用与推广，除直接应用于 5 个万亩试区外，直接推广面积 389.2 万亩，辐射推广面积近 1000 万亩。其经济效益以 5 个万亩试区计算，年节水 900 万 m³，节电 113 万 kW·h，省地 1000 亩，省工7.3 万工日，年增产粮食 490 万 kg，年净效益 183 万元。

以直接推广面积 389.2 万亩计，年节水 3.9 亿 m³，年节电 5838 万 kW·h，省地 7.8万亩，省工 568 万工日，年增产粮食 46.7 万 t，按效益分摊，年直接经济效益 1.49 亿元。工程总投资为 1.946 亿元。年均投资收益率达 76.5%，效益十分显著。

低压输水管道防冻害及适宜埋深试验研究[*]

摘要：本试验研究在内蒙古哲里木盟井灌区，选择 PE 橡塑软管、薄壁 PVC 管和 PE 螺纹管为管材，设计 4 种不同埋深，两种处理措施，共计 8 个处理，24 个重复，经过 3 个冬春观测期，结合室内试验和田间应用，取得 7000 多个观测数据，探讨了低压输水管道在寒冷地区的适宜塑料管材、合理埋深和给水栓竖管防冻拔等问题。试验得出如下结论：①PE 橡胶塑料管是一种抗冻性能好、施工简便、价格低廉，最适宜推广应用的塑料管材；②在类似内蒙古哲里木盟的寒冷地区，管道适宜埋深为 0.8～1.0m；③采用适宜管材，合理埋深，给水栓竖管防冻拔后可节省大量投资，推动了管灌技术在寒冷地区的推广应用。

关键词：低压管道，防冻害，适宜埋深

一、试验方法与测试项目

本研究采取以室外观测为主、结合室内部分试验的方法进行。室外观测设在内蒙古通辽市丰田灌溉试验站露天试验场。该场地理位置为北纬 43.36′、东经 122.6′，位于内蒙古通辽市西南 17km 处。多年最大冻深 1.44m，多年平均最低气温 － 24.6℃，极端最低气温 － 34.7℃，场内有农田 100 亩，耕作层以砂壤土为主，下层为重壤土。冬季地下水埋深 2.82m。

（1）管材选择根据当地条件和现有管材，选择以下 3 种管材作对比试验：①PE 橡塑软管，此管是由橡胶加 PE 高分子材料复合的薄壁软管，壁厚 0.5mm 左右，内水爆破压力 0.2～0.3MPa，各项性能指标超过一般 PE 软管；②薄壁 PVC 管，为目前大量采用的硬壁聚氯乙烯管；③PE 螺纹管，是当地厂家生产的横向波纹薄壁聚乙烯管，价格较低。

（2）管道埋深根据当地最大冻深为 1.44m，本试验设置 4 种不同埋深，即 0.8m、1.0m、1.2m 和 1.6m（后一种在冻层以下）。

（3）观测项目常规项目有地温、冻深、地下水埋深和土壤含水量，以下简介专门观测项目与方法。

1）冻胀量场中按 40cm、80cm、100cm、120cm、160cm 5 个深度设置单独式分层冻胀仪，以测定沿深度变化的冻胀量和冻胀率，研究其与冻深，地下水埋深之间的关系。

2）田间试验管路冻胀上抬量 4 种埋深（0.8m、1.0m、1.2m、1.6m）的 3 种管材

* 原载于《中国水利水电科学研究院学报》1997 年第 1 期。合作者：刘群昌（中国水利水电科学研究院），张欣堂、李旭洲、张旭、马学军（内蒙古自治区哲里木盟水利处）。

（PE 橡塑软管、PVC 管、PE 管），每根管长 50m，管顶都设置冻胀仪，观测因冻胀使管道上抬情况。

3）埋于冻土层内实际管路的冻胀测试将站内百亩农田全部采用低压输水管道，将支管埋于冻土层内，选择支 2 与支 5 上设置 3 个冻胀仪，测量冻胀对实际管道的上抬与破坏情况。

4）给水栓竖管冻拔观测。为研究给水栓竖管冻拔和防护措施的效果，进行 4 种竖管埋深（80cm、100cm、120cm、160cm）试验观测，并分有防冻拔措施和无措施两种情况进行。各设 3 个竖管做对比。

二、主要观测成果及分析

观测场内主要观测项目有：冻结深度观测、不同深度地温变化过程观测、冻胀量观测、冻土含水量观测、地下水埋深观测等。

（1）冻土观测使用冻土器观测土的冻结深度，并观测土的冻结深度在时间和空间的变化过程。

1）影响冻结深度的因数为：①负气温：冻深与冻结指数（负气温累积值）成正比；②土质与土的含水量：粗粒土较细粒土冻深大，土的含水量高时冻深小；③积雪厚：积雪能隔热，雪厚能减小冻深；④地下水位：水位高，冻深小；⑤其他因素：包括风、日照、植被、坡向、坡度等。

2）冻结深度观测成果为 1991～1994 年 3 个冬春的观测，所得冻结指数见表 1，冻深过程线见图 1。

3）从冻深观测结果可知，1993 年的冻结指数较大，冻结深度亦大。

（2）3 个观测年度的冻前地下水埋深基本相同（2.77～2.85m），且冻结期地下水位的下降很小，达到最大冻深时只下降 1.0～0.4cm，地下水位处于稳定状态，因此，冻前地下水埋深大，地下水对土的冻结初期冻结锋面的补给较小，随着冻深的发展，地下水位与冻结锋面距离越来越小，地下水对冻胀量的影响将逐渐增大。

（3）不同深度的土壤含水量随时间变化见图 2。由图 2 可知：

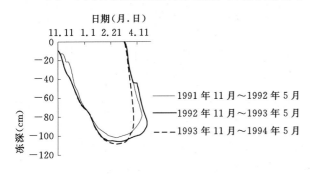

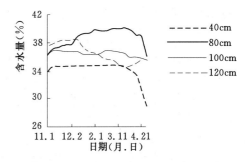

图 1　土壤冻结融解过程线　　　　　　图 2　1992 年土壤含水量变化

1）整个冻结期深度 40cm 以内土壤含水量基本无变化，说明这层土冻结过程中，不受地下水位影响，也无水分迁移作用。从 3 月初地面逐渐解冻到 4 月 1 日上部土层的融化深度达到 40cm 时，该层土壤含水量开始下降，至 5 月 1 日降到 16.6%，该过程受蒸发和作物耗水影响。

2）40～80cm 土层含水量受灌水影响略有增加，该层含水量在灌溉中期有增加趋势，是由于处于地下水位影响范围内，有水分迁移补给。灌溉后期冻土融化过程中该层土壤含水量逐渐下降。

3）80～100cm 土层含水量比较平稳。

4）100～120cm 土层基本在非冻结层内，含水量在灌溉中期呈下降趋势，后期略有升高。

（4）地温观测 3 个观测期不同深度地温变化过程见图 3～图 5。

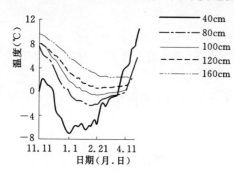

图 3　不同深度地温变化　　　　　　　　图 4　不同深度地温变化

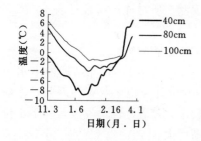

图 5　不同深度地温变化

观测结果表明：地表土层地温受气温变化影响大。土层越深，受气温影响越小；地温从初冻期至 3 月末，在一定深度内由上至下呈上低下高分布，3 月末至解冻期，逐渐过渡到由上至下呈上高下低分布。

由冻融曲线可以看出，当不同深度出现负温时，该深度土层并不同时冻结，而是滞后 2 天冻结。这是因为土中水受土颗粒力场作用和溶有盐类，其冻结温度都较 0℃为低。

（5）冻胀量观测。当土层冻胀时，外观表现为地面升高，融化时地面下沉。

1）观测结果。不同深度最大冻胀量见表 1；不同深度冻胀量随时间变化过程见图 6～图 8。

表1　　　　　　　　　　　　观测期内不同深度的最大冻胀量　　　　　　　　　　　单位：mm

深度 （m）	时间（年.月） （1991.11～1992.5）	时间（年.月） （1992.11～1993.5）	时间（年.月） （1993.11～1994.5）
0.4	17	17	16
0.8	9	9	11
1.0	8	7	8

2）观测结果分析观测表明：①不同深度（0.4m、0.8m、1.0m）的冻胀开始时间基

本与土的冻深达到相应深度之时同步，即冻深达到某一深度，该点即发生冻胀；②3 个观测期的冻胀量比较接近；③冻胀量沿深度由大到小依次减小，相互间差距亦变小。如第一观测期 0.4m、0.8m，100～0cm 深处的最大冻胀量分别为 17mm、9mm、8mm，第二观测期分别为 17mm、9mm、7mm；④当地温出现负温和土层冻结时，才出现冻胀现象；3 个冻胀期基本接近；⑤冻胀量沿深度变化见图 9，随埋深上大下小；观测期地下水位、冻深与冻胀量关系随时间变化过程见图 100；⑥80～100cm 土层冻胀率较小，3 个观测期分别为 0.5%、1.0%、1.5%。

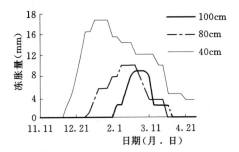

图 6　不同深度冻胀量随时间变化
（1991 年 11 月～1992 年 5 月）

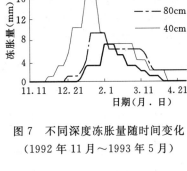

图 7　不同深度冻胀量随时间变化
（1992 年 11 月～1993 年 5 月）

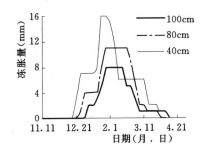

图 8　不同深度冻胀量随时间变化
（1993 年 11 月～1994 年 5 月）

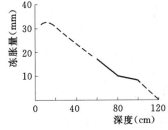

图 9　冻胀量沿深度分布

三、冻胀对低压输水管道的影响

（1）试验管道冻胀观测结果。在观测场埋设 PE 橡塑软管、薄壁 PVC 管、PE 螺纹管 3 种管材，每种管材分 4 种埋深（0.8m、1.0m、1.2m、1.6m），在各管路设置冻胀仪，观测其冻胀变化，并测试管路埋设位置的土壤条件和地下水埋深。观测结果：埋深 1.2m 与 1.6m 无冻胀发生。不同管材埋深 0.8m 与 1.0m 时管路冻胀与土层冻胀量结果见表 2。

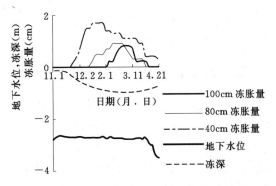

图 10　地下水位、冻深与冻胀量随时间变化
（1991 年 11 月～1992 年 5 月）

表2 不同埋深管材和土层的最大冻胀量 单位：mm

观测时间（年）	埋深1.0m				埋深0.8m			
	土层冻胀	PE橡胶塑软管	薄壁PVC管	PE螺纹管	土层冻胀	PE橡塑软管	薄壁PVC管	PE螺纹管
1991～1992	8	4	13	9	9	8	15	14
1992～1993	7	4	11	9	9	9	14	10
1993～1994	8	9	12	12	11	9	13	16

结果表明：①PE橡塑软管的冻胀量比其余小；②PE橡塑软管埋深1.0m比埋深0.8m冻胀湖显较小。实际管路冻胀观测有一条支管采用薄壁PVC管，另一条是PE橡塑软管。埋深由0.8m向1.0m过渡，每条支管上设3个冻胀仪。测得的管路冻胀量与场地土层冻胀量对比见表3。

表3 管路与土层冻胀量对比 单位：mm

观测时间（年）	埋深0.8m			埋深1.0m		
	土层冻胀量	PE橡塑软管	薄壁PVC管	土层冻胀量	PE橡塑软管	薄壁PVC管
1993～1994	11	11	12	8	6	3

表3中数字表明：埋深1.0m时，管路冻胀量小于土层冻胀量，因此埋深宜1.0m以上。试验管路与实际管路冻胀检查为检查管路浅埋冻胀情况，我们对试验与实际管路进行了挖察看，将埋深0.8m和1.0m的管路各开挖3段，对薄壁PVC管材的变形进行检测。检查结果直径变形率在2％～3％，不超过允许值（5％），外观上两种管材与埋前无明显差别，依然如新，无老化、裂纹等现象。

（2）实际管路输水检验检验重点是PE橡塑软管，位于管路系统末端的一条支管，受工作压力大，测试结果表明：整个管路系统运行良好。管路无破裂、无漏水，各项运行指标符合管路系统工标准。

（3）管道埋于冻土层内情况分析模拟试验管路与实际管路冻胀观测结果表明：整条管道埋深变较大时，因不同冻胀程度会造成不均匀抬高，因此管路布设时埋深变化不宜过大。在同一深度冻层的冻胀量应该基本一致（如土质、含水量无变化时），因此管道会同时上抬，不致造成管路的破坏。

四、出水口竖管防冻拔措施的研讨

出水口竖管冻拔是季节性冻土区低压输水管路受冻害的另一破坏形式。有时竖管被拔离与横连接的三通，有时竖管拔裂妨碍正常输水灌溉。

（1）试验方法将出水口竖管分成两组：一组竖管外面有防冻拔处理措施；一组无处理措施，竖管直接与回填土接触。每组3个出水口竖管分别埋于0.8m、1.0m、1.6m深度与三通承插连接。观测其被冻拔情况。

（2）冻拔观测结果观测所得最大冻拔量见表4。表5中数字说明有防冻拔措施的竖管冻拔量为10～17mm，而无防冻拔措施的为16～20mm。

表4					竖管最大冻拔量汇总表			单位：mm	
观测时间 （年．月）	埋深 0.8m		埋深 1.0m		埋深 1.2m		埋深 1.6m		
	有措施	无措施	有措施	无措施	有措施	无措施	有措施	无措施	
1991.11～1992.5	13	18	16	20	16	17	17	19	
1992.11～1993.5	16	18	17	19	16	18	10	16	
1993.11～1994.5	15	20	16	20	15	19	11	18	

（3）累积冻拔量分析。实际观测出水口竖管冬季产生的冻拔量在融化后不能回落到原位，所以多年冻融后有一个累计冻胀量。本试验3个观测年所得累计冻拔量见表5。

表5	竖管累计冻拔量			单位：mm
埋深（m）	1.6	1.2	1.0	0.8
有措施	13	7	7	3
无措施	19	9	10	12

观测结果表明：①竖管上拔后，解冻后也难靠自重恢复原位，因此造成逐年上拔积累，久之可能使竖管与三通拔出或拔断；②竖管采取防冻措施后，积累上拔量要减小22％～75％，有效地保护管道的完整性；③埋深1.6m的竖管累积上拔量明显大于其他埋深，说明深埋的竖管与土体接触面受摩阻力大的缘故。

（4）出水口竖管防冻拔措施的探讨。出水口竖管被冻拔是受土体冻胀抬高时对竖管的摩擦力所致。因此，防冻拔或尽可能减小冻拔，主要从减小摩擦力着手。

1）减小竖管周围土体的冻胀可采取换填冻胀性小的土壤（如砂土）。

2）减小土体对竖管的摩擦力。通过对竖管与土体接触面的特殊处理，如加涂黄油或润滑油，然后包上油毡纸或塑料薄膜，可减小摩擦力。

3）改善出水口竖管的连接方式最好用扩口胶圈连接，较能适应冻拔而不致漏水。不宜采用热承插连接或化学材料粘接。

五、低压输水管道适宜埋深的确定

低压输水管道埋深除受冻胀影响外，还受管体质量、鼠害、耕作层深、田面机耕荷载等因素的影响。因此其适宜埋深应考虑上述诸因素。

（1）不同管材的物理化学性质及其在低温条件下的力学性能试验。不同管材有：PE橡塑软管、薄壁PVC管和PE螺纹管，在室内进行了理化性能和在低温下的力学性能试验。试验表明：PE橡塑软管抗冻性能好，薄壁PVC管抗内水压力较大，两者都宜推广应用。适宜工作温度在10～60℃之间。

（2）管材力学性能评价：

1）线胀缩变形该地区的管道灌溉工程一般在夏秋施工，地面温度在20℃左右，管道在地下工作时最低负温约为−5℃，温差达25℃，收缩变形量按 $\Delta L = \lambda \cdot \Delta t \cdot L$ 计算；式中，λ 为线胀系数（℃$^{-1}$），L 为管长（m），Δt 为温差（℃）。计算结果（略）说明：硬管变形大，接头处必须考虑能适应变形而不漏水，所以采用PE橡塑软管最好。

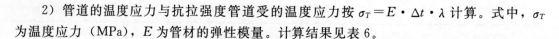

2）管道的温度应力与抗拉强度管道受的温度应力按 $\sigma_T = E \cdot \Delta t \cdot \lambda$ 计算。式中，σ_T 为温度应力（MPa），E 为管材的弹性模量。计算结果见表6。

表6   **不同管材的轴向应力**

管材	E （MPa）	Δt （℃）	λ （℃$^{-1}$）	σ_T （MPa）	σ_{f_1} （常温，MPa）	σ_{f_2}（−5℃时的 抗拉强度，MPa）
薄壁PVC管	2749	25	7×10^{-5}	4.81	41.54	44.09
PE螺纹管	983	25	1.89×10^{-4}	4.65	26.08	26.51

注 σ_{f_1} 和 σ_{f_2} 为实测管材抗拉强度。

表6中的PVC管与PE管的温度应力均小于实测抗拉强度，故管道在地下能安全越冬。

3）出水口竖管抗冻拔验算。由表7中知，PVC管与PE管的温度应力分别为 4.81MPa 和 4.65MPa，由此计算得管材所受最大冻拔力为 0.6MPa，出水口竖管与三通交接面的拉力为由温度降低产生的拉应力与冻胀的最大冻拔力之和，分别为 5.41MPa 和 5.24MPa，均小于两种管材在低温下的抗拉强度。说明管材因温度应力而被拉裂的可能性很小，主要是防止竖管的冻拔破坏其与三通的连接。

（3）地温观测与管材适宜工作温度。据3个观测期观测地温沿地层深度分布规律，1.2m 深已无负温出现，1.0m 深最低负温为 −0.5～1.7℃，0.8m 深度最低负温为 −2.3～3.9℃。地温是低压输水管道工作条件的一个制约因素。PVC管的适宜工作温度为 10～60℃，PE管的适宜工作温度为 20～50℃。因此，管道从材质角度出发，埋在冻土层内是允许的。

哲盟有五旗、二市、一县，据多年气象资料统计：0.8m 深度的最低负温值为 −2.7～6.3℃，所以PVC管与PE管适宜埋深为 0.8m。

（4）鼠害与冻胀对管道埋深的要求。鼠害的活动范围一般在 0～0.8m，PE管材要考虑鼠害问题。虽然同一深度的冻胀强度分布一致，对管道的影响不大，但也要避开冻胀率大的土层。根据3个观测年的观测，0.8m、1.0m 深处的冻胀率较小，是适宜埋深。

（5）其他因素对管道埋深的影响。田间交通、机耕荷载也是管道埋深的影响因素。根据我国的交通与机耕机械，一般埋深超过 0.7m 时，对管道影响已很小。工作层深一般只需 0.3m 左右。因此从交通机耕工具荷载出发，埋深要求在 0.7m 以下。

综上所述，类似哲盟的季节冻土区，低压输水管道适宜埋深取 0.8～1.0m。

六、结论

本课题经3年观测期的试验研究，获得如下结论：

（1）根据3种管材（PE橡塑软管、薄壁PVC管、PE螺纹管）的性能、材质、防冻、鼠害、荷载影响、投资效益等因素比较考虑，认为地埋护顶PE橡塑软管是一种抗冻性能好、施工简便、投资较少的新管材，其造价仅为薄壁PVC管的1/3。建议在寒冷、经济落后的地区推广应用。

（2）考虑冻胀破坏、管材质量与性能、鼠害、交通与机耕荷载等诸多因素，室外试验与实际工程实践证明：在类似通辽市的寒冷地区，管道的适宜埋深为 0.8～1.0m。

（3）为防止出水口竖管冻拔破坏，必须采取防冻拔措施。简单易行的防冻拔处理方法有：竖管外壁捆扎秸秆、外壁涂润滑油包塑料膜、换砂土回填等。

（4）采取适宜管材。合理埋深、防止出水口竖管冻拔措施后，在寒冷地区采用低压输水管道灌溉技术，可节省大量投资，加快管灌这项节水技术的推广应用，为我国节水事业作出贡献。

南方地区管灌节水技术情况与经验[*]

我国节水潜力最大的是农业上的灌溉用水。管道输水灌溉是诸多节水灌溉技术中最适合我国国情、最受群众欢迎的节水技术。近十年来已在我国北方井灌区发展推广达 530 万余 hm² （至 1995 年底），但是在长江以南地区发展不多且不平衡。上海、浙江、福建 3 省（直辖市）发展较多，约 26 万余 hm²，其中上海市和浙江省的平湖市发展最普遍，已达总灌溉面积的 70%。南方其他省市尚在试点阶段。管灌技术在南方地区采用存在哪些优越性，为什么在南方地区发展极不平衡，有哪些思想上和技术上的问题需要解决或改进，如何使此项节水技术尽快在南方各省市普遍推广，带着这些问题我们组织了一次去福建、浙江、上海 3 省（直辖市）的管灌考察活动。

考察地点与线路是：福建漳州市、南靖县、龙海市、漳浦县、泉州市、长乐市；浙江衢县、义乌市、平湖市；上海松江县。收获如下。

一、管灌技术在南方应用的优越性

我国南方灌区类型较多，大致分平原河网灌区（扬程与压力均较低）；山坡与梯田灌区（扬程与主管道压力较高）；水库自流灌区（有丘陵、平原，压力、高低不同）；海涂灌区（扬程与压力都不高、沙质土壤）。福建省的实践证明，管灌技术适用于所有这些不同类型的灌区。当地群众总结出如下优点。

（1）投资省。根据福建龙海市湖后水库灌区的砌石明渠与自应力钢丝网水泥暗管两种方案比较，暗管方案可节省 26% 的投资；浙江省义乌市下宅村的下马岭水库灌区的水泥抹面（当地称"三面光"）明渠与双壁波纹 PVC 管相比较，管道方案可节省 39% 的投资。

（2）水的利用率高。砌石与水泥抹面的明渠利用系数约为 0.5～0.7，而塑料管与自应力水泥管的利用系数达 0.95～0.98。

（3）管路比明渠长度短。据福建龙海市的湖后水库灌区比较，管路比明渠缩短了 46%。

（4）节地。湖后水库灌区采用管道方案节省 14hm²（2%）的土地。这一优越性在寸土寸金的上海市郊区和单产 1500kg/hm² 的浙江平湖市等地区尤显重要。

（5）省工。采用管道可省去渠道的清淤工，护渠、护水工，节省平时的维修工等。

（6）工期短。由于管道比渠道线路短，管材又可以买成品，安装方便，故施工快，工期短。

---

　* 原载于《中国农村水利水电》1998 年第 4 期。

（7）寿命长、运行费用低。明渠易遭台风与人、畜破坏或暴雨泥石流冲毁，维修任务重，运行费用高，寿命短，管道埋在地下情况要好得多。

（8）减少争水抢水纠纷。由于管道灌水及时，不易偷水，减少许多争水抢水的纠纷。

（9）灌水及时不误农时。稍大的灌区，明渠行水要几天才能到达田块，而使用管道输水则很快，不误农时。

（10）为薄露节水灌溉（广西称"薄、浅、湿、晒"灌溉）与改变作物种植结构创造条件。薄露灌溉的浅水或湿润状态要求管道输水灌水及时才能实施，能达到进一步节水与增产的目的；由于管灌能省更多水，有条件改变作物种植结构，生产价值高的作物（如芦笋、花卉、果树、药物等）效益更为显著。

（11）效益显著。如浙江义乌市下宅村管灌工程完成时正好遇上干旱年，一年效益就收回全部投资；浙江、福建其他地方一般也只需要 2～4 年还本。上海、浙江平湖等地实行管灌后，普遍增产 30%，福建的龙海市与南靖县一般增产 3000～3750kg/hm²，经济作物增加收入 45000 元/hm²。龙海市前亭镇新开垦的滩涂管灌区种芦笋收入达 15 万元/hm²。由于改变传统种植结构，使当地农民人均年收入由 500 元猛增到 7700 元。效益十分显著。

二、南方采用管灌技术问题复杂，有待研究完善

不同于北方井灌区，南方灌区的特点是：类型多，有河网灌区、滩涂灌区、水库自流灌区、高扬程提水灌区，依地形还可分平原灌区、丘陵灌区、山坡灌区等；水源不一样，有从河道中提水、有水库放水自流；地形复杂；作物种类不同，大田以水稻为主，另有许多经济作物、水果、蔬菜等；土地珍贵；劳动力短缺等。因此管灌要适应这些特点，技术上就有许多特殊要求。例如：由于灌区比较大，灌溉流量大，所以要求管径比较大；由于灌区类型多，地形复杂、管路布置没有一定模式，很多灌区需要单独规划设计；由于灌区大、扬程高或地形高差大，管道的工作压力较大（有时超过低压标准 0.2MPa），需要一些特殊的附属建筑物（如调压装置、镇墩、沉沙池等）；由于灌区大、输水距离远、地形复杂、联系不便，灌区管理要求实行自动化和采用遥控技术。

目前，北方井灌区用得较多的管材是口径在 100～200mm 的薄壁 PVC 或 PE 等塑料管，其价格农民尚能承受。而南方灌区一般主管道需要采用口径 300～800mm 或更大，工作压力又较高，用厚壁塑料管价格太高；目前有的地方（如浙江余姚市、福建南靖县）采用 3m 长的自应力钢丝网水泥管，手工制作质量得不到保证；个别地方用铁管，价格太高；在上海市郊区县、浙江平湖市、福建长乐市等地方，由于管道工作压力不大，采用长 1m 的预制混凝土管，但接头太多，难以做到不漏水。所以研制价格适中能适应不同工作压力的大口径管材是南方地区采用管灌技术的当务之急。

另一个问题是尚无配套的出水口，目前有的地方用昂贵的闸阀代替出水口；有的地方用止水不好的简便插板门；福建漳州市新研制的仿美盖帽式铁质出水口，价格偏高；浙江平湖市研制成的旋转式阀门，仅适用于工作压力不大的同类地区。所以急需研制适用于压力较高，又可接闸阀系统（田间配水）或软管的出水口，并使其系列化、产品化。

南方管灌区尚存在工程配套不全的问题，大部分都只有干、支管，平均每公顷管长

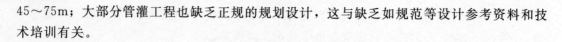

45～75m；大部分管灌工程也缺乏正规的规划设计，这与缺乏如规范等设计参考资料和技术培训有关。

三、结语

从上述不难看出，在南方灌区采用管灌技术比其他节水灌溉技术有更多的优点：能适应各类灌区，比明渠防渗经济（包括线路缩短），施工快捷，技术简单，管理方便，效益显著等。如能在现有基础上进一步完善改进，其节约投资和节水潜力会更大。目前发展的障碍主要有两方面：一方面是思想上认识不够，没有充分认识此项节水技术的优越性；另一方面是技术上的原因，管灌节水技术还不够成熟、完善。上述问题还有待进一步研究解决。

谈 谈 农 业 节 水[*]

水是万物之本，一切生物的基质，是生命的源泉，繁荣的信使，幸福的根本。没有水就没有农业、工业和整个国民经济。水是一种不可替代的多功能的极重要资源，可是它是有限的，全世界都在为淡水资源紧缺而忧虑。

我国的水资源特别紧缺，可是水资源浪费很严重。尤其是占总用水量80％的农业用水，利用率只有0.4。如何节约农业用水，从中央领导，到水利干部，到农民群众都在想办法，但想法不很一致。为了免走弯路，希望专业人员认真评论一番。

一、主要农业节水措施简评

（1）搞好渠系建筑物配套。我国渠系建筑物不配套，引水失控，跑水、漏水严重。例如江苏淮安6个灌区，建筑物配套1/3时，年灌溉毛定额需1700m³，建筑物配齐后，毛定额减至700～800m³，减少损失一半多。

（2）渠道防渗。我国渠道多半未衬砌，每年渗漏损失1400亿m³。陕西引泾灌区，渠道衬砌后，渠系利用系数由0.59提高到0.85，扩灌30万亩。如果全国都注意渠道防渗，每年可节水1000多亿m³，相当于黄河总水量的1/5，是南水北调中线方案引水量的10倍，可扩灌1.6亿亩以上耕地。

（3）采用低压管道输水灌溉。这是我国新兴起的节水灌溉技术，有节水、节能、省地等许多优点。如能把管路配到田间，渠系水利用系数可达0.95，农民十分欢迎。全国已有近1亿亩耕地采用这一新技术，仅冀、鲁、豫3省就已超过6000万亩，投资却比喷、滴灌省。很受农民群众欢迎。

（4）喷、滴、微灌。喷灌比地面灌省水，可是在田间高空喷洒，会带来空中和叶面蒸发损失、圆圈重合部分损失（＞17％），以及有风时的偏离损失（可到20％），所以实际上并不怎么省水，而且喷灌能耗大，投资高，不适合我国"水、能、财都不富裕，农民管理水平不高"的国情。

滴灌是省水较多的措施，但有管理不方便，易堵塞的问题。采用于大田亦不太受农民的欢迎。

微灌比喷灌省能、省水，又不容易堵塞，较有推广前景。

（5）科学用水。科学地采用多种作物"最经济"需水量，可大量降低灌溉定额。例如：辽宁省从50年代每亩用水2500m³，到80年代采用地膜覆盖，降到每亩用水250m³，

---

* 原载于《群言》1998年第2期。

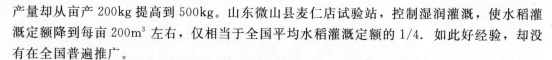

产量却从亩产 200kg 提高到 500kg。山东微山县麦仁店试验站，控制湿润灌溉，使水稻灌溉定额降到每亩 200m³ 左右，仅相当于全国平均水稻灌溉定额的 1/4. 如此好经验，却没有在全国普遍推广。

（6）水资源统一调度。我国许多流域或灌区，由于用水调度不统一，灌溉水不能按需分配，造成"近水楼台"者浪费水。例如都江堰灌区，上游每亩用水 1000 多 m³，下游只有 200m³；黄河上游宁夏灌区大水漫灌，下游山东断流无水可灌。

（7）提高水价计量收费。我国水费偏低，仅为发达国家的几十分之一，甚至几百分之一，有些地区不计量收费，农民习惯于大水慢灌，即浪费水，又导致土地减产、灌区工程无钱维修、农民不爱护灌溉工程等恶果。

（8）实行优化调配水与自动化管理。据国外经验采用自动化管理，优化调配水，可进一步节省 20% 以上的水，增加 20%～50% 的产量。

还有因地制宜，分别采取其他措施，如改变作物种植结构、采取涌浪灌、渗灌、水窖储水、集雨灌溉等，也能大大节约农业用水。

二、农业节水工作存在偏差

（1）重视灌溉节水技术，忽视其他农业节水措施。一谈农业节水，就只宣传和投资喷灌、滴灌、微灌、管灌等灌溉技术，却忽视了其他一些节水效果很好的措施，应该同时大力宣传其他农业节水措施，并加强科研和投资的力度。

（2）片面宣传和重视喷灌。一谈节水灌溉技术，首先谈到的是喷灌，电视上也常出现高空喷洒的镜头。还引进很多国外喷灌设备，成立许多喷灌公司，国家拨上亿元贷款成立"中国喷灌公司"（现改为中国灌排公司），办《喷灌》杂志（现改为《节水灌溉》）。早在20世纪70年代，国家就大力宣传号召推广喷灌，但结果如何呢？农民并不欢迎，因为有本文前面说的缺点。二三十年过去了，至今虽说已有千万亩左右灌面，但实际上有些是有名无实。可是低压管灌，不过 10 年左右，已发展到近 1 亿亩。地方上有些搞节水的同志想不通，说：农民想搞"管灌"，领导却要搞"喷灌"否则不给钱，我们怎么办？

（3）盲目追求"高标准"。有些领导认为投资高，就是标准高，不对投资与效益（节水、节能、增产）作经济分析。

（4）忽视国情与因地制宜原则。搞农业节水技术，与其他工作一样，应该考虑国情，我国经济还不富裕，能源缺，水资源也缺，管理水平不高，所以首先应选择省能、省投资、农民易管理的节水措施。特别是我国地域辽阔，地形、气候、种植、土壤等条件各异，选节水措施时一定不能搞一刀切，要因地制宜。

（5）重视领导意图，忽视专家和群众意见。各级主管部门干部（包括懂业务的）喜欢贯彻领导意图，违背良心说话，有时征求专家意见，也只是走过场，搞形式；更不尊重群众意愿，强行贯彻。我们的水利工作，过去走了很多弯路，搞到现在全国干旱与水灾面积有增无减，但愿今后能真正尊重专家意见和群众意愿。

（6）盲目搞引进项目，忽视学习国内先进经验。例如水稻灌溉用水量省的每亩仅需水200m³，浪费的需 1000 多 m³，不优先学习国内先进经验，却要花上亿美元搞引进项目。有的连什么是国外先进技术，它是否适合我国国情都不清楚，却想方设法申请引进项目，如此不慎重，难免造成外汇的浪费。

(7) 重建轻管，忽视科研。这是水利工作的老问题，水利工程设施老化，被盗、退化严重，许多灌区实际灌溉面积缩小（都江堰灌区有管理老传统例外）。更不重视水利科研，中国水利水电科学研究院水利所搞技术的不到 30 人，不及巴基斯坦一个旁遮普省灌溉研究所科研人员的 1/7，我们的试验室还是临时的，面积不及他们的 1/1000（0.6 亩：600 亩），与美国、苏联更不可比，水利科研经费困难重重。科教兴国，科技是第一生产力，难道农田水利可以例外吗？

现在国家已很重视节水，也开始重视水利工作，要拿出大量资金搞节水工程。希望水利部门能作好技术参谋，能把这些有限的资金用在刀刃上，发挥最大的节水增产效果。

集雨灌溉农业增产系统工程[*]

——一种半干旱地区开源节水农业增长新办法

我国半干旱地区，包括陕、甘、宁、晋的大部分地区，新疆的西部，青藏高原的部分地区，东北的松辽平原及内蒙古的东部等地区，约占我国国土的 1/4，人口的 1/5。这些地区年平均降雨量 200～400mm，严重缺水，又因为降雨时期与农业作物需水很不合拍，绝大部分雨水由于蒸发、入渗和径流流失等原因未被利用。本系统工程就是要把绝大部分当地雨水收集和储存起来，配合采用先进的节水灌溉技术和最有效的灌水方式、方法与管理制度，结合改变作物的种植结构（种需水量少的作物），形成一种既开源又节流，不依靠外水实现农业高产稳产的系统工程。

这办法的可行性通过以下估算，回答是肯定的。

根据该地区雨量理论上平均每亩地可收集雨水 $0.3 \times 667 \approx 200 \text{m}^3$。实际上当然不可能收集起来全部雨水，要损失一部分。可是有些地方，收集雨水的面积要大于种植的面积（如山区和丘陵区）。就算损失一半，我们还可能集储到 $100 \text{m}^3/$亩水。而该地区一般每年只种一茬农作物。假定种一季小麦，月需灌水 2～3 次，如采用微灌（包括滴灌）技术，一次灌溉定额只需 $15 \text{m}^3/$亩，作物总需水量不过 $50 \text{m}^3/$亩（小于 $100 \text{m}^3/$亩），所以采用此系统成功利用当地雨水完全能解决农业稳产高产的需水问题，不需要到外地调水了。

从工程投资估算看，每亩地做一个容积 50m^3 左右的水窖，工程不大，费用不多，一般农户自力更生都能完成。水窖挖在地下，不影响地面种植（不像水库、渠道等要占地）。水窖采用塑膜、三合土或混凝土抹面等防渗措施。一个或几个水窖共用一套潜水泵与微灌系统，以节省费用。

由上可见，不论从水源、工程技术和投资三方面考虑，建设此系统工程是切实可行的。系统工程主要工作内容包括：

（1）集储雨水工程，应研究如何最大限度地把汛期雨水收集并存储起来的工程措施。既要费用省，又要技术可行，为广大农民所掌握与实施。

（2）完善现有节水灌溉技术与设备，研究更先进的节水灌溉技术。

（3）选择适合当地条件的农业种植结构，研究既省水经济价值又高的作物，并试验其最优灌溉定额和灌水方式。

（4）适合本系统工程的管理方法。

工程实施办法：

---

[*] 原载于《四川水利》1982 年第 3 期。

山区和丘陵可做集水沟系统（用三合土或水泥抹面防渗），把汛期雨水形成的地面径流汇入储水工程（如山区水库、池塘、水井或水窖等）内。

在耕地上（包括平原、山区、丘陵区）可用塑料薄膜（可结合农用地膜）有意识地平整土地，使收集的雨水能自流到地下水窖中储存起来。

储存雨水工程包括水库、池塘、水井、水窖等。一般采用人工开挖地下水窖，加盖防止蒸发，又不影响地面耕作。水窖形状上口小、下肚大。其大小和布置，视地形、地块尺寸、降雨量、灌溉需水量等因素而定，窖壁和底应采取防渗、防塌措施。

也可以利用当地河流、渠道，分段修滚水坝、橡胶坝、活动闸等工程（不影响排灌），把雨水拦蓄在河槽与渠道中，形成"梯级水库"。这样既能收集和储存雨水加以利用（不仅供农业灌溉），还可消减洪峰流量，减少水土流失，改善生态环境，回灌地下水，发展养鱼、旅游业等。

以上谈的是开源方面，以下讲的是节水措施。也就是要采用先进节水灌溉技术。

（1）推广目前国内外行之有效的灌溉节水技术，如微灌（包括滴灌）、喷灌、渗灌、地下管道输水灌溉等。

（2）进一步完善现有的节水灌溉设备，提高节水效果，降低成本，并研究更先进的节水灌溉技术。

（3）提高自动化管理水平，达到用微机控制土壤含水量与作物灌水量。

本系统工程采取相应的农业措施：

（1）调整作物种植结构，严重缺水地区，尽量选择省水、经济价值高的作物。

（2）研究主要作物省水高产的灌水定额、方式与制度。例如某些地方（如山东、广西、浙江等）的水稻采用旱作技术、"薄、潜、湿、晒"的控制湿润灌溉新技术等，能使常规水稻的灌溉用水量减少好几倍，同样小麦等旱作物的常规灌溉定额也有很大的节水潜力可挖。

实行本系统工程的意义很大，是一个解决1/4国土、1/5人口农业增产的大课题，实现了有如下好处：

（1）可以免去修建工程规模很大、技术难度很大、投资很多，近期不能实现的南水北调工程。

（2）可以省去修建一般灌区的庞大渠系工程，减少输水损失，减少占地，节省投资。

（3）可以发动群众自建收集和储存雨水的工程，国家只要资助搞先进的节水灌溉设施。

（4）这是实现半干旱地区农业高产稳产唯一现实可行的办法。

（5）该系统工程与家家户户的群众利益密切相关，群众会倍加爱护，精心管理。

（6）实现本系统工程，能减少洪灾和水土流失，改善生态环境，发展渔业、旅游等，帮助农民致富。

（7）可为城市收集雨水提供借鉴，可部分推广到黄淮海平原，河流分段蓄水可推广到南方地区，用来扩大到航运、发电等事业。

目前雨水工程已开始被西北一些省重视起来。例如甘肃，在山区实施"121雨水集流工程"，搞水泥节流场，打水窖，解决饮水困难，发展庭院经济；陕西实施"甘露工程"；

内蒙古北部地区实施"380 工程"。大都为解决人畜饮水和脱贫问题。但是远未形成上述的系统工程，远未推广到广大半干旱地区，既解决饮水，又发展灌溉和其他水利经济问题，使该地区农民不仅脱贫，又能致富，充分发挥该系统工程的最大效益。

因此笔者希望国家有关部门重视这一解决 1/4 国土、1/5 人口农业增产稳产的大问题，拨专款，选择技术要依靠单位开展有关课题研究，要选择试验区研究实验办法，以期取得经济实效。

附录　作者公开发表的主要论文、著作目录

1. 东湖闸设计施工经验　　　　　　　　　　　　　《治淮周报》1953 年 4 月
2. 水库工地渗透率试验　　　　　　　　　　　　　《工程建设》1955 年第 8 期
3. 竹笼围堰介绍　　　　　　　　　　　　　　　　《工程建设》1956 年第 5 期
4. 梅山水库围坝工程中的木板心墙　　　　　　　　《中国水利》1956 年第 5 期
5. Сборные гидротехнические сооружение на оросительных каналах

　　　　　　　　　　　　　　　（俄文，学位论文）莫斯科 1960 年
6. 灌溉渠系装配式水工建筑物（论文摘要）

　　　　　　　　《莫斯科农业大学学报》（俄文）1960 年第 56 期
7. Новая конструкция облицовки каналов из сборного желзобетона

　　　　　　　　《Гидротехника мелиорация》No 9，1962
8. 干砌卵石渠道设计和施工中若干技术问题的探讨　《水科院论文集》1965 年第 10 期
9. 关于目前国内外渠道防渗措施的评述　　　　　　《水利水电技术》1965 年第 1 期
10. 国内外渠道防渗技术综合介绍　　　　　　　　　《水利水电技术》1966 年第 1 期
11. 浙江省地下水库经验初步总结　　　　　　　　　《水利水电技术》1966 年第 3 期
12. 继光水库干砌石坝混凝土斜墙设计和施工　　　　《水利水电技术》1980 年第 5 期
13. 坝基深层滑动稳定计算中若干问题的研讨　　　　《水利学报》1980 年第 6 期
14. 有软弱夹层的红色砂岩地区的坝基处理措施

　　　　　　——介绍继光水库坝基处理经验《四川水利》1980 年第 2 期
15. 透水堆石坝的建议和研讨　　　　　　　　　　　《四川水利》1981 年第 1 期
16. 继光水库干砌石坝科学试验成果　　　　　　　　《砌石坝通讯》1981 年第 5 期
17. 管式陡坡过水能力与下游消能试验研究　　　　　《水利水电技术》1981 年第 9 期
18. 淄排渠系闸下新消能工　　　　　　　　　　　　《水利学报》1982 年第 5 期
19. 鳖灵凿宝瓶口李冰修都江堰　　　　　　　　　　《社会科学研究》1982 年第 6 期
20. 混凝土渠槽段最优断面型式的选择　　　　　　　《水利水电技术》1982 年第 10 期
21. 有泥石荒山溪的底栏栅取水口型式　　　　　　　《四川水利》1982 年第 4 期
22. 免除成都平原洪涝灾害的近期与长远措施　　　　《四川水利》1982 年第 3 期
23. 中国渠道衬砌技术新经验（英文）　　　　　　　　水科院 1982 年
24. 论张冲开发我国水能资源的新设想　红旗《内部文稿》《红旗》编辑部 1982 年第 18 期
25. 介绍张冲关于加快开发我国水电的设想　　　　　《水力发电》1983 年第 1 期
26. 灌溉渠系分水闸结构型式试验研究　　　　《水科院论文集》第 10 集　1982 年
27. 苏联定向爆破筑坝不做防渗体的试验和实践　　　《四川水力发电》1983 年第 2 期
28. 试论都江堰渠首工程布局的合理性和治沙经验　　《水利学报》1984 年第 2 期
29. 灌溉渠系节制闸结构型式试验研究　　　　　　　《水利水电技术》1984 年第 6 期

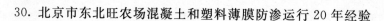

57. 内衬塑膜混凝土管研制成功　　　　　　　　　《科技日报》1989 年 11 月 6 日

58. Проблема водных ресурсов в маловодных районых КНР

《Мелиорация и Водны хозяйство》 No. 1，1990

59. 内衬塑膜水泥管研制成功并应用　　　　　《科技攻关通讯》1990 年第 3 期

60. 内衬塑料软管外包圬工管材施工机具的研制及施工工艺《水利水电技术》

1990 年第 8 期

61. 低压管道输水管网出水口的几种型式　　《水利水电技术》1990 年第 12 期

62. 渠道衬砌防冻材料与结构型式的试验研究

中国水科院《科学研究院论文集》第 31 期 1990 年 11 月

63. 发展低压管道输水灌溉应作为农田水利基本建设主要任务来抓

《农田水利与小水电》1990 年第 12 期

64. 我国爆破筑坝技术达到国际先进水平　　　《经济日报》1991 年 2 月 18 日

65. 必须全面整治河道　　　　　　　人民日报社，《情况汇编》1991 年第 9 期

66. 加快西南水电开发推广定向爆破筑坝方法　学苑出版社，《开发大西南》1991 年 10 月

67. 从今年水灾谈全面整治河道　　　　　　　　　《群言》杂志 1991 年 10 月

68. LLDPE 用于坝面防渗的试验研究和设计施工经验　《水利水电技术》1992 年第 2 期

69. "七五"期间我国低压管道输水灌溉技术的进展《农田水利与小水电》1992 年第 7 期

70. 再论三峡工程不宜兴建　　　　　　《三论三峡工程的宏观决策》1993 年 3 月

71. 建议三峡工程暂缓上马，重新论证有关要害问题　《自然辩证法通讯》1993 年第 5 期

72. 三峡工程泥沙问题并不清楚，很难解决　　《自然辩证法通讯》1993 年第 5 期

73. 都江堰主要治沙和管理经验　　《都江堰建堰 2250 年国际研讨论文集》1994 年

74. 都江堰改造与发展随想　　　　　　　《四川水利》1994 年 10 月第 5 期

75. 进一步发挥都江堰的功能　　　　　　　　《群言》杂志 1994 年第 10 期

76. 长官意志的产物　贻害无穷的工程　澳大利亚《自立快报》1995 年 1 月 16～19 日
连载

77. 害在当代罪在千秋——评三峡工程开工　　香港《争鸣》杂志 1995 年 2 月 1 日

78. 愚蠢工程何止三峡水库　　　　　　澳大利亚《自立快报》1995 年 2 月 6 日

79. 悉尼印象　　　　　　　　　　　　　　《群言》杂志 1995 年 3 月 1 日

80. 两岸留美学生谈中国统一　　　　澳大利亚《华声日报》1995 年 7 月 28 日

81. 我的艰苦求学历程　　　澳大利亚《华声日报》1995 年 10 月 26 日～11 月 28 日连载

82. 三峡工程开工后许多问题日益显露　　　　美芝加哥《华报》1997 年 3 月

83. 悉尼歌剧院的故事　　　　　　　　　《科技日报》1996 年 10 月 6 日

84. 我眼中的悉尼人　　　　　　　　　　　《老人春秋》1997 年第 1 期

85. 红层地区坝基处理经验　　　　　　　　《水利水电技术》1997 年第 2 期

86. 低压管道防冻害及适宜埋深试验研究　《中国水利水电科学院学报》1997 年第 1 期

87. 继光水库原形观测成果分析　　　　　《中国农村水利水电》1997 年第 3 期

88. 谈谈农业节水　　　　　　　　　　　　　《群言》1998 年第 2 期

89. 南方地区管灌技术情况与经验《中国农村水利水电》1998 年第 4 期